利用 FastAPI 构建 Python 微服务

[美] 舍温・约翰・C. 特拉古拉　著

王　婷　译

清華大學出版社

北　京

内 容 简 介

本书详细阐述了与分布式机器学习相关的基本解决方案，主要包括设置 FastAPI，探索核心功能，依赖注入研究，构建微服务应用程序，连接到关系数据库，使用非关系数据库，保护 REST API 的安全，创建协程、事件和消息驱动的事务，利用其他高级功能，解决数值、符号和图形问题，添加其他微服务功能等内容。此外，本书还提供了相应的示例、代码，以帮助读者进一步理解相关方案的实现过程。

本书适合作为高等院校计算机及相关专业的教材和教学参考用书，也可作为相关开发人员的自学用书和参考手册。

北京市版权局著作权合同登记号 图字：01-2022-5579

Copyright © Packt Publishing 2022. First published in the English language under the title *Building Python Microservices with FastAPI.*

Simplified Chinese-language edition © 2023 by Tsinghua University Press. All rights reserved.

本书中文简体字版由 Packt Publishing 授权清华大学出版社独家出版。未经出版者书面许可，不得以任何方式复制或抄袭本书内容。

本书封面贴有清华大学出版社防伪标签，无标签者不得销售。

版权所有，侵权必究。举报：010-62782989，beiqinquan@tup.tsinghua.edu.cn。

图书在版编目（CIP）数据

利用 FastAPI 构建 Python 微服务 /（美）舍温·约翰·C. 特拉古拉著；王婷译. —北京：清华大学出版社，2023.8

书名原文：Building Python Microservices with FastAPI

ISBN 978-7-302-64486-6

Ⅰ. ①利… Ⅱ. ①舍… ②王… Ⅲ. ①程序语言—程序设计 Ⅳ. ①TP312

中国国家版本馆 CIP 数据核字（2023）第 153678 号

责任编辑：贾小红
封面设计：刘 超
版式设计：文森时代
责任校对：马军令
责任印制：杨 艳

出版发行：清华大学出版社
网 址：http://www.tup.com.cn，http://www.wqbook.com
地 址：北京清华大学学研大厦 A 座 **邮 编**：100084
社 总 机：010-83470000 **邮 购**：010-62786544
投稿与读者服务：010-62776969，c-service@tup.tsinghua.edu.cn
质量反馈：010-62772015，zhiliang@tup.tsinghua.edu.cn
印 装 者：三河市人民印务有限公司
经 销：全国新华书店
开 本：185mm×230mm **印 张**：24.5 **字 数**：488 千字
版 次：2023 年 9 月第 1 版 **印 次**：2023 年 9 月第 1 次印刷
定 价：129.00 元

产品编号：099799-01

译 者 序

FastAPI 是一个适用于构建微服务的现代高性能 Web 框架。它是目前运行速度最快的 Python Web 框架之一，具有高效编码、简单易用和稳定可靠等特点。它可以自动生成交互式文档，越来越受到更多开发人员的欢迎。

本书着眼于整个 FastAPI 框架及其组件的应用，深入研究了微服务开发、数据和通信、数字和科学计算等主题。从实用性出发，本书每一章都提供了一个应用程序原型，方便读者理解该章阐释的概念和相应的实际操作。例如，第 1 章的软件原型是一个在线学术论坛。它是一个可供校友、教师和学生交流思想的学术讨论中心。通过该程序示例，该章演示了设置开发环境、初始化和配置 FastAPI、设计和实现 REST API、管理用户请求和服务器响应、处理表单参数和管理 cookie 等操作。第 2 章实现的是一个智能旅游系统原型，可以提供旅游景点的预订信息和预约功能。基于该程序示例，该章演示了构建和组织大型项目、管理与 API 相关的异常、将对象转换为与 JSON 兼容的类型、管理 API 响应和创建后台进程等操作。第 3 章使用了一个称为在线食谱系统的软件原型，它可以管理、评估、评级和报告不同类型和来源的食谱。通过该程序示例，该章阐释了控制反转原则，并深入讨论了注入依赖项的方法。第 4 章开发了一个大学 ERP 系统原型，演示了挂载子模块、创建通用网关、集中日志记录机制、构建日志中间件、使用 httpx 和 requests 模块、构建存储库层和服务层等操作。第 5 章创建了一个健身俱乐部管理系统，并以此为基础演示了使用 SQLAlchemy 创建同步和异步 CRUD 事务、使用 GINO 实现异步 CRUD 事务、将 Pony ORM 用于存储库层、使用 Peewee 构建存储库和应用 CQRS 设计模式等操作。第 6 章实现的是一个电子书店门户网站，演示了设置数据库环境、应用 PyMongo 驱动程序进行同步连接、使用 Motor 创建异步 CRUD 事务、使用 MongoEngine 实现 CRUD 事务、使用 Beanie 实现异步 CRUD 事务、使用 ODMantic 为 FastAPI 构建异步存储库和使用 MongoFrames 创建 CRUD 事务等操作。第 7 章的示例应用程序是一个安全的在线拍卖系统，可以管理其注册用户拍卖的各种物品的在线投标。通过该程序，该章演示了实现 Basic 和 Digest 身份验证、实现基于密码的身份验证、应用 JWT、创建基于作用域的授权、构建授权码流、应用 OpenID Connect 规范和使用内置中间件进行身份验证等操作。第 8 章开发的是一个报纸管理系统原型程序，演示了实现协程、创建异步后台任务、了解 Celery 任务、使用 RabbitMQ 构建消息驱动的事务、使用 Kafka 构建发布/订阅消息、实现异步服务器发送事件和构建异步

WebSocket 等操作。第 9 章实现了一个在线餐厅评论系统，它可以收集顾客的评价和反馈信息，建立餐厅的用户档案等。通过该程序，该章演示了应用会话管理、管理 CORS 机制、自定义 APIRoute 和 Request、选择适当的响应、应用 OpenAPI 3.x 规范和测试 API 端点等操作。第 10 章提供了一个定期普查和计算系统的基本框架，演示了实现符号计算、创建数组和 DataFrame、执行统计分析、生成 CSV 和 XLSX 报告、绘制数据模型、模拟 BPMN 工作流、使用 GraphQL 查询和突变、利用 Neo4j 图数据库等操作。第 11 章的软件原型是一个在线体育管理系统，它可以管理锦标赛赛事或联赛的管理员、裁判、球员、时间表和比赛结果。以此为基础，该章演示了设置虚拟环境、检查 API 属性、实现 OpenTracing 机制、设置服务注册表和客户端服务发现、使用 Docker 部署和运行应用程序、使用 Docker Compose 进行部署、使用 NGINX 作为 API 网关、集成 Flask 和 Django 子应用程序等操作。

在翻译本书的过程中，为了更好地帮助读者理解和学习本书内容，本书对大量的术语以中英文对照的形式给出，这样的安排不但方便读者理解书中的代码，而且也有助于读者通过网络查找和利用相关资源。

本书由王婷翻译，马宏华、黄进青、熊爱华等也参与了部分内容的翻译工作。由于译者水平有限，书中难免有疏漏和不妥之处，在此诚挚欢迎读者提出意见和建议。

译　者

前　言

本书将向你详细介绍 FastAPI 框架及其组件，以及如何联合应用这些组件与一些第三方工具来构建微服务应用程序。读者需要具备一些 Python 编程背景、API 开发原理知识以及对创建企业级微服务应用程序背后原理的理解。这不仅仅是一本参考用书，它还提供一些代码蓝图，在阐释和演示各章主题的同时，还可以帮助开发人员解决实际应用问题。

本书读者

本书适用于想要学习如何使用 FastAPI 框架来实现微服务的 Python Web 开发人员、高级 Python 用户和使用 Flask 或 Django 的后端开发人员。熟悉 REST API 和微服务的读者也可以从本书中受益。本书的某些章节包含中级开发人员和 Python 爱好者也可以涉猎的一般概念、过程和说明。

内容介绍

本书分为 3 篇，共 11 章。具体内容安排如下。

- 第 1 篇为“与 FastAPI 微服务开发应用相关的架构概念”，包括第 1～4 章。
  - 第 1 章“设置 FastAPI”，介绍如何使用核心模块类和装饰器创建 FastAPI 端点，以及如何通过 FastAPI 框架管理传入的 API 请求和传出的响应。
  - 第 2 章“探索核心功能”，详细阐释 FastAPI 的异步端点、异常处理机制、后台进程、用于项目组织的 APIRouter、内置 JSON 编码器和 FastAPI 的 JSON 响应等。
  - 第 3 章“依赖注入研究”，深入探讨 FastAPI 使用其 Depends()指令和第三方扩展模块管理实例和项目结构的依赖注入（dependency injection，DI）模式。
  - 第 4 章“构建微服务应用程序”，介绍支持微服务构建的原则和设计模式，例如分解、属性配置、日志记录和领域建模策略等。
- 第 2 篇为“以数据为中心的微服务和专注于通信的微服务”，包括第 5～8 章。

- 第 5 章“连接到关系数据库”，重点介绍 Python 对象关系映射器（object relational mapper，ORM）。它可以与 FastAPI 无缝集成，以使用 PostgreSQL 数据库来持久化和管理数据。
- 第 6 章“使用非关系数据库”，介绍一些流行的 Python 对象文档映射器（object document mapper，ODM），它们可以将 FastAPI 应用程序连接到 MongoDB 服务器上。包括 PyMongo、Motor、MongoEngine、Beanie、ODMantic 和 MongoFrames 等。
- 第 7 章“保护 REST API 的安全”，重点介绍 FastAPI 的内置安全模块类，并探讨一些第三方工具，例如 JWT、Keycloak、Okta 和 Auth0，以及如何应用它们来实现不同的安全方案以保护应用程序。
- 第 8 章“创建协程、事件和消息驱动的事务”，详细阐释 FastAPI 在异步编程方面的细节，演示协程的使用、asyncio 环境、使用 Celery 的异步后台进程、使用 RabbitMQ 和 Apache Kafka 的异步消息传递、异步服务器发送事件（serrer-sent event，SSE）、WebSocket 和异步事件等。

- 第 3 篇为“与基础设施相关的问题、数字和符号计算、测试微服务”，包括第 9～11 章。
  - 第 9 章“利用其他高级功能”，讨论 FastAPI 可以提供的其他功能，例如它对不同响应类型的支持，中间件、请求和响应的自定义，其他 JSON 编码器的应用以及绕过跨域资源共享（cross-origin resource sharing，CORS）的浏览器策略。
  - 第 10 章“解决数值、符号和图形问题”，重点介绍 FastAPI 与 numpy、pandas、matplotlib、sympy 和 scipy 模块的集成，来实现可以执行数值和符号计算以解决数学和统计问题的 API 服务。
  - 第 11 章“添加其他微服务功能”，讨论其他架构问题，例如在运行时监控和检查 API 端点的属性、实现 OpenTracing 机制、设置服务注册表和客户端服务发现、使用 Docker 部署和运行应用程序、使用 NGINX 作为 API 网关以及集成 Flask 和 Django 子应用程序等。

充分利用本书

读者学习本书内容需要一些使用 Python 3.8 或 3.9 进行 Python 编程的经验，以及使用任何 Python 框架的一些 API 开发经验。为充分理解和掌握本书内容，读者还需要了解有关

Python 编码的标准和最佳实践，包括一些高级主题，例如创建装饰器、生成器、数据库连接、请求-响应事务、HTTP 状态代码和 API 端点等。

本书涵盖的软硬件和操作系统需求如表 P.1 所示。

表 P.1 本书涵盖的软硬件和操作系统需求

本书涵盖的软硬件	操作系统需求
Python 3.8/3.9	Windows、macOS 或 Linux
VS Code 编辑器	任何操作系统的最新版本
PostgreSQL 13.x	任何操作系统的 64 位版本
MongoDB 5.x	任何操作系统的 64 位版本
Mongo Compass	任何操作系统的 64 位版本
Mongo Database Tools	任何操作系统的 64 位版本
RabbitMQ	任何操作系统的最新版本
Apache Kafka	任何操作系统的最新版本
Spring STS	最新版本和配置为使用 Java 12 JDK
Docker Engine	任何操作系统的最新版本
Jaeger	任何操作系统的最新版本
Keycloak	使用 Java 12 JDK 的版本
Bootstrap 4.x	
OpenSSL	任何操作系统的 64 位版本
Google Chrome	

此外，还需要在 Okta 和 Auth0 中为 OpenID 连接安全方案开设一个账户。两者都喜欢使用公司电子邮件进行注册。

建议读者自己输入代码或从本书的 GitHub 存储库中访问代码(下一节提供链接地址)。这样做将帮助你避免复制和粘贴代码可能带来的潜在错误。

本书每章都有一个专门的项目原型，用于描述和解释主题。如果在安装过程中出现问题，则每个项目都有一个备份数据库（.sql 或.zip）和一个模块列表（requirements.txt）来解决问题。运行\i PostgreSQL 命令即可安装脚本文件或使用已安装的 Mongo Database Tools 中的 mongorestore 来加载所有数据库内容。此外，每个项目都有一个很小的自述文件，对原型想要完成的内容进行一般性描述。

下载示例代码文件

本书随附的代码可以在 GitHub 存储库中找到，其网址如下：

https://github.com/PacktPublishing/Building-Python-Microservices-with-FastAPI

如果代码有更新，那么它将在该 GitHub 存储库中被更新。

下载彩色图像

我们还提供了一个 PDF 文件，其中包含本书使用的屏幕截图/图表的彩色图像。你可以通过以下地址进行下载：

https://packt.link/ohTNw

本书约定

本书中使用了许多文本约定。

（1）有关代码块的设置如下：

```
@app.delete("/ch01/login/remove/{username}")
def delete_user(username: str):
    del valid_users[username]
    return {"message": "deleted user"}
```

（2）对于想要强调和突出的代码，将以粗体形式进行显示：

```
@app.get("/ch01/login/")
def login(username: str, password: str):
    if valid_users.get(username) == None:
        return {"message": "user does not exist"}
    else:
        user = valid_users.get(username)
```

（3）任何命令行的输入或输出都采用如下所示的粗体代码形式：

```
pip install fastapi
pip install uvicorn[standard]
```

（4）术语或重要单词采用中英文对照形式给出，在括号内保留其英文原文。示例如下：

> 反应式编程（reactive programming）是一种面向数据流和变化传播的编程范式，它涉及流（stream）的生成，这些流经过一系列操作来传播过程中的一些变化。Python 有一个 RxPY 库，它提供了若干种方法，开发人员可以将这些方法异步应用于这些流，以根据订阅者的需要提取终端结果。

（5）对于界面词汇或专有名词将保留其英文原文，在括号内添加其中文译文。示例如下：

> 在输入 Username（用户名）和 Password（密码）后，单击登录表单上的 Sign in（登录）按钮以检查你的凭据是否在数据库中。如果不在，则该应用程序会有/ch07/signup/add 和/ch07/approve/signup 来添加你要测试的用户凭据。

（6）本书还使用了以下两个图标：

表示警告或重要的注意事项。

表示提示信息或操作技巧。

关 于 作 者

Sherwin John Calleja Tragura 是 Java、ASP.NET MVC 和 Python 应用程序方面的主题专家，并且还具有一些前端框架背景。他管理着一个开发团队来构建与制造和固定资产、文档管理、记录管理、POS 以及库存系统相关的各种应用程序。作为顾问，他拥有构建实验室信息管理系统（laboratory information management system，LIMS）和混合移动应用程序的背景。自 2010 年以来，他还为 Python、Django、Flask、Jakarta EE、C#、ASP.NET MVC、JSF、Java 和一些前端框架的课程提供企业新人培训服务。他撰写了 *Spring MVC Blueprints* 和 *Spring 5 Cookbook* 之类的书籍，另外还发布了 Packt 视频 *Modern Java Web Applications with Spring Boot 2.x*。

感谢我的朋友 Icar、Mathieu 和 Abby，以及我的表兄弟 Rhonalyn、Mica 和 Mila，他们在 2021 年我身体不适期间为支持我而付出了大量的时间和精力。此外，还要感谢 Packt 团队对我的极大理解和贴心关怀。最后，感谢 Owen 的支持，他在疫情期间一直鼓励着我，没有他的帮助，这本书也不可能完成。

关于审稿人

Glenn Base De Paula 是菲律宾最负盛名的综合大学菲律宾大学的计算机科学专业毕业生。他有 14 年的行业经验，主要在政府的信息通信技术研究所工作，目前就职于银行业。

他常用的语言和框架是 Spring、Grails 和 JavaScript。他为各种项目开发了许多 Java Web 应用程序，还是其他几个项目的技术团队负责人。他目前管理着一支 Java 开发团队，承担着菲律宾某银行的多个项目。

他经常参与系统分析和设计、源代码审查、测试、实施、培训和指导。他在空闲时间喜欢学习更好的软件架构和设计。

Sathyajith Bhat 是一位经验丰富的站点可靠性工程师（site reliability engineer，SRE），在 DevOps、站点可靠性工程、系统架构、性能调优、云计算和可观察性方面拥有超过 15 年的经验。他相信充分利用工具所带来的价值。Sathyajith 是 *Practical Docker with Python* 的作者，也是 *The CDK Book* 的合著者。他喜欢与各种社区合作，并因其对 AWS 社区的贡献而被公认为 AWS 社区英雄。

感谢我的妻子 Jyothsna，无论是在我的职业生涯中还是在审读本书的过程中，她都耐心地给予我支持。

本书献给在新冠疫情期间仍持续不懈战斗在自己岗位上的每一个人。

——Sherwin John C. Tragura

目　　录

第 1 篇　与 FastAPI 微服务开发应用相关的架构概念

第 2 篇　以数据为中心的微服务和专注于通信的微服务

第 3 篇　与基础设施相关的问题、数字和符号计算、测试微服务

第 1 篇

与 FastAPI 微服务开发应用相关的架构概念

本篇将着眼于整个 FastAPI 框架，探索将单体应用程序分解为多个业务单元的系统且理想的方式。在此过程中，你将了解如何开始开发微服务以及 FastAPI 中有哪些组件可用于实现微服务。

本篇包括以下 4 章：

- 第 1 章，设置 FastAPI
- 第 2 章，探索核心功能
- 第 3 章，依赖注入研究
- 第 4 章，构建微服务应用程序

第 1 章　设置 FastAPI

在任何软件开发工作中，首先了解项目的业务需求以及在执行任务之前要使用的适当框架、工具和部署平台总是很重要的。那些易于理解和使用、在编码过程中可以无缝集成且符合标准的框架总是被选中，因为它们提供了解决问题的完整方案，而不会冒浪费太多开发时间的风险。由 Sebastian Ramirez 创建的名为 FastAPI 的 Python 框架为经验丰富的开发人员、专业人士和爱好者提供了构建 REST API 和微服务的最佳选择，他们认为它是一个非常有前途的 Python 框架。

在讨论使用 FastAPI 构建微服务的核心细节之前，不妨先来了解一下该框架的构建块，比如它如何捕获客户端的请求，如何为每个 HTTP 方法构建规则，以及如何管理 HTTP 响应等。学习这些基本组件对于了解该框架的优缺点以及开发人员可以在多大程度上应用 FastAPI 来解决不同的企业级问题和微服务相关问题始终是至关重要的。

本章包含以下主题：

- 设置开发环境
- 初始化和配置 FastAPI
- 设计和实现 REST API
- 管理用户请求和服务器响应
- 处理表单参数
- 管理 cookie

1.1　技术要求

本章的软件样本是一个典型的由管理员管理的在线学术论坛，它是一个可供校友、教师和学生交流思想的学术讨论中心。该原型是可以正常工作的，但它也可以更改，因此读者在阅读本章时调整代码。它不使用任何数据库管理系统，而是将所有数据临时存储在各种 Python 集合中。本书中的所有应用程序都是使用 Python 3.8 来编译和运行的，代码已全部上传到本书配套 GitHub 存储库，其网址如下：

https://github.com/PacktPublishing/Building-Python-Microservices-with-FastAPI/tree/main/ch01

1.2 设置开发环境

FastAPI 框架是一个运行快速、可无缝集成且稳定可靠的 Python 框架，但只能在 Python 3.6 及更高版本上运行。本章使用的集成开发环境（integrated development environment，IDE）是 Visual Studio Code（VS Code），这是一个开源工具，可从以下站点进行下载：

https://code.visualstudio.com/

请务必安装 VSC 扩展，如 Python、Python for VS Code、Python Extension Pack、Python Indent 和 Material Icon Theme，它们可以提供编辑器语法检查、语法突出显示和其他编辑器支持。

在成功安装 Python 和 VS Code 后，即可使用终端控制台来安装 FastAPI。为确保正确安装，可以先通过运行以下命令来更新 Python 的包安装程序（pip）：

```
python -m pip install --upgrade pip
```

之后，可通过运行以下一系列命令来安装 FastAPI 框架：

```
pip install fastapi
pip install uvicorn[standard]
pip install python-multipart
```

注意：

如果你需要安装完整的 FastAPI 平台，包括所有可选的依赖项，则比较恰当的命令是：

```
pip install fastapi[all]
```

类似地，如果你想安装并使用完整的 uvicorn 服务器，则应该运行以下命令：

```
pip install uvicorn
```

此外，你还可以安装 bcrypt 模块，以完成与加密相关的任务。

此时，你应该已经从 Python 环境的 pydantic 和 starlette 模块组件中安装了所有需要的 FastAPI 模块依赖项。此外，还需要 python-multipart 模块来创建处理表单参数的 REST API。当然，已经安装的 uvicorn 是一个基于 ASGI 的服务器，它将运行你的 FastAPI 应用程序。FastAPI 使用的异步服务器网关接口（asynchronous server gateway interface，ASGI）服务器使其成为撰写本书时运行速度最快的 Python 框架。uvicorn 服务器具有运行同步和异步服务的能力。

在安装和配置必要的工具、模块和集成开发环境之后，现在让我们开始使用该框架来实现第一个 API。

1.3　初始化和配置 FastAPI

使用 FastAPI 创建应用程序既简单又直接。开发人员只需在/ch01 项目文件夹中创建一个 main.py 文件即可创建一个简单的应用程序。例如，在我们的在线学术论坛中，应用程序将从以下代码开始：

```
from fastapi import FastAPI
app = FastAPI()
```

这将初始化 FastAPI 框架。应用程序需要从 fastapi 模块实例化核心 FastAPI 类，并使用 app 作为对象的引用变量。该对象稍后将被用作 Python 的@app 装饰器，它可以为我们的应用程序提供一些功能，例如路由、中间件、异常处理程序和路径操作等。

提示：

你也可以用自己喜欢的有效的 Python（如 main_app、forum 或 myapp）变量名替换 app。

现在，你的应用程序已经可以管理技术上属于 Python 函数的 REST API。但是，要将它们声明为 REST 服务方法，则还需要使用路径操作@app 装饰器提供的适当 HTTP 请求方法来装饰它们。该装饰器包含 get()、post()、delete()、put()、head()、patch()、trace()和 options()路径操作，分别对应 8 种 HTTP 请求方法。这些路径操作将在我们要处理请求和响应的 Python 函数之上进行装饰或注释。

在我们的示例程序中，REST API 创建的第一个示例如下所示：

```
@app.get("/ch01/index")
def index():
    return {"message": "Welcome FastAPI Nerds"}
```

上述示例是一个返回 JSON 对象的 GET API 服务方法。要在本地运行我们的应用程序，可执行以下命令：

```
uvicorn main:app --reload
```

此命令将通过应用程序的 main.py 文件和 FastAPI 对象引用将论坛应用程序加载到

uvicorn 实时服务器。添加--reload 选项允许实时重新加载，该选项可以在代码发生更改时重新启动开发服务器。

图 1.1 显示了 uvicorn 使用 localhost 运行应用程序的输出结果，默认端口为 8000。

```
PS C:\Alibata\Training\Source\fastapi\ch01> uvicorn main:app --reload
INFO:     Uvicorn running on http://127.0.0.1:8000 (Press CTRL+C to quit)
INFO:     Started reloader process [2552] using watchgod
INFO:     Started server process [17880]
INFO:     Waiting for application startup.
INFO:     Application startup complete.
```

图 1.1　uvicorn 控制台日志

可通过以下网址访问 localhost 的主页：

http://localhost:8000/ch01/index

要停止服务器，按 Ctrl + C 组合键即可。

在运行第一个端点之后，让我们探索一下如何实现其他类型的 HTTP 方法，即 POST、DELETE、PUT 和 PATCH。

1.4　设计和实现 REST API

代表性状态传输（representation state transfer，REST）API 构成了允许微服务之间交互的规则、流程和工具。这些是通过其端点 URL 来识别和执行的方法服务。对于开发人员来说，在构建整个应用程序之前关注 API 方法是最流行和最有效的微服务设计策略之一。这种方法称为 API 优先（API-first）微服务开发，即首先关注客户的需求，然后确定要为这些客户需求实现哪些 API 服务方法。

在我们的在线学术论坛应用程序中，用户注册、登录、个人资料管理、消息发布和管理帖子回复等软件功能是我们优先考虑的一些关键需求。在 FastAPI 框架中，这些功能使用 Python 的 def 关键字定义的函数作为服务被实现，并通过@app 提供的路径操作关联适当的 HTTP 请求方法。

登录（login）服务需要来自用户的用户名（username）和密码（password）请求参数，以实现为 GET API 方法：

```
@app.get("/ch01/login/")
def login(username: str, password: str):
    if valid_users.get(username) == None:
```

```
        return {"message": "user does not exist"}
    else:
        user = valid_users.get(username)
        if checkpw( password.encode(),
                    user.passphrase.encode()):
            return user
        else:
            return {"message": "invalid user"}
```

此登录服务使用 bcrypt 的 checkpw()函数来检查用户的密码是否有效。

类似地，注册（signup）服务也需要客户端以请求参数的形式提供用户凭据，但是它将被创建为 POST API 方法：

```
@app.post("/ch01/login/signup")
def signup(uname: str, passwd: str):
    if (uname == None and passwd == None):
        return {"message": "invalid user"}
    elif not valid_users.get(uname) == None:
        return {"message": "user exists"}
    else:
        user = User(username=uname, password=passwd)
        pending_users[uname] = user
        return user
```

对于个人资料管理（profile management）服务来说，以下示例中的 update_profile()服务将作为 PUT API 服务，需要用户使用全新的模型对象进行个人资料信息的替换，并将客户端的用户名作为键：

```
@app.put("/ch01/account/profile/update/{username}")
def update_profile(username: str, id: UUID,
                   new_profile: UserProfile):
    if valid_users.get(username) == None:
        return {"message": "user does not exist"}
    else:
        user = valid_users.get(username)
        if user.id == id:
            valid_profiles[username] = new_profile
            return {"message": "successfully updated"}
        else:
            return {"message": "user does not exist"}
```

并非所有执行更新的服务都是 PUT API 方法，例如，以下 update_profile_names()服务只需要用户提交新的名字、姓氏和中间名缩写即可部分替换客户端的个人资料。该

HTTP 请求比全面的 PUT 方法更方便、更轻量级，只需要一个 PATCH 操作：

```
@app.patch("/ch01/account/profile/update/names/{username}")
def update_profile_names(username: str, id: UUID,
                         new_names: Dict[str, str]):
    if valid_users.get(username) == None:
        return {"message": "user does not exist"}
    elif new_names == None:
        return {"message": "new names are required"}
    else:
        user = valid_users.get(username)
        if user.id == id:
            profile = valid_profiles[username]
            profile.firstname = new_names['fname']
            profile.lastname = new_names['lname']
            profile.middle_initial = new_names['mi']
            valid_profiles[username] = profile
            return {"message": "successfully updated"}
        else:
            return {"message": "user does not exist"}
```

在构建应用程序之前，我们要讨论的最后一个基本 HTTP 服务是 DELETE API 方法。使用该服务可以删除具有唯一标识的记录或信息，例如 username 和散列 id。比较常见的一个示例是以下 delete_discussion()服务，该服务允许用户在给定用户名和已发布的消息的通用唯一标识符（universally unique identifier，UUID）中删除已发布的讨论：

```
@app.delete("/ch01/discussion/posts/remove/{username}")
def delete_discussion(username: str, id: UUID):
    if valid_users.get(username) == None:
        return {"message": "user does not exist"}
    elif discussion_posts.get(id) == None:
        return {"message": "post does not exist"}
    else:
        del discussion_posts[id]
        return {"message": "main post deleted"}
```

所有路径操作都需要 str 格式的唯一端点 URL。一个比较好的做法是所有 URL 都从相同的顶级基本路径（如/ch01）开始，最后在到达它们各自的子目录时有所不同。

运行 uvicorn 服务器后，可以通过访问以下说明文档 URL 来检查和验证所有的 URL 是否有效并运行：

http://localhost:8000/docs

该路径将向我们展示一个 OpenAPI 仪表板，图 1.2 列出了为应用程序创建的所有 API 方法。在第 9 章“利用其他高级功能”中将展开有关 OpenAPI 的讨论。

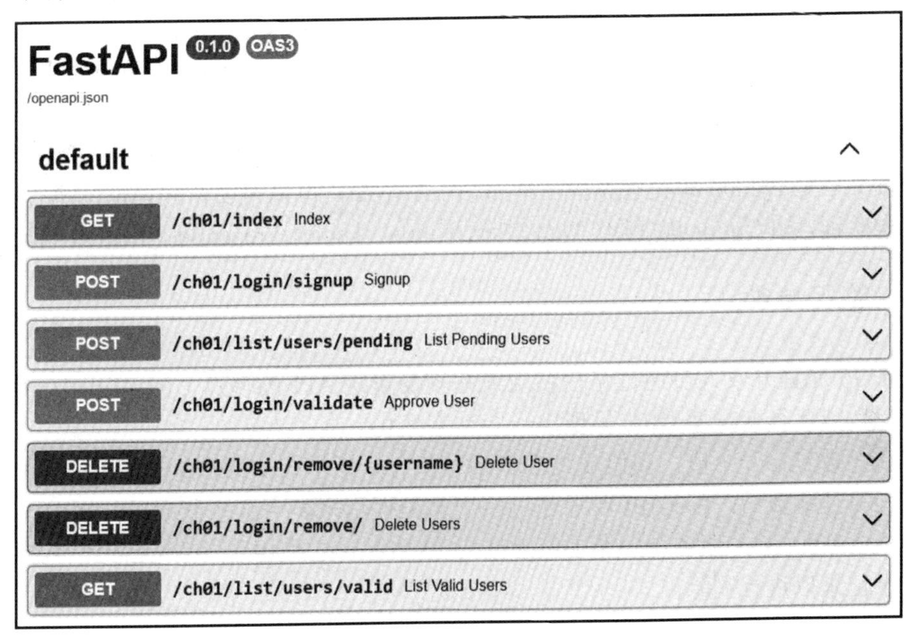

图 1.2　Swagger OpenAPI 仪表板

在创建端点服务之后，让我们仔细研究一下 FastAPI 如何管理其传入请求正文和传出响应信息。

1.5　管理用户请求和服务器响应

客户端可以通过路径参数、查询参数或标头将其请求数据传递到 FastAPI 端点 URL 以让服务器处理其事务。有一些标准和方法可以使用这些参数来获取传入请求。根据服务的目标，我们可以使用这些参数来影响和构建客户端所需的必要响应。但在讨论这些不同的参数类型之前，不妨先来探索一下如何在 FastAPI 的本地参数声明中使用类型提示（type hint）。

1.5.1　参数类型声明

所有请求参数都需要在应用 PEP 484 标准的服务方法的方法签名中进行类型声明(即

所谓的“类型提示”）。FastAPI 支持以下 3 大类的类型：

- 一些常见的类型，如 None、bool、int 和 float。
- 一些容器（container）类型，如 list、tuple、dict、set、frozenset 和 deque。
- 一些复杂的 Python 类型，如 datetime.date、datetime.time、datetime.datetime、datetime.delta、UUID、bytes 和 Decimal。

该框架还支持 Python 的 typing 模块中包含的数据类型（typing 模块负责类型提示）。这些数据类型是 Python 和变量类型注释的标准表示法，可以帮助在编译期间进行类型检查和模型验证，如 Optional、List、Dict、Set、Union、Tuple、FrozenSet、Iterable 和 Deque。

1.5.2　路径参数

FastAPI 允许开发人员通过路径参数或路径变量从 API 的端点 URL 中获取请求数据（路径参数或路径变量使 URL 呈现出一些动态变化）。

路径参数包含一个值，该值成为由花括号（{}）指示的 URL 的一部分。在 URL 中设置这些路径参数后，FastAPI 要求通过应用类型提示来声明这些参数。

以下 delete_user()服务是一个 DELETE API 方法，它使用了 username 路径参数搜索用户登录记录以进行删除：

```
@app.delete("/ch01/login/remove/{username}")
def delete_user(username: str):
    if username == None:
    return {"message": "invalid user"}
else:
    del valid_users[username]
    return {"message": "deleted user"}
```

如果最左边的变量比最右边的变量更有可能填充值，则可以接受多个路径参数。换句话说，最左边的路径变量的重要性将使得其处理比最右边的路径变量更相关，也更正确。应用此标准是为了确保端点 URL 不会看起来像其他 URL，防止产生冲突和混淆。

以下 login_with_token()服务遵循了此标准，因为 username 是一个主键，它和其下一个参数 password 一样强，甚至更强。这可以确保每次访问端点时，该 URL 始终看起来是唯一的，因为始终需要 username 和 password：

```
@app.get("/ch01/login/{username}/{password}")
def login_with_token(username: str, password:str,
                     id: UUID):
    if valid_users.get(username) == None:
```

```
        return {"message": "user does not exist"}
    else:
        user = valid_users[username]
        if user.id == id and checkpw(password.encode(), user.passphrase):
            return user
        else:
            return {"message": "invalid user"}
```

与其他 Web 框架不同，FastAPI 对属于基本路径或具有不同子目录的顶级域路径的端点 URL 不友好。当我们的动态 URL 模式在分配特定路径变量时看起来与其他固定端点 URL 相同时，就会发生这种情况。这些固定 URL 在这些动态 URL 之后依次实现。

以下服务就是其中的一个示例：

```
@app.get("/ch01/login/{username}/{password}")
def login_with_token(username: str, password:str,
                     id: UUID):
    if valid_users.get(username) == None:
        return {"message": "user does not exist"}
    else:
        user = valid_users[username]
        if user.id == id and checkpw(password.encode(),
                      user.passphrase.encode()):
            return user
        else:
            return {"message": "invalid user"}

@app.get("/ch01/login/details/info")
def login_info():
    return {"message": "username and password are needed"}
```

在访问以下网址时，这将为我们提供 HTTP 状态代码 422（Unprocessable Entity）：

http://localhost:8080/ch01/login/details/info

Unprocessable Entity 的意思是不可处理的实体，表示请求格式是正确的，但是由于含有语义错误，服务端无法响应。

访问该 URL 应该没有问题，因为 API 服务几乎是一个存根（stub）或一些简单的 JSON 数据。这里发生的情况是，固定路径的 details 和 info 路径目录分别被视为 username 和 password 参数值。由于出现了这种混淆状况，FastAPI 的内置数据验证将向我们显示 JSON 格式的错误消息，内容如下：

```
{"detail":[{"loc":["query","id"],"msg":"field required",
"type":"value_error.missing"}]}
```

要解决此问题，首先应声明所有固定路径，然后再声明带有路径参数的动态端点 URL。因此，上述示例中的 login_info()服务应该在 login_with_token()之前声明。

1.5.3 查询参数

查询参数是在端点 URL 结束后提供的键值对（key-value pair），用问号（?）表示。就像路径参数一样，它也保存请求数据。API 服务可以管理一系列由&分隔的查询参数。与路径参数一样，所有查询参数也在服务方法中声明。

以下 login 服务是使用查询参数的完美示例：

```
@app.get("/ch01/login/")
def login(username: str, password: str):
    if valid_users.get(username) == None:
        return {"message": "user does not exist"}
    else:
        user = valid_users.get(username)
        if checkpw(password.encode(), user.passphrase.encode()):
            return user
        else:
            return {"message": "invalid user"}
```

该 login 服务方法使用 username 和 password 作为 str 类型的查询参数。两者都是必需的参数，并且将它们赋值给 None 作为参数值将导致编译器错误。

FastAPI 支持复杂类型（如 list 和 dict）的查询参数。但是这些 Python 集合类型不能指定要存储的对象的类型，除非我们为 Python 集合应用泛型类型提示。

以下 delete_users()和 update_profile_names() API 使用了泛型类型提示 List 和 Dict 来声明具有类型检查和数据验证的容器类型的查询参数：

```
from typing import Optional, List, Dict

@app.delete("/ch01/login/remove/all")
def delete_users(usernames: List[str]):
    for user in usernames:
        del valid_users[user]
    return {"message": "deleted users"}

@app.patch("/ch01/account/profile/update/names/{username}")
```

```
def update_profile_names(username: str, id: UUID,
                         new_names: Dict[str, str]):
    if valid_users.get(username) == None:
        return {"message": "user does not exist"}
    elif new_names == None:
        return {"message": "new names are required"}
    else:
        user = valid_users.get(username)
        if user.id == id:
            profile = valid_profiles[username]
            profile.firstname = new_names['fname']
            profile.lastname = new_names['lname']
            profile.middle_initial = new_names['mi']
            valid_profiles[username] = profile
            return {"message": "successfully updated"}
        else:
            return {"message": "user does not exist"}
```

FastAPI 还允许开发人员为服务函数参数显式分配默认值。

1.5.4　默认参数

有时我们还需要为某些 API 服务的查询参数和路径参数指定默认值，以避免出现 field required 和 value_error.missing 之类的验证错误消息。

为参数设置默认值将允许在提供或不提供参数值的情况下执行 API 方法。根据要求，分配的默认值通常是数字类型的 0、布尔类型的 False、字符串类型的空字符串、List 类型的空列表（[]）和 Dict 类型的空字典（{}）等。

以下 delete_pending_users()和 change_password()服务即向我们展示了如何将默认值应用于查询参数和路径参数：

```
@app.delete("/ch01/delete/users/pending")
def delete_pending_users(accounts: List[str] = []):
    for user in accounts:
        del pending_users[user]
    return {"message": "deleted pending users"}

@app.get("/ch01/login/password/change")
def change_password(username: str, old_passw: str = '',
                    new_passw: str = ''):
```

```
    passwd_len = 8
    if valid_users.get(username) == None:
        return {"message": "user does not exist"}
    elif old_passw == '' or new_passw == '':
        characters = ascii_lowercase
        temporary_passwd =
            ''.join(random.choice(characters) for i in
                range(passwd_len))
        user = valid_users.get(username)
        user.password = temporary_passwd
        user.passphrase =
            hashpw(temporary_passwd.encode(),gensalt())
        return user
    else:
        user = valid_users.get(username)
        if  user.password == old_passw:
            user.password = new_passw
            user.passphrase = hashpw(new_pass.encode(),gensalt())
            return user
        else:
            return {"message": "invalid user"}
```

delete_pending_users()甚至可以在不传递任何账户参数的情况下执行，因为账户默认情况下始终是一个空 List。

同样，change_password()在不传递任何 old_passwd 和 new_passw 的情况下仍然可以继续其进程，因为它们始终默认为空 str。

hashpw()是一个 bcrypt 实用函数，它可以从自动生成的盐（salt）生成哈希密码。

提示：

哈希加盐是常见的防止攻击的手段。网站的数据库通常管理着用户的 ID 和密码，密码以 MD5 等加密形式存在，但有时数据库可能泄露，导致哈希值被攻击者获取，黑客可能通过此哈希值暴力破解并获取密码，破坏数据的机密性。通过加入盐值即可防范这种攻击，盐值是一组随机字符串，将被插入密码中，然后再执行哈希算法，这样即使是相同的密码，插入不同的盐值后生成的哈希值也是不同的，由于 MD5 的不可逆性，想要逆向破解 MD5 会非常困难。

1.5.5 可选参数

如果服务的路径或查询参数不一定需要由用户提供，这意味着该 API 事务可以在请求事务中包含或不包含它们的情况下都能继续进行，则可以将这些路径或参数设置为可选的。

要声明一个可选参数，需要从 typing 模块中导入 Optional 类型，然后使用它来设置参数。它应该使用方括号（[]）包装参数的假定数据类型，并且如果需要可以具有任何默认值。

将 Optional 参数分配为一个 None 值表示服务允许将其排除在要传递的参数之外，但它将保留 None 值。以下服务演示了可选参数的使用：

```
from typing import Optional, List, Dict

@app.post("/ch01/login/username/unlock")
def unlock_username(id: Optional[UUID] = None):
    if id == None:
        return {"message": "token needed"}
    else:
        for key, val in valid_users.items():
            if val.id == id:
                return {"username": val.username}
        return {"message": "user does not exist"}

@app.post("/ch01/login/password/unlock")
def unlock_password(username: Optional[str] = None,
                    id: Optional[UUID] = None):
    if username == None:
        return {"message": "username is required"}
    elif valid_users.get(username) == None:
        return {"message": "user does not exist"}
    else:
        if id == None:
            return {"message": "token needed"}
        else:
            user = valid_users.get(username)
            if user.id == id:
                return {"password": user.password}
            else:
                return {"message": "invalid token"}
```

在我们的在线学术论坛应用程序中，即提供了上述 unlock_username()和 unlock_password()服务，它们将所有参数都声明为可选的。

当然，在处理这些类型的参数时，不要忘记在你的实现中应用异常处理或防御性验证以避免 HTTP 状态 500（内部服务器错误）。

注意：

FastAPI 框架不允许你只是为了声明一个可选参数而直接给一个参数分配 None 值。尽管这在以前版本的 Python 行为中是允许的，但在当前的 Python 版本中，出于内置类型检查和模型验证的目的，已经不再推荐这样做了。

1.5.6 混合所有类型的参数

如果你计划实现一个 API 服务方法，它声明了可选的、必需的和默认的查询和路径参数，你可以这样做，因为框架支持这种混合，但是，由于一些标准和规则的存在，在这样做时一定要谨慎行事。

以下为 update_profile_names()服务的更新版本即声明了一个 username 路径参数、一个 UUID id 查询参数和一个可选的 Dict[str, str]类型：

```
@app.patch("/ch01/account/profile/update/names/{username}")
def update_profile_names(id: UUID, username: str = '' ,
          new_names: Optional[Dict[str, str]] = None):
    if valid_users.get(username) == None:
        return {"message": "user does not exist"}
    elif new_names == None:
        return {"message": "new names are required"}
    else:
        user = valid_users.get(username)
        if user.id == id:
            profile = valid_profiles[username]
            profile.firstname = new_names['fname']
            profile.lastname = new_names['lname']
            profile.middle_initial = new_names['mi']
            valid_profiles[username] = profile
            return {"message": "successfully updated"}
        else:
            return {"message": "user does not exist"}
```

对于混合参数类型，应首先声明所有必需的参数，然后是默认参数，最后出现在参数列表中的应该是可选类型。不遵守此排序规则将生成编译器错误。

1.5.7 请求正文

请求正文（request body）是通过 POST、PUT、DELETE 或 PATCH HTTP 方法操作

从客户端传输到服务器的以字节为单位的数据正文。在 FastAPI 中，服务必须声明一个模型对象来表示和捕获此请求正文以进行处理并获得进一步的结果。

要为请求正文实现模型类，首先需要从 pydantic 模块中导入 BaseModel 类。然后，创建它的子类以利用所有属性和行为（这是路径操作在捕获请求正文时所需的）。以下是我们的应用程序使用的一些数据模型：

```
from pydantic import BaseModel

class User(BaseModel):
    username: str
    password: str

class UserProfile(BaseModel):
    firstname: str
    lastname: str
    middle_initial: str
    age: Optional[int] = 0
    salary: Optional[int] = 0
    birthday: date
    user_type: UserType
```

模型类的属性必须通过应用类型提示并利用参数声明中使用的常见和复杂数据类型来显式声明。这些属性也可以设置为必需的、默认的和可选的，就像在参数中一样。

此外，pydantic 模块允许创建嵌套模型，甚至是深度嵌套的模型。示例如下：

```
class ForumPost(BaseModel):
    id: UUID
    topic: Optional[str] = None
    message: str
    post_type: PostType
    date_posted: datetime
    username: str

class ForumDiscussion(BaseModel):
    id: UUID
    main_post: ForumPost
    replies: Optional[List[ForumPost]] = None
    author: UserProfile
```

如上述代码所示，我们有一个 ForumPost 模型（它有一个 PostType 模型属性），以及 ForumDiscussion（它有一个 ForumPost 的 List 属性、一个 ForumPost 模型属性和一个

UserProfile 属性）。这种模型蓝图称为嵌套模型方法（nested model approach）。

在创建这些模型类之后，即可将这些对象注入旨在从客户端捕获请求正文的服务中。以下服务利用了 User 和 UserProfile 模型类来管理请求正文：

```
@app.post("/ch01/login/validate", response_model=ValidUser)
def approve_user(user: User):
    if not valid_users.get(user.username) == None:
        return  ValidUser(id=None, username = None,
             password = None, passphrase = None)
    else:
        valid_user = ValidUser(id=uuid1(),
             username= user.username,
             password = user.password,
             passphrase = hashpw(user.password.encode(),
                       gensalt()))
        valid_users[user.username] = valid_user
        del pending_users[user.username]
        return valid_user

@app.put("/ch01/account/profile/update/{username}")
def update_profile( username: str, id: UUID,
                 new_profile: UserProfile):
    if valid_users.get(username) == None:
        return {"message": "user does not exist"}
    else:
        user = valid_users.get(username)
        if user.id == id:
            valid_profiles[username] = new_profile
            return {"message": "successfully updated"}
        else:
            return {"message": "user does not exist"}
```

模型可以声明为必需的，具有默认实例值，或者在服务方法中是可选的，具体取决于该 API 的规范。在 approve_user()服务中，缺少或不正确的详细信息（如 invalid password 或 None 值）将发出状态代码 500（Internal Server Error，内部服务器错误）。在第 2 章“探索核心功能”中将详细讨论 FastAPI 如何处理异常。

注意：

在处理 BaseModel 类的类型时，需要强调两个基本点。

首先，pydantic 模块有一个内置的 JSON 编码器，可以将 JSON 格式的请求正文转换为 BaseModel 对象。因此，并不需要创建一个自定义的转换器来将请求正文映射到 BaseModel 模型。

其次，要实例化一个 BaseModel 类，它的所有必需的属性必须立即通过构造函数的命名参数进行初始化。

1.5.8　请求标头

在请求-响应事务中，REST API 方法不仅可以访问参数，还可以获得发起请求的客户端的上下文信息。一些常见的请求标头，如 User-Agent、Host、Accept、Accept-Language、Accept-Encoding、Referer 和 Connection，通常在请求事务期间与请求参数和值一起出现。

要访问请求标头，首先需要从 fastapi 模块中导入 Header 函数，然后将方法服务中与标头同名的变量声明为 str 类型，并调用 Header(None)函数初始化变量。None 参数使 Header()函数能够选择性地声明变量，这是最佳做法。

对于带连字符的请求标头名称，连字符（-）应转换为下画线（_）；否则，Python 编译器将标记语法错误消息。Header()函数的任务是在请求标头处理期间将下画线（_）转换为连字符（-）。

我们的在线学术论坛应用程序有一个 verify_headers()服务，该服务将检索验证客户端对应用程序的访问所需的核心请求标头：

```
from fastapi import Header

@app.get("/ch01/headers/verify")
def verify_headers( host: Optional[str] = Header(None),
                    accept: Optional[str] = Header(None),
                    accept_language: Optional[str] = Header(None),
                    accept_encoding: Optional[str] = Header(None),
                    user_agent: Optional[str] = Header(None)):
    request_headers["Host"] = host
    request_headers["Accept"] = accept
    request_headers["Accept-Language"] = accept_language
    request_headers["Accept-Encoding"] = accept_encoding
    request_headers["User-Agent"] = user_agent
    return request_headers
```

注意：

声明中不包含 Header()函数调用会导致 FastAPI 将变量视为查询参数。还要注意本地参数名称的拼写，因为它们本身就是请求标头名称，但下画线除外。

1.5.9　响应数据

FastAPI 中的所有 API 服务都应返回 JSON 数据，否则将无效并可能默认返回 None。这些响应可以使用 dict、BaseModel 或 JSONResponse 对象形成。在后续章节中将展开有关 JSONResponse 的讨论。

pydantic 模块的内置 JSON 转换器将管理这些自定义响应到 JSON 对象的转换，因此无须创建自定义 JSON 编码器：

```
@app.post("/ch01/discussion/posts/add/{username}")
def post_discussion(username: str, post: Post,
                    post_type: PostType):
    if valid_users.get(username) == None:
        return {"message": "user does not exist"}
    elif not (discussion_posts.get(id) == None):
        return {"message": "post already exists"}
    else:
        forum_post = ForumPost(id=uuid1(),
            topic=post.topic, message=post.message,
            post_type=post_type,
            date_posted=post.date_posted, username=username)
        user = valid_profiles[username]
        forum = ForumDiscussion(id=uuid1(),
            main_post=forum_post, author=user, replies=list())
        discussion_posts[forum.id] = forum
        return forum
```

上述 post_discussion()服务将返回两个不同的硬编码 dict 对象，其中的 message 作为键，另外还有一个实例化的 ForumDiscussion 模型。

另外，该框架允许开发人员指定服务方法的返回类型。返回类型的设置发生在任何 @app 路径操作的 response_model 属性中。糟糕的是，该参数仅识别 BaseModel 类类型：

```
@app.post("/ch01/login/validate", response_model=ValidUser)
def approve_user(user: User):

    if not valid_users.get(user.username) == None:
        return ValidUser(id=None, username = None,
                         password = None, passphrase = None)
    else:
        valid_user = ValidUser(id=uuid1(),
            username= user.username, password = user.password,
```

```
            passphrase = hashpw(user.password.encode(),
                gensalt()))
    valid_users[user.username] = valid_user
    del pending_users[user.username]
    return valid_user
```

上述 approve_user()服务指定了 API 方法的必要返回值，即 ValidUser。

接下来，让我们看看 FastAPI 如何处理表单参数。

1.6 处理表单参数

当 API 方法被设计为处理 Web 表单时，所涉及的服务需要检索表单参数而不是请求正文，因为此表单数据通常被编码为 application/x-www-form-urlencoded 媒体类型。这些表单参数通常是 string 类型，但 pydantic 模块的 JSON 编码器可以将每个参数值转换为其各自的有效类型。

所有表单参数变量都可以使用我们之前使用的相同 Python 类型集被声明为必需的、具有默认值的或可选的。然后，fastapi 模块有一个 Form 函数，需要在声明过程中初始化这些表单参数变量。要将这些表单参数设置为必需的，Form()函数必须具有省略号（...）的参数，因此将其称为 Form(...)：

```
from fastapi import FastAPI, Form

@app.post("/ch01/account/profile/add", response_model=UserProfile)
def add_profile(uname: str,
                fname: str = Form(...),
                lname: str = Form(...),
                mid_init: str = Form(...),
                user_age: int = Form(...),
                sal: float = Form(...),
                bday: str = Form(...),
                utype: UserType = Form(...)):
    if valid_users.get(uname) == None:
        return UserProfile(firstname=None, lastname=None,
            middle_initial=None, age=None,
            birthday=None, salary=None, user_type=None)
    else:
        profile = UserProfile(firstname=fname,
            lastname=lname, middle_initial=mid_init,
            age=user_age, birthday=datetime.strptime(bday,
```

```
                '%m/%d/%Y'), salary=sal, user_type=utype)
    valid_profiles[uname] = profile
    return profile
```

上述 add_profile()服务向我们展示在参数声明期间如何调用 Form(...)函数以返回一个 Form 对象。

注意：

如果没有安装 python-multipart 模块，则表单处理服务将无法正常工作。

有时我们需要浏览器 cookie 来为应用程序建立身份，在浏览器中为每个用户事务留下踪迹，或者出于某种目的存储产品信息。如果 FastAPI 可以管理表单数据，那么它也同样可以管理 cookie。

1.7　管理 cookie

cookie 是存储在浏览器中的一条信息，用于实现某些目的，例如登录用户授权、Web 代理响应生成和与会话处理相关的任务。一个 cookie 始终是一个键值对，它们都是字符串类型的。

FastAPI 允许服务通过其 fastapi 模块中的 Response 库类单独创建 cookie。要使用它，它需要作为服务的第一个本地参数出现，但不要让应用程序或客户端向它传递参数。使用依赖项注入原理，框架将向服务而不是应用程序提供 Response 实例。当服务有其他参数要声明时，附加声明应该紧跟在 Response 参数声明之后。

Response 对象有一个 set_cookie()方法，其中包含两个必需的命名参数：一个是 key，它将设置 cookie 名称；另一个是 value，它将存储 cookie 的值。此方法只生成一个 cookie，然后将其存储在浏览器中：

```
@app.post("/ch01/login/rememberme/create/")
def create_cookies( resp: Response, id: UUID,
                    username: str = ''):
    resp.set_cookie(key="userkey", value=username)
    resp.set_cookie(key="identity", value=str(id))
    return {"message": "remember-me tokens created"}
```

上述 create_cookies()方法展示了如何为我们的在线学术论坛项目的 remember-me（记住我）授权创建 remember-me 令牌，如 userkey 和 identity。在设置了 remember-me cookie 之后，再次登录时就不必输入用户名了。

为了检索这些 cookie，与 cookie 同名的本地参数在服务方法中声明为 str 类型，因为 cookie 值始终是字符串。

与 Header 和 Form 一样，fastapi 模块也提供了一个 Cookie 函数，用于初始化每个已声明的 cookie 参数变量。

Cookie()函数应始终具有 None 参数以可选地设置参数，确保在请求事务中不存在标头时，API 方法可以毫无问题地执行。

以下 access_cookie()服务可以检索由先前的服务创建的所有 remember-me 授权 cookie：

```
@app.get("/ch01/login/cookies")
def access_cookie(userkey: Optional[str] = Cookie(None),
                  identity: Optional[str] = Cookie(None)):
    cookies["userkey"] = userkey
    cookies["identity"] = identity
    return cookies
```

1.8　小　　结

本章对于熟悉 FastAPI 并了解其基本组件非常重要。我们从本章了解到的概念可用于衡量今后需要投入多少时间和精力来将一些现有的应用程序转换或重写为 FastAPI。了解相关的基础知识将帮助我们学习如何安装其模块，构建项目的目录，并学习构建一个简单的企业级应用程序所需的核心库类和函数。

通过我们的在线学术论坛应用程序，本章展示了如何使用 FastAPI 模块类和 Python def 函数构建与 HTTP 方法相关的不同 REST API。通过该示例，我们学习了如何使用 API 方法的本地参数捕获传入的请求数据和标头，以及这些 API 方法应如何向客户端返回响应。

通过本章示例可以看到，FastAPI 可以轻松地使用 Form 函数从任何用户界面（user interface，UI）模板的<form></form>获取表单数据。除了 Form 函数，FastAPI 模块还具有 Cookie 函数，它可以帮助我们在浏览器中创建和检索 cookie，另外还有 Header 来检索传入请求事务的请求标头部分。

总体来说，本章为后续有关 FastAPI 其他高级功能的讨论奠定了基础，FastAPI 的功能可以帮助开发人员将简单的应用程序升级为成熟的应用程序，第 2 章将介绍这些基本的核心功能，它们将为我们的应用程序提供所需的响应编码器和生成器、异常处理程序、中间件以及与异步事务相关的其他组件。

第 2 章　探索核心功能

在第 1 章“设置 FastAPI”中可以看到，使用 FastAPI 框架安装和开发 REST API 是非常容易的。使用 FastAPI 处理请求、cookie 和表单数据都变得快速、简单且直接，就像构建不同的 HTTP 路径操作一样。

为了进一步了解该框架的功能，本章将指导开发人员通过在实现中添加一些基本的 FastAPI 功能来升级 REST API。其中包括：可以帮助尽量减少程序异常影响的处理程序，可以直接管理端点响应的 JSON 编码器，可以创建审计跟踪和日志的后台作业，以及可以与 uvicorn 的主线程异步运行某些 API 方法的多个线程。

此外，本章还将讨论管理大型企业项目的源文件、模块和包等问题。本章将使用和剖析一个智能旅游系统原型，以帮助阐述和举例说明 FastAPI 的核心模块。

本章包含以下主题：

- 构建和组织大型项目
- 管理与 API 相关的异常
- 将对象转换为与 JSON 兼容的类型
- 管理 API 响应
- 创建后台进程
- 使用异步路径操作
- 应用中间件以过滤路径操作

2.1　技术要求

本章将实现一个智能旅游系统的原型，旨在提供旅游景点的预订信息和预约功能。它可以提供用户详细信息、旅游景点详细信息和位置网格。它还允许用户或旅游者对旅行发表评论并对其进行评分。该原型有一个管理员账户，用于添加和删除所有游览详细信息、管理用户和提供一些列表。该应用程序尚未使用任何数据库管理系统，因此所有数据都临时存储在 Python 集合中。其代码已全部上传到以下网址：

https://github.com/PacktPublishing/Building-Python-Microservices-with-FastAPI/tree/main/ch02

2.2 构建和组织大型项目

在 FastAPI 中，可以通过添加包和模块来组织和构建大型项目，而不会破坏其设置、配置和用途。如果有额外的功能和要求，则项目应该始终是灵活和可扩展的。一个组件必须对应一个包，若干个模块就相当于一个 Flask 框架中的蓝图（blueprint）。

在这个智能旅游系统原型中，应用程序具有登录、管理、访问、目的地和反馈等多个模块。其中最重要的模块有两个，一个是 visit（访问）模块，它将管理用户的所有旅行预订；另一个是 feedback（反馈）模块，它将使客户能够发布关于他们在每个目的地的体验的反馈。这两个模块应该与其他模块分开，因为它们提供核心事务。

图 2.1 展示了如何对该项目的实现进行分组，并使用包将模块彼此分开。

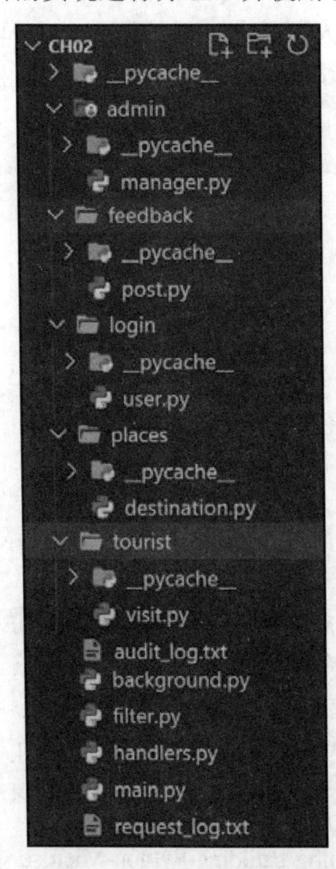

图 2.1　FastAPI 项目结构

可以看到，图 2.1 中的每个包都包含实现 API 服务和一些依赖项的所有模块并且上述所有模块都有各自的包，可以轻松测试、调试和扩展应用程序。在后续章节中将详细讨论如何测试 FastAPI 组件。

注意：

在开发过程中使用 VS Code 编辑器和 Python 3.8 时，FastAPI 不需要在每个 Python 包中都添加__init__.py 文件，这与 Flask 是不一样的。

在编译过程中，包内生成的__pycache__文件夹包含了模块脚本的二进制文件，它们可被其他模块访问和利用。

主文件夹也将成为一个包，因为它将有其自己的__pycache__文件夹和其他一些文件夹。

在将应用程序部署到存储库时，必须将__pycache__排除在外，因为它可能会占用大量的空间。

另外，主文件夹中剩下的都是一些核心组件，例如后台任务、自定义异常处理程序、中间件和 main.py 文件。接下来，让我们了解一下 FastAPI 在部署时如何将所有这些包捆绑为一个巨大的应用程序。

2.2.1　实现 API 服务

要使这些模块包正常运行，main.py 文件必须通过 FastAPI 实例调用并注册其所有 API 实现。每个包内的脚本已经是微服务的 REST API 实现，只不过它们是由 APIRouter 而不是 FastAPI 对象构建的。APIRouter 也有相同的路径操作、查询和请求参数设置、表单数据的处理、响应的生成，以及模型对象的参数注入。APIRouter 缺少的是对异常处理程序、中间件声明和自定义的支持：

```
from fastapi import APIRouter
from login.user import Signup, User, Tourist,
      pending_users, approved_users

router = APIRouter()

@router.get("/ch02/admin/tourists/list")
def list_all_tourists():
    return approved_users
```

这里的 list_all_tourists() API 方法操作是 admin 包中 manager.py 模块的一部分，由于项目的结构化，使用 APIRouter 实现。该方法将返回一个允许访问应用程序的旅游者

（tourist）记录列表，该列表只能由 login 包中的 user.py 模块提供。

2.2.2 导入模块组件

模块脚本可以使用 Python 的 from... import 语句将它们的容器、BaseModel 类和其他资源对象共享给其他模块。Python 的 from... import 语句更好，因为它允许我们从模块中导入特定组件，而不包含不必要的组件：

```
from fastapi import APIRouter, status
from places.destination import Tour, TourBasicInfo,
    TourInput, TourLocation, tours, tours_basic_info, tours_locations

router = APIRouter()

@router.put("/ch02/admin/destination/update",
            status_code=status.HTTP_202_ACCEPTED)
def update_tour_destination(tour: Tour):
    try:
        tid = tour.id
        tours[tid] = tour
        tour_basic_info = TourBasicInfo(id=tid,
            name=tour.name, type=tour.type,
            amenities=tour.amenities, ratings=tour.ratings)
        tour_location = TourLocation(id=tid,
            name=tour.name, city=tour.city,
            country=tour.country, location=tour.location )
        tours_basic_info[tid] = tour_basic_info
        tours_locations[tid] = tour_location
        return { "message" : "tour updated" }
    except:
        return { "message" : "tour does not exist" }
```

如果不从 places 包的 destination.py 中导入 Tour、TourBasicInfo 和 TourLocation 模型类，则上述代码中的 update_tour_destination()操作将不能正常工作。这显示了在对大型企业 Web 项目进行结构化时发生的模块之间的依赖关系。

模块脚本还可以在实现需要时从主项目文件夹中导入组件。此类做法的一个典型的示例是从 main.py 文件中访问中间件、异常处理程序和任务。

注意：

在处理 from... import 语句时要避免循环。当一个模块脚本 a.py 访问 b.py 的组件，而

b.py 又从 a.py 中导入资源对象时，就会发生循环（cycle）。FastAPI 不接受这种情况，并将发出错误信息。

2.2.3　实现新的 main.py 文件

从技术上讲，除非通过 main.py 文件将项目的包及其模块脚本的 router 对象添加或注入应用程序的核心中，否则框架将无法识别项目的包及其模块脚本。

main.py 与其他项目级脚本一样，使用 FastAPI 而不是 APIRouter 来创建和注册组件以及包的模块。FastAPI 类有一个 include_router()方法，可以添加所有这些 router 并将它们注入框架中，使它们成为项目结构的一部分。

除了注册 router，该方法还可以向 router 中添加其他属性和组件，例如 URL 前缀、标签、异常处理程序等依赖项和状态代码：

```
from fastapi import FastAPI, Request

from admin import manager
from login import user
from feedback import post
from places import destination
from tourist import visit

app = FastAPI()

app.include_router(manager.router)
app.include_router(user.router)
app.include_router(destination.router)
app.include_router(visit.router)
app.include_router(
    post.router,
    prefix="/ch02/post"
)
```

上述代码是智能旅游系统原型的 main.py 实现，其任务是从不同的包中导入模块脚本的所有注册程序（register），然后将它们作为组件添加到框架中。

使用以下命令运行该应用程序：

```
uvicorn main:app --reload
```

这将允许你在以下网址访问这些模块的所有 API：

http://localhost:8000/docs

当 API 服务在执行过程中遇到运行时问题时，应用程序会发生什么？除了应用 Python 的 try-except 块，还有没有办法管理这些问题？接下来，让我们进一步探索如何实现包含异常处理机制的 API 服务。

2.3 管理与 API 相关的异常

FastAPI 框架有一个由其 Starlette 工具包派生的内置异常处理程序，每当在执行 REST API 操作期间遇到 HTTPException 时，它总是返回默认的 JSON 响应。例如，在不提供用户名和密码的情况下通过 http://localhost:8000/ch02/user/login 访问 API 将得到如图 2.2 所示的默认 JSON 输出。

图 2.2　默认异常结果

在极少数情况下，框架有时会选择返回 HTTP 响应状态而不是默认的 JSON 内容。但是，开发人员仍然可以选择覆盖这些默认处理程序，以选择在发生特定异常原因时返回哪些响应。

接下来，让我们仔细看看如何制定一种标准化且比较适当的方式来管理 API 实现中的运行时的错误。

2.3.1 单个状态代码响应

管理应用程序异常处理机制的方法之一是应用 try-except 块来管理 API 在遇到异常或没有异常时的返回响应。应用 try 块后，操作应触发单个状态代码（status code），最常见的状态代码是 Status Code 200（SC 200）。

FastAPI 和 APIRouter 的路径操作有一个 status_code 参数，可以使用它来指示我们要引发的状态代码的类型。

在 FastAPI 中，状态代码是在 status 模块中找到的整数常量。如果它们是有效的状态代码编号，则允许整数文字指示所需的状态代码。

注意：

状态代码是一个 3 位数的数字，表示 REST API 操作的 HTTP 响应的原因、信息或状态。状态代码范围为 200～299 表示成功的响应，300～399 与重定向有关，400～499 与客户端相关的问题有关，500～599 与服务器错误有关。例如，最常见的 404（not found）状态代码就是表示客户端在浏览网页时，服务器找不到页面，因此无法正常提供信息。

这种技术很少使用，因为有时操作时需要清楚地识别它遇到的每个异常，这只能通过返回 HTTPException 而不是包装在 JSON 对象中的自定义错误消息来完成：

```
from fastapi import APIRouter, status

@router.put("/ch02/admin/destination/update",
         status_code=status.HTTP_202_ACCEPTED)
def update_tour_destination(tour: Tour):
    try:
        tid = tour.id
        tours[tid] = tour
        tour_basic_info = TourBasicInfo(id=tid,
            name=tour.name, type=tour.type,
            amenities=tour.amenities, ratings=tour.ratings)
        tour_location = TourLocation(id=tid,
            name=tour.name, city=tour.city,
            country=tour.country, location=tour.location )
        tours_basic_info[tid] = tour_basic_info
        tours_locations[tid] = tour_location
        return { "message" : "tour updated" }
    except:
        return { "message" : "tour does not exist" }

@router.get("/ch02/admin/destination/list",
         status_code=200)
def list_all_tours():
    return tours
```

上述代码中显示的 list_all_tours()方法是一种应该发出状态代码 200 的 REST API 服务——它仅通过使用数据来呈现 Python 集合即可提供无错误的结果。

可以看到，分配给 GET 路径操作的 status_code 参数的文字整数值 200 或 SC 200 始终会引发 OK 状态。

另外，update_tour_destination()方法展示了另一种使用 try-except 块发出状态代码的方法，其中两个块都返回自定义 JSON 响应。无论发生哪种情况，它总是会触发 SC 202，这可能不适用于某些 REST 的实现。

在 status 模块导入之后，其 HTTP_202_ACCEPTED 常量即可用于设置 status_code 参数的值。

2.3.2 多个状态代码

如果开发人员需要 try-except 中的每个块返回各自的状态代码，则需要避免使用路径操作的 status_code 参数，而改为使用 JSONResponse。

JSONResponse 是用于向客户端呈现 JSON 响应的 FastAPI 类之一。它可以被实例化，构造函数注入其 content 和 status_code 参数的值，并由路径操作返回。

默认情况下，该框架将使用 API 来帮助路径操作将响应呈现为 JSON 类型。它的 content 参数应该是一个 JSON 类型的对象，而 status_code 参数则可以是一个整数常量和一个有效的状态代码数字，也可以是一个来自模块状态的常量：

```
from fastapi.responses import JSONResponse

@router.post("/ch02/admin/destination/add")
add_tour_destination(input: TourInput):
    try:
        tid = uuid1()
        tour = Tour(id=tid, name=input.name,
            city=input.city, country=input.country,
            type=input.type, location=input.location,
            amenities=input.amenities, feedbacks=list(),
            ratings=0.0, visits=0, isBooked=False)
        tour_basic_info = TourBasicInfo(id=tid,
            name=input.name, type=input.type,
            amenities=input.amenities, ratings=0.0)
        tour_location = TourLocation(id=tid,
            name=input.name, city=input.city,
            country=input.country, location=input.location )
        tours[tid] = tour
        tours_basic_info[tid] = tour_basic_info
        tours_locations[tid] = tour_location
        tour_json = jsonable_encoder(tour)
        return JSONResponse(content=tour_json,
            status_code=status.HTTP_201_CREATED)
    except:
        return JSONResponse(
```

```
        content={"message" : "invalid tour"},
        status_code=status.HTTP_500_INTERNAL_SERVER_ERROR)
```

这里的 add_tour_destination()操作有一个 try-except 块，其中的 try 块将返回旅游景点的详细信息和状态代码 SC 201，而它的 catch 块则会在 JSON 类型对象内返回一条错误消息，包括服务器错误状态代码 SC 500。

2.3.3 引发 HTTPException

另一种管理可能出现错误的方法是让 REST API 抛出 HTTPException 对象。

HTTPException 是一个 FastAPI 类，它具有以下两个必需的构造函数参数：

- detail：它需要 str 类型的错误消息。
- status_code：它要求一个有效的整数值。

操作抛出 HTTPException 实例之后，detail 部分将转换为 JSON 类型并作为响应返回给用户。

要抛出 HTTPException，变体的验证过程使用 if 条件语句比使用 try-except 块更合适，因为我们需要在使用 raise 语句抛出 HTTPException 对象之前确定错误的原因。一旦 raise 语句被执行，则整个操作将停止并将 JSON 类型的 HTTP 错误消息发送给客户端，并带有指定的状态代码：

```
from fastapi import APIRouter, HTTPException, status

@router.post("/ch02/tourist/tour/booking/add")
def create_booking(tour: TourBasicInfo, touristId: UUID):
    if approved_users.get(touristId) == None:
        raise HTTPException(status_code=500,
            detail="details are missing")
    booking = Booking(id=uuid1(), destination=tour,
        booking_date=datetime.now(), tourist_id=touristId)
    approved_users[touristId].tours.append(tour)
    approved_users[touristId].booked += 1
    tours[tour.id].isBooked = True
    tours[tour.id].visits += 1
    return booking
```

上述 create_booking()操作模拟了一个旅游者（tourist）账户的预订过程，但在程序开始之前，它将首先检查该旅游者是否仍然是有效用户；如果不是，则它将引发 HTTPException，停止所有操作并返回错误消息。

2.3.4　自定义异常

也可以创建一个用户定义的 HTTPException 对象来处理与特定业务相关的问题。此自定义异常需要一个自定义处理程序，以便在操作引发它时管理其对客户端的响应。这些自定义组件应该可用于项目结构中的所有 API 方法，因此，它们必须在项目文件夹级别实施。

在我们的应用程序中，在 handler_exceptions.py 中创建了两个自定义异常，即 PostFeedbackException 和 PostRatingFeedback 异常，它们分别处理与发布特定旅游景点的反馈和评分相关的问题：

```
from fastapi import FastAPI, Request, status, HTTPException

class PostFeedbackException(HTTPException):
    def __init__(self, detail: str, status_code: int):
        self.status_code = status_code
        self.detail = detail

class PostRatingException(HTTPException):
    def __init__(self, detail: str, status_code: int):
        self.status_code = status_code
        self.detail = detail
```

有效的 FastAPI 异常是继承基本属性（即 status_code 和 detail 属性）的 HTTPException 对象的子类。我们需要在路径操作引发异常之前为这些属性提供值。在创建这些自定义异常之后，即可实现特定的处理程序并将其映射到异常。

main.py 中的 FastAPI @app 装饰器有一个 exception_handler()方法，可用于自定义处理程序并将其映射到适当的自定义异常。这样的处理程序只是一个带有两个本地参数的 Python 函数。这两个本地参数一个是 Request，另一个是它管理的自定义异常。如果处理程序需要任何此类请求数据，则 Request 对象的目的是从路径操作中检索 cookie、有效负载、标头、查询参数和路径参数。

现在，一旦引发自定义异常，则处理程序将被设置为向客户端生成 JSON 类型的响应，其中包含引发异常的路径操作提供的 detail 和 status_code 属性：

```
from fastapi.responses import JSONResponse
from fastapi import FastAPI, Request, status, HTTPException

@app.exception_handler(PostFeedbackException)
```

```
def feedback_exception_handler(req: Request, ex: PostFeedbackException):
    return JSONResponse(
        status_code=ex.status_code,
        content={"message": f"error: {ex.detail}"}
    )

@app.exception_handler(PostRatingException)
def rating_exception_handler(req: Request, ex: PostRatingException):
    return JSONResponse(
        status_code=ex.status_code,
        content={"message": f"error: {ex.detail}"}
    )
```

当 post.py 中的操作引发 PostFeedbackException 异常时，上述代码中给出的 feedback_exception_handler()将触发其执行以生成响应，该响应可以提供有关导致反馈问题的原因的详细信息。对于 PostRatingException 异常和它的 rating_exception_handler()也会发生同样的事情：

```
from handlers import PostRatingException, PostFeedbackException

@router.post("/feedback/add")
def post_tourist_feedback(touristId: UUID, tid: UUID,
        post: Post, bg_task: BackgroundTasks):
    if approved_users.get(touristId) == None and
            tours.get(tid) == None:
        raise PostFeedbackException(detail='tourist and
                tour details invalid', status_code=403)
    assessId = uuid1()
    assessment = Assessment(id=assessId, post=post,
            tour_id= tid, tourist_id=touristId)
    feedback_tour[assessId] = assessment
    tours[tid].ratings = (tours[tid].ratings + post.rating)/2
    bg_task.add_task(log_post_transaction,
            str(touristId), message="post_tourist_feedback")
    assess_json = jsonable_encoder(assessment)
    return JSONResponse(content=assess_json, status_code=200)

@router.post("/feedback/update/rating")
def update_tour_rating(assessId: UUID, new_rating: StarRating):
    if feedback_tour.get(assessId) == None:
        raise PostRatingException(
            detail='tour assessment invalid', status_code=403)
```

```
    tid = feedback_tour[assessId].tour_id
    tours[tid].ratings = ( tours[tid].ratings + new_rating)/2
    tour_json = jsonable_encoder(tours[tid])
    return JSONResponse(content=tour_json, status_code=200)
```

上述代码中的 post_tourist_feedback()和 update_tour_rating()是 API 操作，它们将分别引发 PostFeedbackException 和 PostRatingException 自定义异常，并各自触发其处理程序的执行。注入构造函数的 detail 和 status_code 值将被传递给处理程序以创建响应。

2.3.5 默认处理程序覆盖

覆盖应用程序异常处理机制的最佳方法是替换 FastAPI 框架的全局异常处理程序。该处理程序管理着其核心 Starlette 的 HTTPException 和由 Pydantic 的请求验证过程触发的 RequestValidationError。

例如，如果我们想要将使用 raise 发送给客户端的全局异常的响应格式从 JSON 类型更改为纯文本，则可以为上述每个核心异常创建自定义处理程序，以进行格式转换。

以下 main.py 的片段显示了这些类型的自定义处理程序：

```
from fastapi.responses import PlainTextResponse
from starlette.exceptions import HTTPException as
        GlobalStarletteHTTPException
from fastapi.exceptions import RequestValidationError
from handler_exceptions import PostFeedbackException,
        PostRatingException

@app.exception_handler(GlobalStarletteHTTPException)
def global_exception_handler(req: Request,
            ex: str
    return PlainTextResponse(f"Error message:
        {ex}", status_code=ex.status_code)

@app.exception_handler(RequestValidationError)
def validationerror_exception_handler(req: Request,
            ex: str
    return PlainTextResponse(f"Error message:
        {str(ex)}", status_code=400)
```

global_exception_handler()和 validationerror_exception_handler()处理程序都用于将该框架的 JSON 类型异常响应更改为 PlainTextResponse。

别名 GlobalStarletteHTTPException 被分配给 Starlette 的 HTTPException 类，以区别

于 FastAPI 的 HTTPException，我们之前使用它来构建自定义异常。

另外，PostFeedbackException 和 PostRatingException 都在 handler_exceptions.py 模块中实现。

JSON 对象遍布 FastAPI 框架的 REST API 实现，从传入请求到传出响应都需要用到它们。但是，如果该过程中涉及的 JSON 数据不是 FastAPI JSON 兼容类型，那该怎么办呢？接下来，就让我们详细讨论一下该问题。

2.4　将对象转换为与 JSON 兼容的类型

FastAPI 可以更轻松地处理与 JSON 兼容的类型，如 dict、list 和 BaseModel 对象，因为该框架可以使用其默认的 JSON 编辑器轻松地将它们转换为 JSON。

但是，在处理 BaseModel、数据模型或包含数据的 JSON 对象时，有时也会引发运行时的异常。造成这种情况有众多的原因，其中之一是这些数据对象具有 JSON 规则不支持的属性，如 UUID 和非内置日期类型。无论如何，使用框架的模块类之后，这些对象仍然是可以利用的，只要将它们转换为与 JSON 兼容的对象即可。

在直接处理 API 操作的响应时，FastAPI 有一个内置方法，可以对典型的模型对象进行编码，将它们转换为与 JSON 兼容的类型，然后再将它们持久化到任何数据存储区或将它们传递给 JSONResponse 的 detail 参数。

以下 jsonable_encoder()方法可以返回一个 dict 类型，其中包含与 JSON 兼容的所有键和值：

```
from fastapi.encoders import jsonable_encoder
from fastapi.responses import JSONResponse

class Tourist(BaseModel):
    id: UUID
    login: User
    date_signed: datetime
    booked: int
    tours: List[TourBasicInfo]

@router.post("/ch02/user/signup/")
async def signup(signup: Signup):
    try:
        userid = uuid1()
        login = User(id=userid, username=signup.username,
```

```
                    password=signup.password)
        tourist = Tourist(id=userid, login=login,
            date_signed=datetime.now(), booked=0,
            tours=list() )
        tourist_json = jsonable_encoder(tourist)
        pending_users[userid] = tourist_json
        return JSONResponse(content=tourist_json,
            status_code=status.HTTP_201_CREATED)
    except:
        return JSONResponse(content={"message": "invalid operation"},
            status_code=status.HTTP_500_INTERNAL_SERVER_ERROR)
```

在上述代码中，应用程序有一个 POST 操作，即 signup()，它将捕获新创建的用户的配置文件以供管理员批准。如果你观察 Tourist 模型类，则会看到它具有声明为 datetime 的 date_signed 属性，并且其时间类型并不总是对 JSON 友好的。在 FastAPI 相关操作中包含具有非 JSON 友好组件的模型对象可能会导致严重异常。为了避免这些 Pydantic 验证问题，建议使用 jsonable_encoder()来管理模型对象的所有属性到 JSON 类型的转换。

注意：

虽然 json 模块及其 dumps()和 load()实用方法可以代替 jsonable_encoder()，但你应该创建一个自定义的 JSON 编码器，以成功地将 UUID 类型、格式化的 date 类型和其他复杂的属性类型映射到 str。

第 9 章“利用其他高级功能”将讨论其他 JSON 编码器，它们可以比 json 模块更快地编码和解码 JSON 响应。

2.5　管理 API 响应

jsonable_encoder()的使用不仅可以帮助 API 方法解决数据持久性问题，还可以帮助解决其响应的完整性和正确性。在 signup()服务方法中，JSONResponse 将返回编码后的 Tourist 模型而不是原始对象，以确保客户端始终收到 JSON 响应。

除了引发状态代码和提供有关错误消息，JSONResponse 还可以通过一些技巧来处理 API 对客户端的响应。

在生成响应时，建议应用编码器方法以避免运行时错误。当然，在许多情况下该方法是可选的，并非必须操作：

```
from fastapi.encoders import jsonable_encoder
from fastapi.responses import JSONResponse

@router.get("/ch02/destinations/details/{id}")
def check_tour_profile(id: UUID):
    tour_info_json = jsonable_encoder(tours[id])
    return JSONResponse(content=tour_info_json)
```

在上述代码中，check_tour_profile()使用了 JSONResponse 来确保其响应是 JSON 兼容类型的，并且是从管理其异常的目的中获取的。此外，它还可以用于将标头与 JSON 类型的响应一起返回：

```
@router.get("/ch02/destinations/list/all")
def list_tour_destinations():
    tours_json = jsonable_encoder(tours)
    resp_headers = {'X-Access-Tours': 'Try Us',
        'X-Contact-Details':'1-900-888-TOLL',
        'Set-Cookie':'AppName=ITS; Max-Age=3600; Version=1'}
    return JSONResponse(content=tours_json, headers=resp_headers)
```

可以看到，该应用程序的 list_tour_destinations()在这里返回了 3 个 cookie，分别是：AppName、Max-Age 和 Version，另外还有两个用户定义的响应标头。名称以 X-开头的标头是自定义标头。

除了 JSONResponse，fastapi 模块还有一个 Response 类，也可以创建响应标头：

```
from fastapi import APIRouter, Response

@router.get("/ch02/destinations/mostbooked")
def check_recommended_tour(resp: Response):
    resp.headers['X-Access-Tours'] = 'TryUs'
    resp.headers['X-Contact-Details'] = '1900888TOLL'
    resp.headers['Content-Language'] = 'en-US'
    ranked_desc_rates = sort_orders = sorted(tours.items(),
        key=lambda x: x[1].ratings, reverse=True)
    return ranked_desc_rates;
```

可以看到，上述 check_recommended_tour()使用了 Response 创建两个自定义响应标头和一个已知的 Content-Language。

开发人员应该牢记标头都是 str 类型，并且可能出于多种原因存储在浏览器中，例如为应用程序创建身份、留下用户跟踪、丢弃与广告相关的数据，或者当 API 遇到错误时向浏览器留下错误消息等：

```
@router.get("/ch02/tourist/tour/booked")
def show_booked_tours(touristId: UUID):
    if approved_users.get(touristId) == None:
        raise HTTPException(
        status_code=status.HTTP_500_INTERNAL_SERVER_ERROR,
        detail="details are missing",
        headers={"X-InputError":"missing tourist ID"})
    return approved_users[touristId].tours
```

在上述示例中，show_booked_tours()服务方法引发了 HTTPException，它不仅包含状态代码和错误消息，还包含一些自定义标头，以防在一旦引发异常时，操作将一些错误信息留给浏览器。

接下来，我们将探索 FastAPI 创建和管理事务的能力，这些事务旨在使用一些服务器线程在后台运行。

2.6　创建后台进程

FastAPI 框架还能够作为 API 服务执行的一部分来运行后台作业。它甚至可以几乎同时运行多个作业，而不需要主服务的干预。负责这一执行的类是 BackgroundTasks，它是 fastapi 模块的一部分。按照惯例，通常会在 API 服务方法的参数列表的末尾声明此操作，以便框架注入 BackgroundTask 实例。

在我们的应用程序中，该任务是创建所有 API 服务执行的审计日志并将它们存储在 audit_log.txt 文件中。此操作是作为一部分主项目文件夹的 background.py 脚本的一部分，其代码如下所示：

```
from datetime import datetime

def audit_log_transaction(touristId: str, message=""):
    with open("audit_log.txt", mode="a") as logfile:
        content = f"tourist {touristId} executed {message}
            at {datetime.now()}"
        logfile.write(content)
```

在此示例中，必须使用 BackgroundTasks 的 add_task()方法将 audit_log_transaction()注入应用程序中以成为后台进程，稍后由框架执行：

```
from fastapi import APIRouter, status, BackgroundTasks
```

```
@router.post("/ch02/user/login/")
async def login(login: User, bg_task:BackgroundTasks):
    try:
        signup_json =
            jsonable_encoder(approved_users[login.id])
        bg_task.add_task(audit_log_transaction,
            touristId=str(login.id), message="login")
        return JSONResponse(content=signup_json,
            status_code=status.HTTP_200_OK)
    except:
        return JSONResponse(
            content={"message": "invalid operation"},
            status_code=status.HTTP_500_INTERNAL_SERVER_ERROR)

@router.get("/ch02/user/login/{username}/{password}")
async def login(username:str, password: str, bg_task:BackgroundTasks):
    tourist_list = [ tourist for tourist in
        approved_users.values()
            if  tourist['login']['username'] == username and
                tourist['login']['password'] == password]
    if len(tourist_list) == 0 or tourist_list == None:
        return JSONResponse(
            content={"message": "invalid operation"},
            status_code=status.HTTP_403_FORBIDDEN)
    else:
        tourist = tourist_list[0]
        tour_json = jsonable_encoder(tourist)
        bg_task.add_task(audit_log_transaction,
            touristId=str(tourist['login']['id']), message="login")
        return JSONResponse(content=tour_json,
            status_code=status.HTTP_200_OK)
```

该 login()服务方法只是我们的应用程序记录其详细信息的服务之一。它使用 bg_task 对象将 audit_log_transaction()添加到框架中以供稍后处理。日志记录、与 SMTP/FTP 相关的要求、事件和一些与数据库相关的触发器之类的事务都是后台作业的最佳候选者。

注意：

尽管后台任务的执行时间比较有弹性，但客户端总是能够从 REST API 方法中得到其响应。后台任务是为那些需要花费很长时间的进程准备的，包括那些在 API 操作中可能导致软件性能大幅下降的任务。

2.7 使用异步路径操作

从提高性能方面来说，FastAPI 是一个异步框架，它使用 Python 的 AsyncIO 原理和概念创建了一个 REST API 实现，可以独立于应用程序的主线程运行。这个想法也适用于后台任务的执行方式。

现在让我们创建一个异步 REST 端点，将 async 附加到服务的 func 签名上：

```
@router.get("/feedback/list")
async def show_tourist_post(touristId: UUID):
    tourist_posts = [assess for assess in feedback_tour.values()
        if assess.tourist_id == touristId]
    tourist_posts_json = jsonable_encoder(tourist_posts)
    return JSONResponse(content=tourist_posts_json, status_code=200)
```

我们的应用程序有一个 show_tourist_post()服务，它可以检索由某个 touristId 发布的关于他们的度假旅行经历的所有反馈。无论该服务需要多长时间，应用程序都不会受到影响，因为它将与主线程同时执行。

注意：

feedback 的 APIRouter 使用了一个/ch02/post 前缀，这在其 main.py 的 include_router() 注册中可以看到。因此，要运行 show_tourist_post()，其 URL 应该是：

http://localhost:8000/ch02/post

异步 API 端点可以调用同步和异步 Python 函数，这些函数可以是数据访问对象（data access object，DAO）、本机服务或实用程序。

由于 FastAPI 遵循 Async/Await 设计模式，异步端点可以使用 await 关键字调用异步非 API 操作，这会暂停该 API 操作，直到非 API 事务处理完一个承诺（promise）：

```
from utility import check_post_owner

@router.delete("/feedback/delete")
async def delete_tourist_feedback(assessId: UUID, touristId: UUID):
    if approved_users.get(touristId) == None and
            feedback_tour.get(assessId):
        raise PostFeedbackException(detail='tourist and
            tour details invalid', status_code=403) post_
delete = [access for access in feedback_tour.values()
            if access.id == assessId]
```

```
    for key in post_delete:
        is_owner = await check_post_owner(feedback_tour,
                access.id, touristId)
        if is_owner:
            del feedback_tour[access.id]
    return JSONResponse(content={"message" : f"deleted
        posts of {touristId}"}, status_code=200)
```

在上述代码中，delete_tourist_feedback()是一个异步 REST API 端点，它从 utility.py 脚本中调用异步 Python 函数 check_post_owner()。为了让两个组件进行握手，API 服务调用了 check_post_owner()，前者使用 await 关键字等待后者完成其验证，并检索它可以从 await 中获得的承诺。

注意：

await 关键字只能用于 async REST API 和本地事务。不能用于同步事务。

为了提高性能，可以通过在运行服务器时包含--workers 选项在 uvicorn 线程池中添加更多线程。调用该选项后可以指定你想要的线程数：

```
uvicorn main:app --workers 5 --reload
```

第 8 章“创建协程、事件和消息驱动事务”将展开讨论 AsyncIO 平台和协程（coroutine）使用的更多细节。

接下来，我们要讨论的是 FastAPI 可以提供的最后一个重要核心功能，即中间件或“请求-响应过滤器”。

2.8　应用中间件以过滤路径操作

有一些 FastAPI 组件本质上是异步的，其中之一就是中间件（middleware）。它是一个异步函数，可以充当 REST API 服务的过滤器。它将从请求正文的 cookie、标头、请求参数、查询参数、表单数据或身份验证详细信息中过滤出传入请求以进行验证（validation）、身份验证（authentication）、日志记录、后台处理或内容生成——在到达 API 服务方法之前过滤；相应地，它也可以对要传出的响应正文进行格式更改、响应标头更新和添加，以及其他类型的转换操作——在响应到达客户端之前应用于响应。

中间件应该在项目级别中实现，甚至可以是 main.py 的一部分：

```
@app.middleware("http")
async def log_transaction_filter(request: Request, call_next):
```

```
    start_time = datetime.now()
    method_name= request.method
    qp_map = request.query_parasms
    pp_map = request.path_params
    with open("request_log.txt", mode="a") as reqfile:
        content = f"method: {method_name}, query param:
            {qp_map}, path params: {pp_map} received at
            {datetime.now()}"
        reqfile.write(content)
    response = await call_next(request)
    process_time = datetime.now() - start_time
    response.headers["X-Time-Elapsed"] = str(process_time)
    return response
```

要实现中间件，首先需要创建一个 async 函数，它具有两个本地参数：第一个是 Request，第二个是一个名为 call_next()的函数，它以 Request 参数作为其参数以返回响应。

其次，需要使用@app.middleware("http")装饰该方法，以将组件注入框架。

我们的旅游应用程序有一个中间件，由上述异步 log_transaction_filter()实现，它在执行特定 API 方法之前将记录必要的请求数据，并通过添加响应标头 X-Time-Elapsed 来修改其响应对象，该响应标头记录了执行的运行时间。

上述 await call_next(request)的执行是中间件最关键的部分，因为它显式地控制了 REST API 服务的执行。它处于 Request 传递给 API 执行以进行处理的组件区域，同样，它也处于 Response 到达客户端之前的通道出口位置。

除了日志，中间件还可以用于在 call_next()执行之前实现单向或双向身份验证、检查用户角色和权限、全局异常处理以及其他与过滤相关的操作。

在控制传出 Response 时，可用于修改响应的内容类型、删除一些现有的浏览器 cookie、修改响应详细信息和状态代码、重定向，以及其他与响应转换相关的事务。

第 9 章“利用其他高级功能”将详细讨论中间件的类型、中间件链接以及其他自定义中间件工具，以帮助构建更好的微服务。

注意：

FastAPI 框架中包含一些内置的中间件，可以随时注入应用程序中，例如：

- GzipMiddleware：处理在 Accept-Encoding 标头中包含 gzip 的任何请求的 GZip 响应。
- ServerErrorMiddleware：处理服务器错误。
- TrustedHostMiddleware：强制所有传入请求都具有正确设置的 Host 标头，以防止 HTTP 主机标头攻击。

- ExceptionMiddleware：异常处理中间件。
- CORSMiddleware：跨域资源共享中间件。
- SessionMiddleware：会话处理中间件。
- HTTPSRedirectionMiddleware：强制所有传入请求必须是 https 或 wss。

2.9　小　结

探索框架的核心细节总是有助于我们创建一个全面的计划和设计，以构建符合所需标准的高质量应用程序。我们了解到，FastAPI 可以将其所有传入的表单数据、请求参数、查询参数、cookie、请求标头和身份验证详细信息注入 Request 对象中，而传出的 cookie、响应标头和响应数据则由 Response 对象返回到客户端。在管理响应数据时，该框架有一个内置的 jsonable_encoder()函数，可以将模型转换为 JSON 类型以由 JSONResponse 对象呈现。FastAPI 的中间件是一项强大的功能，因为我们可以在 Request 对象到达 API 执行之前处理它，并在客户端收到之前处理 Response 对象。

在为微服务架构的弹性和健康创建实用且可持续的解决方案之前，管理异常始终是要考虑的第一步。除了强大可靠的默认 Starlette 全局异常处理程序和 Pydantic 模型验证器（validator），FastAPI 还允许进行异常处理的自定义，从而在业务流程变得复杂时提供所需的灵活性。

FastAPI 遵循 Python 的 AsyncIO 原则和标准来创建异步 REST 端点，这使得其实现变得简单、方便和可靠。这种类型的平台有助于构建需要更多线程和异步事务的复杂架构。

本章是全面了解 FastAPI 管理其 Web 容器的原则和标准的一大飞跃。本章重点介绍的功能开启了一个新的知识水平，开发人员如果想要利用 FastAPI 构建出色的微服务，则需要进一步探索这些知识。

在第 3 章中，我们将详细讨论 FastAPI 依赖项的注入以及这种设计模式如何影响我们的 FastAPI 项目。

第 3 章　依赖注入研究

从第 1 章“设置 FastAPI”开始，依赖注入（dependency injection，DI）就一直负责构建干净简洁且稳定可靠的 FastAPI REST 服务。在一些示例 API 中可以很明显地看到，这些 API 在其流程中需要 BaseModel、Request、Response 和 BackgroundTasks 等。通过应用依赖注入可以证明，实例化一些 FastAPI 类并不总是理想的方法，因为该框架有一个内置容器，可以为 API 服务提供这些类的对象。这种对象管理方法使 FastAPI 的应用更加轻松高效。

FastAPI 有一个容器，其中应用了依赖注入策略来实例化模块类甚至函数。开发人员只需要为服务、中间件、身份验证器、数据源和测试用例指定和声明这些模块 API 即可，因为其余的对象组装、管理和实例化都将由内置容器负责。

本章将帮助你了解如何管理应用程序所需的对象，例如，最小化一些实例并在它们之间创建松散的绑定。了解依赖注入在 FastAPI 上的有效性是开发人员设计微服务应用程序的第一步。

本章包含以下主题：

- 应用控制反转（inversion of control，IoC）和依赖注入
- 探索注入依赖项的方法
- 基于依赖关系组织项目
- 使用第三方容器
- 可依赖项的范围

3.1　技术要求

本章将使用一个叫作在线食谱系统（online recipe system）的软件原型，它可以管理、评估、评级和报告不同类型和来源的食谱。应用依赖注入模式是该项目的首要任务，因此，预计其开发策略和方法会发生一些变化，例如添加 model、repository 和 service 文件夹。

该软件适用于想要分享他们的特色菜的美食爱好者或厨师、寻找食谱以尝试操作的新手以及喜欢浏览不同食物菜单的客人。这个开放式的应用程序还没有使用任何数据库

管理系统，因此所有数据都临时存储在 Python 容器中。其代码已全部上传到以下网址：

https://github.com/PacktPublishing/Building-Python-Microservices-with-FastAPI/tree/main/ch03

3.2　应用控制反转和依赖注入

FastAPI 是一个支持控制反转原则的框架，这意味着它有一个可以为应用程序实例化对象的容器。在典型的面向对象编程场景中，开发人员会实例化一些类，以多种方式使用它们，以此构建可运行的应用程序。但是，对于控制反转原则来说，这个过程则是反过来的，即框架会为应用程序实例化组件。图 3.1 显示了控制反转原则的全貌及其参与的一种形式，即所谓的“依赖注入”。

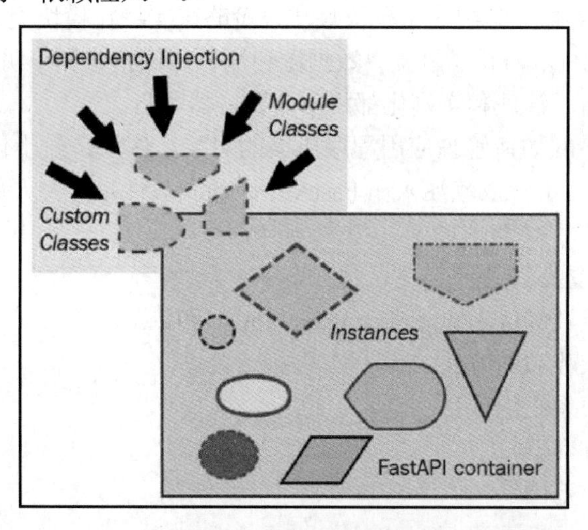

图 3.1　控制反转原则

原　　文	译　　文
Dependency Injection	依赖注入
Module Classes	模块类
Custom Classes	自定义类
Instances	实例
FastAPI container	FastAPI 容器

对于 FastAPI 来说，依赖注入不仅是一种原则，而且是一种将对象集成到组件中的机制，从而导致创建松散耦合但高度内聚的软件结构。几乎所有组件都可以成为依赖注入

的候选对象，包括函数。

目前，我们将重点关注的是可调用组件（callable component），一旦它们被注入 API 服务中就会提供一些 JSON 对象。对于这种可注入和可调用组件，我们称之为依赖函数（dependency function）。

3.2.1　注入依赖函数

依赖函数是一个典型的 Python 函数，它具有路径操作或 API 服务之类的参数以及 JSON 类型的返回值。

以下代码就是此类函数的一个示例实现，该函数的名称为create_login()，位于项目的/api/users.py 模块中：

```
def create_login(id:UUID, username: str, password:str, type: UserType):
    account = {"id": id, "username": username, "password":
                  password, "type": type}
    return account
```

该函数需要 id、username 和 password 参数和 type 以继续其处理，并返回由这些参数派生的有效 JSON account 对象。依赖函数有时会使用一些底层公式、资源或复杂算法来推导出其函数值，但现在，我们只是将其用作数据或字典的占位符。

依赖函数的共同部分是用作 REST API 传入请求的占位符的方法参数。这些作为域模型连接到 API 的方法参数列表中，通过依赖注入连接到查询参数或请求正文。fastapi 模块中的 Depends()函数在将可注入对象连接到本地参数之前进行注入。模块函数只能带一个参数进行注入，如下所示：

```
from fastapi import APIRouter, Depends

@router.get("/users/function/add")
def populate_user_accounts(
                user_account=Depends(create_login)):
    account_dict = jsonable_encoder(user_account)
    login = Login(**account_dict)
    login_details[login.id] = login
    return login
```

上述代码是来自我们的在线食谱系统的代码片段，它显示了 Depends()函数如何将 create_login()注入框架的容器并获取其实例以连接到 populate_user_accounts()服务。从语法上讲，注入过程只需要函数依赖项的名称而不需要括号。

同样，create_login()函数的目的是捕获 API 服务的查询参数。

jsonable_encoder()对许多 API 都非常有用，可以将这些可注入对象转换为与 JSON 兼容的类型，如 dict，这对于实例化所需的数据模型和生成响应至关重要。

提示：

在这里，术语依赖项（dependency）可以与可注入项（injectable）、可依赖项（dependable）、资源（resource）、提供者（provider）或组件（component）互换使用。它们含义相同，都是指注入某个对象的外部资源。

3.2.2　注入可调用的类

FastAPI 还允许将类注入任何组件中，因为它们可以被视为可调用组件。当调用其构造函数时——通过__init__(self)完成，类即在实例化期间变为可调用的。其中一些类具有无参数构造函数，而其他类（如以下 Login 类）则需要构造函数参数：

```
class Login:
    def __init__(self, id: UUID, username: str,
                 password: str, type: UserType):
        self.id = id
        self.username = username
        self.password = password
        self.type= type
```

位于/model/users.py 中的 Login 类需要在实例化之前将 id、username、password 和 type 传递给其构造函数。一个可能的实例化示例如下：

```
Login(id='249a0837-c52e-48cd-bc19-c78e6099f931', username='admin',
      password='admin2255', type=UserType.admin)
```

总体来说，可以根据类和依赖函数的可调用行为和捕获请求数据（如模型特性）的能力来观察它们之间的相似性。

相反，以下代码块中显示的 populate_login_without_service()则显示了 Depends()如何将 Login 注入服务。Depends()函数告诉内置容器去实例化 Login 并获取该实例，准备好分配给 user_account 本地参数：

```
@router.post("/users/datamodel/add")
def populate_login_without_service(
               user_account=Depends(Login)):
    account_dict = jsonable_encoder(user_account)
    login = Login(**account_dict)
```

```
    login_details[login.id] = login
    return login
```

提示：

所有的依赖项都应该在服务的参数列表的最右边声明。如果有查询、路径或表单参数，则可注入项应该放在最后。

此外，如果可注入项不包含默认情况下难以编码的数据，则使用 jsonable_encoder()函数不失为一种选择。

3.2.3　构建嵌套依赖关系

在某些情况下，可注入项本身也可能依赖于其他依赖项。例如，当我们将一个函数依赖注入另一个函数，将一个类依赖注入另一个类，或者将一个函数资源注入一个类时，就会出现这种情况。此时的目标是构建嵌套依赖关系。

嵌套依赖（nested dependency）有利于 REST API，因为有些请求数据冗长而复杂，需要通过子域（sub-domain）模型进行结构化和分组。模型中的这些子域或域模型稍后将被 FastAPI 编码为子依赖（sub-dependency），注入与 JSON 兼容的类型中：

```
async def create_user_details(id: UUID, firstname: str,
        lastname: str, middle: str, bday: date, pos: str,
        login=Depends(create_login)):
    user = {"id": id, "firstname": firstname,
            "lastname": lastname, "middle": middle,
            "bday": bday, "pos": pos, "login": login}
    return user
```

上述异步 create_user_details()函数表明，即使是依赖函数，也可能需要另一个依赖项来满足其目的。create_user_details()函数依赖于 create_login()，它是另一个可依赖的组件。通过这种嵌套依赖设置，即可将 create_user_details()连接到 API 服务，这也包括将 create_login()注入容器中。

简而言之，应用嵌套依赖时会创建一个依赖注入链：

```
@router.post("/users/add/profile")
async def add_profile_login(
        profile=Depends(create_user_details)):
    user_profile = jsonable_encoder(profile)
    user = User(**user_profile)
    login = user.login
    login = Login(**login)
```

```
    user_profiles[user.id] = user
    login_details[login.id] = login
    return user_profile
```

上述代码中的 add_profile_login()服务清楚地说明了它对 create_user_details()的依赖关系，包括其底层登录的详细信息。FastAPI 容器通过链式依赖注入成功创建了这两个函数，以在 API 的请求事务期间捕获请求数据。

反过来，一个类也可以成为另一个类的依赖。这方面的一个例子是 Profile 类，如下所示，该类依赖于 UserDetails 和 Login 类：

```
class Login:
    def __init__(self, id: UUID, username: str,
                 password: str, type: UserType):
        self.id = id
        self.username = username
        self.password = password
        self.type= type

class UserDetails:
    def __init__(self, id: UUID, firstname: str,
                lastname: str, middle: str, bday: date, pos: str):
        self.id = id
        self.firstname = firstname
        self.lastname = lastname
        self.middle = middle
        self.bday = bday
        self.pos = pos

class Profile:
    def __init__(self, id: UUID, date_created: date,
                login=Depends(Login), user=Depends(UserDetails)):
        self.id = id
        self.date_created = date_created
        self.login = login
        self.user = user
```

这里就有一个嵌套依赖关系，因为一旦 Profile 连接到 REST API 服务，则 UserDetails 和 Login 两个类将被一起注入。

以下 add_profile_login_models()服务描述了这些链式依赖项的明显优势：

```
@router.post("/users/add/model/profile")
async def add_profile_login_models(
```

```
                profile=Depends(Profile)):
    user_details = jsonable_encoder(profile.user)
    login_details = jsonable_encoder(profile.login)
    user = UserDetails(**user_details)
    login = Login(**login_details)
    user_profiles[user.id] = user
    login_details[login.id] = login
    return {"profile_created": profile.date_created}
```

profile.user 和 profile.login 的提取使得该服务更容易识别要反序列化的查询数据。它还可以帮助服务确定哪个数据组需要 Login 的实例化，哪个数据组需要 UserDetails。因此，这将更容易管理这些对象在其各自的 dict 存储库中的持久化保存。

稍后我们将讨论在函数和类之间创建显式依赖关系，但目前，还是让我们先来看看在应用程序中大量使用这些嵌套依赖关系时如何进行微调。

3.2.4 缓存依赖项

所有依赖项都是可缓存的（cacheable），FastAPI 将在请求事务期间缓存所有这些依赖项。如果某个可依赖项对所有服务都是通用的，则 FastAPI 默认不允许你从其容器中获取这些对象。相反，它会从其缓存中寻找这个可注入项，以便在 API 层中多次使用。

保存依赖项，尤其是嵌套的依赖项，是 FastAPI 的一个很值得称道的功能，因为它优化了 REST 服务的性能。

反过来，如果我们想要绕过这种缓存机制，则 Depends()有一个 use_cache 参数，我们可以将其设置为 False。配置此钩子（hook）之后，将不会在请求事务期间从缓存中寻找依赖项，从而允许 Depends()更频繁地从容器中获取实例。

以下代码示例是 add_profile_login_models()服务的另一个版本，它显示了如何禁用依赖项缓存：

```
@router.post("/users/add/model/profile")
async def add_profile_login_models(
    profile:Profile=Depends(Profile, use_cache=False)):
        user_details = jsonable_encoder(profile.user)
        login_details = jsonable_encoder(profile.login)
        ... ... ... ... ... ...
        return {"profile_created": profile.date_created}
```

除了添加了 use_cache 参数，上述服务实现的另一个明显变化是本地参数声明中 Profile 数据类型的存在。FastAPI 真的允许这样做吗？

3.2.5 声明 Depends()参数类型

一般来说，开发人员不会声明将引用注入依赖项的本地参数的类型。由于类型提示的关系，我们可以选择将引用与其适当的对象类型相关联。例如，可以按以下方式重新实现 populate_user_accounts()来包含 user_account 的类型：

```
@router.get("/users/function/add")
def populate_user_accounts(
            user_account:Login=Depends(create_login)):
    account_dict = jsonable_encoder(user_account)
    login = Login(**account_dict)
    login_details[login.id] = login
    return login
```

这种情况很少发生，因为 create_login()是一个依赖函数，我们通常不会仅为了提供其返回值的蓝图类型而创建类，但是当我们使用类依赖项时，为连接的对象声明适当的类类型是可行的。

在以下 add_profile_login_models()服务中，将 profile 参数声明为 Profile：

```
@router.post("/users/add/model/profile")
async def add_profile_login_models(
                profile:Profile=Depends(Profile)):
    user_details = jsonable_encoder(profile.user)
    login_details = jsonable_encoder(profile.login)
    ... ... ... ... ... ...
    return {"profile_created": profile.date_created}
```

尽管该声明在语法上是有效的，但该表达式看起来重复且冗余，因为 Profile 类型在声明部分出现了两次。为了避免这种冗余，可以通过省略 Depends()函数中的类名称来用简写版本替换该语句。因此，声明上述 Profile 的更好方式应该如下所示：

```
@router.post("/users/add/model/profile")
async def add_profile_login_models(
                profile:Profile=Depends()):
    user_details = jsonable_encoder(profile.user)
    ... ... ... ... ... ...
    return {"profile_created": profile.date_created}
```

上述代码在参数列表上进行的更改不会影响到 add_profile_login_models()服务的请求事务的性能。

3.2.6　注入异步依赖项

FastAPI 内置容器不仅可以管理同步函数依赖项，还可管理异步函数依赖项。以下 create_user_details()示例就是一个异步依赖项，可以连接到某个服务：

```
async def create_user_details(id: UUID, firstname: str,
        lastname: str, middle: str, bday: date, pos: str,
        login=Depends(create_login)):
    user = {"id": id, "firstname": firstname,
            "lastname": lastname, "middle": middle,
            "bday": bday, "pos": pos, "login": login}
    return user
```

容器可以管理同步和异步函数依赖项。它可以允许在异步 API 服务上连接异步依赖项，或者在同步 API 上连接一些异步依赖项。在依赖项和服务都是异步的情况下，建议应用 async/await 协议以避免结果的差异。

上述示例中的 create_user_details()依赖于同步 create_login()，而后者又连接到 add_profile_login()，它是一个异步 API。

在了解了依赖注入设计模式在 FastAPI 中的工作原理之后，让我们看看在应用程序中应用 Depends() 的不同级别的策略。

3.3　探索注入依赖项的方法

从前面的讨论中，我们知道 FastAPI 有一个内置的容器，通过该容器可以注入和实例化一些对象。我们还了解到，可注入的 FastAPI 组件是那些所谓的可依赖项（dependable）、可注入项（injectable）或依赖项（dependency）——前面说过，这些术语的含义是相同的。

现在让我们来仔细看看在应用程序中采用依赖注入模式的不同方法。

3.3.1　在服务参数列表上发生的依赖注入

发生依赖注入的最常见区域是在服务方法的参数列表中。在前面的例子中，我们已经多次讨论和演示过关于该策略的方式，所以在此仅提出关于该策略的一些附加要点：

- 服务方法应该采用的自定义可注入项的数量也是我们要关注的问题的一部分。当涉及复杂的查询参数或请求正文时，只要这些可依赖项之间没有相似的实例变量名称，API 服务就可以采用多个可注入项。可依赖项之间的这种变量名冲突将导致在请求事务期间为发生冲突的变量提供一个参数条目，从而为所有这些冲突变量共享相同的值。

- 适当的 HTTP 方法操作与可注入项一起工作也是我们需要考虑的一个方面。函数和类依赖项都可以与 GET、POST、PUT 和 PATCH 操作一起使用，但那些除了具有属性类型（如数字 Enum 和 UUID）的可依赖项，它们可能由于转换问题而导致 HTTP 状态 422（Unprocessable Entity，即“无法处理的实体”）。在实现该服务方法之前，必须首先计划哪些 HTTP 方法适用于一些可依赖项。
- 并非所有可依赖项都是请求数据的占位符。与类依赖项不同，依赖函数并不专门用于返回对象或 dict。其中一些依赖函数将用于过滤请求数据、检查身份验证详细信息、管理表单数据、验证标头值、处理 cookie 以及在违反某些规则时抛出一些错误。以下 get_all_recipes()服务依赖于一个 get_recipe_service()可注入项，它将从应用程序的 dict 存储库中查询所有食谱：

```
@router.get("/recipes/list/all")
def get_all_recipes(handler=Depends(get_recipe_service)):
    return handler.get_recipes()
```

依赖函数可提供所需的事务，例如保存和检索食谱记录。除了通常的实例化或方法调用，更好的策略是将这些可依赖的服务注入 API 实现中。上述示例中的 handler 方法参数即引用了 get_recipe_service()的实例，调用特定服务的 get_recipes()事务，以检索存储在存储库中的所有菜单和配料。

3.3.2　在路径运算符中发生的依赖注入

开发人员始终可以选择将触发器（trigger）、验证器（validator）和异常处理程序（exception handler）实现为可注入函数。由于这些可依赖项像对传入请求的过滤器一样工作，所以它们的注入发生在路径运算符（path operator）中，而不是在服务参数列表中。

以下代码是/dependencies/posts.py 中的 check_feedback_length()验证器的实现，它将检查用户发布的关于食谱的反馈信息是否至少为 20 个字符（包括空格）：

```
def check_feedback_length(request: Request):
    feedback = request.query_params["feedback"]
    if feedback == None:
        raise HTTPException(status_code=500,
            detail="feedback does not exist")
    if len(feedback) < 20:
        raise HTTPException(status_code=403,
            detail="length of feedback … not lower … 20")
```

如果用户发布的反馈信息的长度小于 20，则验证器会暂停 API 执行以从要验证的帖子中检索反馈。如果依赖函数发现它为 True，则将抛出 HTTP 状态代码 403。

或者，如果请求数据中缺少反馈，则它会抛出 HTTP 状态代码 500，指示未找到用户的反馈信息。

如果上述条件均不成立，则它将让 API 事务完成其任务。

与create_post()和post_service()可依赖项相比，以下脚本显示 check_feedback_length()验证器未在 insert_post_feedback()服务内的任何地方调用：

```
async def create_post(id:UUID, feedback: str,
    rating: RecipeRating, userId: UUID, date_posted: date):
    post = {"id": id, "feedback": feedback,
            "rating": rating, "userId" : userId,
            "date_posted": date_posted}
    return post

@router.post("/posts/insert",
        dependencies=[Depends(check_feedback_length)])
async def insert_post_feedback(post=Depends(create_post),
            handler=Depends(post_service)):
    post_dict = jsonable_encoder(post)
    post_obj = Post(**post_dict)
    handler.add_post(post_obj)
    return post
```

该验证器将始终与传入的请求事务密切合作，而其他两个可注入项——post 和 handler，则是 API 事务的一部分。

注意：

APIRouter 的路径路由器（path router）可以容纳一个以上的可注入项，这就是为什么其 dependencies 参数总是需要一个 List 值（[]）。

3.3.3　针对路由器的依赖注入

值得一提的是，某些事务并未本地化以在一个特定的 API 上工作。有些依赖函数被专门创建以处理应用程序中的特定 REST API 服务组，例如，以下 count_user_by_type()和 check_credential_error()就被设计用于管理 user.router 组下 REST API 的传入请求。此策略需要 APIRouter 级别的依赖注入：

```
from fastapi import Request, HTTPException
from repository.aggregates import stats_user_type
import json

def count_user_by_type(request: Request):
    try:
        count =
            stats_user_type[request.query_params.get("type")]
        count += 1
        stats_user_type[request.query_params.get("type")] = count
        print(json.dumps(stats_user_type))
    except:
        stats_user_type[request.query_params.get("type")] = 1

def check_credential_error(request: Request):
    try:
        username = request.query_params.get("username")
        password = request.query_params.get("password")
        if username == password:
            raise HTTPException(status_code=403,
                detail="username should not be equal to password")
    except:
        raise HTTPException(status_code=500,
            detail="encountered internal problems")
```

基于上述实现，count_user_by_type()的目标是根据 UserType 在 stats_user_type 中构建用户的更新频率。它在 REST API 中从客户端接收到新用户和登录详细信息后立即开始执行。在检查新记录的 UserType 时，API 服务会短暂暂停，并在函数依赖项完成其任务后恢复。

反之，check_credential_error()的任务则是确保新用户的 username 和 password 不应该相同。当凭据相同时，它会抛出 HTTP 状态代码 403，这将停止整个 REST 服务事务。

通过 APIRouter 注入这两个依赖项意味着所有在该 APIRouter 中注册的 REST API 服务将始终触发这些依赖项的执行。这两个依赖项只能与旨在持久保存用户和登录详细信息的 API 服务一起使用，如下所示：

```
from fastapi import APIRouter, Depends
router = APIRouter( dependencies=[
                  Depends(count_user_by_type),
                  Depends(check_credential_error)])

@router.get("/users/function/add")
```

```
def populate_user_accounts(
        user_account:Login=Depends(create_login)):
    account_dict = jsonable_encoder(user_account)
    login = Login(**account_dict)
    login_details[login.id] = login
    return login
```

在上述代码中，check_credential_error()被注入 APIRouter 组件，将过滤由 create_login()可注入函数派生的 username 和 password。

类似地，也可以将 create_user_details()注入 add_profile_login()服务，以过滤用户详细信息，如以下代码段所示：

```
@router.post("/users/add/profile")
async def add_profile_login(
      profile=Depends(create_user_details)):
    user_profile = jsonable_encoder(profile)
    user = User(**user_profile)
    login = user.login
    login = Login(**login)
    user_profiles[user.id] = user
    login_details[login.id] = login
    return user_profile

@router.post("/users/datamodel/add")
def populate_login_without_service(
      user_account=Depends(Login)):
    account_dict = jsonable_encoder(user_account)
    login = Login(**account_dict)
    login_details[login.id] = login
    return login
```

在上述代码中，Login 可注入类也通过 check_credential_error()进行过滤。它还包含可注入函数可以过滤的 username 和 password 参数。

相反，在下面的 add_profile_login_models()服务中，可注入项 Profile 不会从错误检查机制中排除，因为它在其构造函数中具有 Login 依赖项。拥有 Login 可依赖项意味着 check_cedential_error()也将过滤 Profile。

```
@router.post("/users/add/model/profile")
async def add_profile_login_models(
      profile:Profile=Depends(Profile)):
    user_details = jsonable_encoder(profile.user)
    ... ... ... ... ... ...
```

```
    login = Login(**login_details)
    user_profiles[user.id] = user
    login_details[login.id] = login
    return {"profile_created": profile.date_created}
```

通过将 check_credential_error()注入 count_user_by_type()，即可计算访问该 API 服务的用户数。

连接到 APIRouter 的依赖函数应该应用防御性编程和适当的 try-except 以避免与 API 服务的参数冲突。例如，如果要使用 list_all_user()服务运行 check_credential_error()，预计会出现一些运行时问题，因为在数据检索期间不涉及 login 的持久化保存。

注意：

和它的路径运算符一样，APIRouter 的构造函数也可以接受一个以上的可注入项，因为其 dependencies 参数将允许一个有效的 List（[]）。

3.3.4 针对 main.py 的依赖注入

由于范围广泛而复杂，软件的某些部分很难自动化，因此考虑它们总是会浪费时间和精力。这些部分被称为横切关注点（cross-cutting concern），它们跨越多个模块，从用户界面层一直延伸到数据层，这就解释了为什么使用典型的编程范例来管理和实现这些功能是不切实际的，甚至是不可想象的。但是，这些横切关注点却是任何应用程序可能共有的事务，例如异常日志记录、缓存、检测和用户授权等。

FastAPI 有一个简单的补救措施来解决这些功能的设计问题：将它们创建为 main.py 的 FastAPI 实例的可注入项：

```
from fastapi import Request
from uuid import uuid1

service_paths_log = dict()

def log_transaction(request: Request):
    service_paths_log[uuid1()] = request.url.path
```

上述 log_transaction()是客户端调用或访问的 URL 路径的简单日志记录器。当应用程序运行时，这个横切函数应该使用来自 APIRouter 的不同 URL 来传播存储库。该任务只有在我们通过 main.py 的 FastAPI 实例注入这个函数时才会发生：

```
from fastapi import FastAPI, Depends
from api import recipes, users, posts, login, admin,
```

```
        keywords, admin_mcontainer, complaints
from dependencies.global_transactions import
        log_transaction

app = FastAPI(dependencies=[Depends(log_transaction)])

app.include_router(recipes.router, prefix="/ch03")
app.include_router(users.router, prefix="/ch03")
    … … … … …
app.include_router(admin.router, prefix="/ch03")
app.include_router(keywords.router, prefix="/ch03")
app.include_router(admin_mcontainer.router, prefix="/ch03")
app.include_router(complaints.router, prefix="/ch03")
```

自动连接到 FastAPI 构造函数的依赖项被称为全局依赖项（global dependency），因为它们可以被来自路由器的 REST API 访问。例如，上述脚本中描述的 log_transaction()每次在来自 recipes、users、posts 或 complaints 路由器的 API 处理其各自的请求事务时都将执行。

注意：

和 APIRouter 一样，FastAPI 的构造函数也允许多个函数依赖项。

除了这些策略，依赖注入还可以通过 repository、service 和 model 层来帮助开发人员组织应用程序。

3.4　基于依赖关系组织项目

通过依赖注入在一些复杂的 FastAPI 应用程序中使用存储库服务（repository-service）模式是可行的。存储库服务模式负责创建应用程序的存储库层（repository layer），它管理数据源的创建、读取、更新和删除（creation/reading/update/deletion，CRUD）。存储库层需要描述集合或数据库的表模式的数据模型（data model）。

存储库层需要服务层与应用程序的其他部分建立连接。服务层（service layer）像业务层（business layer）一样运行，业务层是数据源和业务流程相遇以派生 REST API 所需的所有必要对象的地方。存储库和服务层之间的通信只能通过创建可注入项来实现。

接下来，让我们看看图 3.2 中的层是如何通过依赖注入使用可注入组件来构建的。

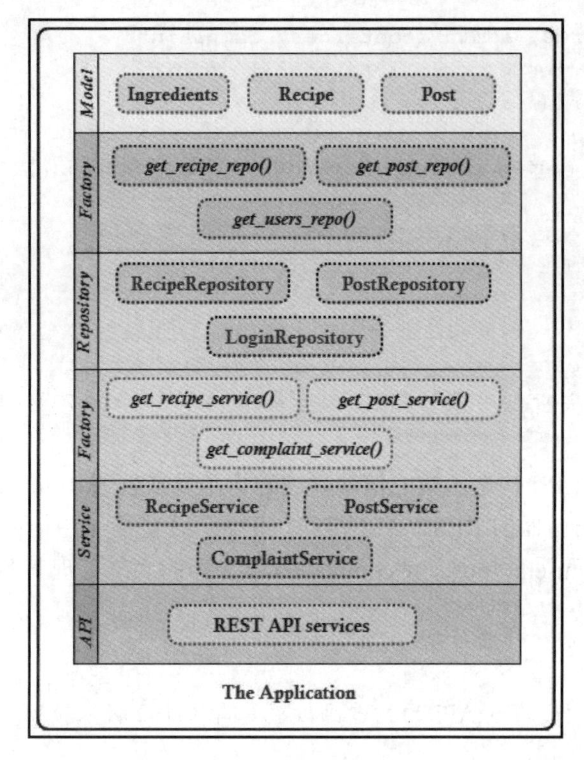

图 3.2　存储库服务层

原　　文	译　　文	原　　文	译　　文
Model	模型层	Service	服务层
Factory	工厂层	REST API services	REST API 服务
Repository	存储库层	The Application	应用程序

3.4.1　模型层

该层纯粹由资源、集合和 Python 类组成，存储库层可以使用它来创建 CRUD 事务。一些模型类依赖于其他模型，但有些模型只是为数据占位符设计的独立蓝图。

存储与食谱相关的详细信息的一些应用程序模型类如下所示：

```
from uuid import UUID
from model.classifications import Category, Origin
from typing import Optional, List

class Ingredient:
```

```
    def __init__(self, id: UUID, name:str, qty : float,
                 measure : str):
        self.id = id
        self.name = name
        self.qty = qty
        self.measure = measure

class Recipe:
    def __init__(self, id: UUID, name: str,
                ingredients: List[Ingredient], cat: Category,
                orig: Origin):
        self.id = id
        self.name = name
        self.ingredients = ingredients
        self.cat = cat
        self.orig = orig
```

3.4.2　存储库层

该层由类依赖项组成，它们可以访问数据存储或临时 dict 存储库——我们的在线食谱系统就是这样做的。这些存储库类与模型层一起构建 REST API 所需的 CRUD 事务。

以下就是一个 RecipeRepository 的实现示例，它有两个事务，即 insert_recipe()和 query_recipes()：

```
from model.recipes import Recipe
from model.recipes import Ingredient
from model.classifications import Category, Origin
from uuid import uuid1

recipes = dict()

class RecipeRepository:
    def __init__(self):
        ingrA1 = Ingredient(measure='cup', qty=1,
            name='grape tomatoes', id=uuid1())
        ingrA2 = Ingredient(measure='teaspoon', qty=0.5,
            name='salt', id=uuid1())
        ingrA3 = Ingredient(measure='pepper', qty=0.25,
            name='pepper', id=uuid1())
        … … … … …

        recipeA = Recipe(orig=Origin.european ,
```

```
        ingredients= [ingrA1, ingrA2, ingrA3, ingrA4,
            ingrA5, ingrA6, ingrA7, ingrA8, ingrA9],
        cat= Category.breakfast,
            name='Crustless quiche bites with asparagus and
                oven-dried tomatoes',
        id=uuid1())

        ingrB1 = Ingredient(measure='tablespoon', qty=1,
            name='oil', id=uuid1())
        ingrB2 = Ingredient(measure='cup', qty=0.5,
            name='chopped tomatoes', id=uuid1())
        ... ... ... ... ...

        recipeB = Recipe(orig=Origin.carribean ,
            ingredients= [ingrB1, ingrB2, ingrB3, ingrB4, ingrB5],
            cat= Category.breakfast,
                name='Fried eggs, Caribbean style', id=uuid1())

        ingrC1 = Ingredient(measure='pounds', qty=2.25,
            name='sweet yellow onions', id=uuid1())
        ingrC2 = Ingredient(measure='cloves', qty=10,
            name='garlic', id=uuid1())
        ... ... ... ... ...

        recipeC = Recipe(orig=Origin.mediterranean ,
            ingredients= [ingrC1, ingrC2, ingrC3, ingrC4,
                ingrC5, ingrC6, ingrC7, ingrC8],
            cat= Category.soup,
            name='Creamy roasted onion soup', id=uuid1())

    recipes[recipeA.id] = recipeA
    recipes[recipeB.id] = recipeB
    recipes[recipeC.id] = recipeC

def insert_recipe(self, recipe: Recipe):
    recipes[recipe.id] = recipe

def query_recipes(self):
    return recipes
```

其构造函数将用于使用一些初始数据来填充食谱。可注入存储库类的构造函数在数据存储设置和配置中都将发挥作用，这就是我们自动连接依赖项的地方（如果有的话）。反过来，该实现也包括两个 Enum 类（Category 和 Origin），它们可以分别为食谱的菜单类别和来源地提供查找值。

3.4.3　存储库工厂方法

该层使用工厂设计模式（factory design pattern）在存储库和服务层之间添加更松散的耦合设计。尽管这种方法是可选的，但这仍然是管理这两个层之间相互依赖的阈值的一种选择，尤其是当 CRUD 事务的性能、流程和结果经常发生变化时。

以下是我们的应用程序使用的存储库工厂方法：

```
def get_recipe_repo(repo=Depends(RecipeRepository)):
    return repo

def get_post_repo(repo=Depends(PostRepository)):
    return repo

def get_users_repo(repo=Depends(AdminRepository)):
    return repo

def get_keywords(keywords=Depends(KeywordRepository)):
    return keywords

def get_bad_recipes(repo=Depends(BadRecipeRepository)):
    return repo
```

从上述脚本可以看出，RecipeRepository 是工厂方法的一个可依赖对象，工厂方法也是可注入的组件，但属于服务层。例如，get_recipe_repo()将被连接到一个服务类，以实现需要来自 RecipeRepository 的一些事务的本机服务。

在某种程度上，存储库类实际上是间接连接到服务层的。

3.4.4　服务层

该层拥有应用程序的包含领域逻辑的所有服务，例如我们的 RecipeService，它可以为 RecipeRepository 提供业务流程和算法。get_recipe_repo()工厂通过其构造函数注入，以提供来自 RecipeRepository 的 CRUD 事务。

在服务层中使用的注入策略是类依赖函数，如下所示：

```
from model.recipes import Recipe
from repository.factory import get_recipe_repo
```

```
class RecipeService:
    def __init__(self, repo=Depends(get_recipe_repo)):
        self.repo = repo

    def get_recipes(self):
        return self.repo.query_recipes()

    def add_recipe(self, recipe: Recipe):
        self.repo.insert_recipe(recipe)
```

典型 Python 类的构造函数始终总是注入组件的合适位置，这些组件可以是函数，也可以是类依赖项。以上述 RecipeService 为例，其 get_recipes()和 add_recipe()方法就是由于 get_recipe_repo()派生的事务而实现的。

3.4.5 REST API 和服务层

如果需要访问服务层，则 REST API 方法可以直接注入服务类或工厂方法。在我们的应用程序中，有一个与每个服务类关联的工厂方法，以应用在 RecipeRepository 注入中使用的相同策略。这就是为什么在以下脚本中，get_recipe_service()方法将连接到 REST API 而不是 RecipeService：

```
class IngredientReq(BaseModel):
    id: UUID
    name:str
    qty: int
    measure: str

class RecipeReq(BaseModel):
    id: UUID
    name: str
    ingredients: List[IngredientReq]
    cat: Category
    orig: Origin

router = APIRouter()

@router.post("/recipes/insert")
def insert_recipe(recipe: RecipeReq,
          handler=Depends(get_recipe_service)):
    json_dict = jsonable_encoder(recipe)
    rec = Recipe(**json_dict)
```

```
    handler.add_recipe(rec)
    return JSONResponse(content=json_dict, status_code=200)

@router.get("/recipes/list/all")
def get_all_recipes(handler=Depends(get_recipe_service)):
    return handler.get_recipes()
```

在上述代码中，insert_recipe()是一个 REST API，它将从客户端接受食谱及其配料（ingredient）以实现持久化保存，而 get_all_recipes()则返回 List[Recipe]作为响应。

3.4.6　实际项目结构

借助依赖注入的力量，我们创建了一个在线食谱系统，其中包含一些组织有序的模型、存储库和服务层。图 3.3 所示的项目结构与之前的原型有很大的不同，因为增加了层，但它仍然有 main.py 以及所有带有各自 APIRouter 的包和模块。

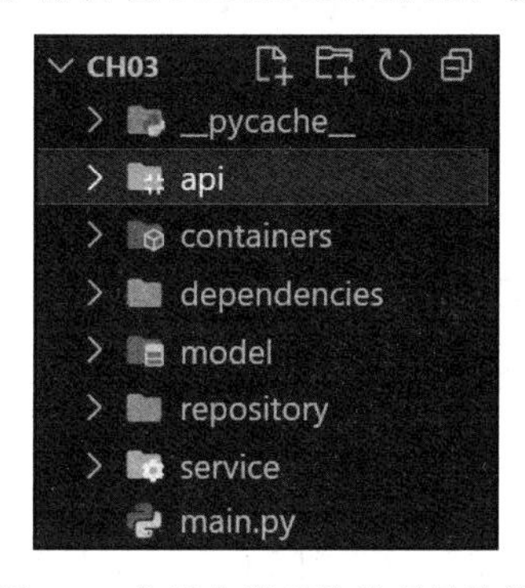

图 3.3　在线食谱系统的项目结构

在目前这个阶段，依赖注入为 FastAPI 应用程序提供了许多优势，包括对象实例化工程、分解单体组件以及建立松散耦合的结构等。但是也有一个小问题：FastAPI 的默认容器。框架的容器没有简单的配置来将其所有托管对象设置为单例（singleton）范围。大多数应用程序更喜欢获取单例对象以避免在 Python 虚拟机（Python virtual machine，PVM）中浪费内存。此外，内置容器不支持更详细的容器配置（如具有多个容器的设置），因此，接下来，让我们看看 FastAPI 的默认容器的限制以及克服它的解决方案。

3.5　使用第三方容器

依赖注入可以提供很多东西来改进我们的应用程序，但它仍然取决于我们使用的框架来充分发挥这种设计模式的潜力。当关注点只是对象管理和项目组织时，FastAPI 的容器很容易被某些人接受。但是，当涉及配置容器以添加更多高级功能时，对于短期项目来说，它是不可行的，而对于大型应用程序来说，由于 FastAPI 容器的限制，它也将不可能。因此，更实用的方法是依赖第三方模块来提供支持所有高级功能所需的实用程序集。

因此，本节将探索一些可以与 FastAPI、Dependency Injector 和 Lagom 无缝集成的流行外部模块，我们可以使用它们来设置一个完善且可管理的容器。

3.5.1 使用可配置容器——Dependency Injector

对于可配置容器来说，Dependency Injector 有若干个模块 API，可用于构建自定义容器的变体，这些容器可以管理、组装和注入对象。但在使用该模块之前，需要先使用以下 pip 命令安装它：

```
pip install dependency-injector
```

1. 容器和提供者模块

在所有 API 类型中，Dependency Injector 因为其容器（container）和提供者（provider）模块而颇受欢迎。它的容器类型之一是 DeclarativeContainer，它可以被子类化以包含其所有提供者。它的提供者可以是 Factory、Dict、List、Callable、Singleton 或其他容器。

Dict 和 List 提供者都易于设置，因为它们只需要分别实例化 list 和 dict。

Factory 提供者可以实例化任何类，例如存储库、服务或通用 Python 类。

Singleton 只为每个类创建一个实例，该实例在整个应用程序运行时都有效。

Callable 提供者管理函数依赖关系，而 Container 则实例化其他容器。

还有一种容器类型是 DynamicContainer，它是从配置文件、数据库或其他资源中构建的。

2. 容器类型

除了这些容器 API，Dependency Injector 还允许开发人员根据可依赖项对象的数量、项目结构或项目中的其他标准来自定义容器。最常见的样式或设置是适合小型、中型或大型应用程序的单个声明性容器。

我们的在线食谱系统原型程序拥有一个声明性容器，它在以下脚本中实现：

```
from dependency_injector import containers, providers
from repository.users import login_details
from repository.login import LoginRepository
from repository.admin import AdminRepository
```

```
from repository.keywords import KeywordRepository
from service.recipe_utilities import get_recipe_names

class Container(containers.DeclarativeContainer):
    loginservice = providers.Factory(LoginRepository)
    adminservice = providers.Singleton(AdminRepository)
    keywordservice = providers.Factory(KeywordRepository)
    recipe_util = providers.Callable(get_recipe_names)
    login_repo = providers.Dict(login_details)
```

通过简单地子类化 DeclarativeContainer，我们可以轻松地创建单个容器，其实例由前面提到的各种提供者注入。LoginRepository 和 KeywordRepository 都是通过 Factory 提供者作为新实例注入的。AdminRepository 是一个注入的单例对象，get_recipe_names()是一个注入的函数可依赖项，login_details 是一个包含登录凭据的注入字典。

3. FastAPI 和 Dependency Injector 集成

要通过 Dependency Injector 将依赖项连接到组件，需要应用@inject 装饰器。@inject 从 dependency_injector.wiring 模块中导入，并在依赖项组件上进行装饰。

在此之后，将使用 Provider 连接标记从容器中获取实例。连接标记将搜索容器中引用可注入项的 Provider 对象，如果存在，则它将准备自动连接（auto-wiring）。@inject 和 Provide 都属于同一个 API 模块：

```
from repository.keywords import KeywordRepository
from containers.single_container import Container
from dependency_injector.wiring import inject, Provide
from uuid import UUID

router = APIRouter()

@router.post("/keyword/insert")
@inject
def insert_recipe_keywords(*keywords: str,
        keywordservice: KeywordRepository =
            Depends(Provide[Container.keywordservice])):
    if keywords != None:
        keywords_list = list(keywords)
        keywordservice.insert_keywords(keywords_list)
        return JSONResponse(content={"message":
            "inserted recipe keywords"}, status_code=201)
    else:
```

```
        return JSONResponse(content={"message":
            "invalid operation"}, status_code=403)
```

当调用 Depends()函数指令以将连接标记和 Provider 实例注册到 FastAPI 时，就会发生集成。除了确认，该注册还将向第三方 Provider 添加类型提示和 Pydantic 验证规则，以适当地将可注入项连接到 FastAPI。

上述脚本通过@inject、连接标记和 Dependency Injector 的 keywordservice Provider 从其模块中导入 Container 以连接 KeywordRepository。

最后一个难题是通过 FastAPI 平台组装、创建和部署单个声明性容器。最后一个集成措施需要在发生注入的模块内实例化容器，然后调用其 wire()方法，该方法将构建组装程序。由于前面的 insert_recipe_keywords()是/api/keywords.py 的一部分，因此我们应该在 keywords 模块脚本中添加以下代码行，特别是在其末尾部分：

```
import sys
… … … … …
container = Container()
container.wire(modules=[sys.modules[__name__]])
```

4. 多容器设置

对于大型应用程序，存储库事务和服务的数量会根据应用程序的功能和特殊特性而增加。如果单个声明类型对于复杂性不断增长的应用程序来说变得不可行，则开发人员可以考虑使用多容器（multiple-container）设置替换它。

Dependency Injector 允许开发人员为每组服务创建一个单独的容器。我们的应用程序在/containers/multiple_containers.py 中创建了一个示例设置，以满足这个原型程序在变得越来越复杂时的需要。多个声明性容器的示例如下所示：

```
from dependency_injector import containers, providers

from repository.login import LoginRepository
from repository.admin import AdminRepository
from repository.keywords import KeywordRepository

class KeywordsContainer(containers.DeclarativeContainer):
    keywordservice = providers.Factory(KeywordRepository)
    … … … … …

class AdminContainer(containers.DeclarativeContainer):
    adminservice = providers.Singleton(AdminRepository)
    … … … … …
```

```
class LoginContainer(containers.DeclarativeContainer):
    loginservice = providers.Factory(LoginRepository)
    … … … … …

class RecipeAppContainer(containers.DeclarativeContainer):
    keywordcontainer = providers.Container(KeywordsContainer)
    admincontainer = providers.Container(AdminContainer)
    logincontainer = providers.Container(LoginContainer)
    … … … … …
```

根据上述配置，创建的 3 个不同的 DeclarativeContainer 实例分别是 KeywordsContainer、AdminContainer 和 LoginContainer。KeywordsContainer 实例将组装与关键字相关的所有依赖项；AdminContainer 将保存与管理任务相关的所有实例；LoginContainer 用于与登录和用户相关的服务。

最后是 RecipeAppContainer，它也将通过依赖注入整合所有这些容器。

对 API 的依赖注入类似于单一的声明式风格，只不过需要在连接标记中指明容器。以下是一个与管理相关的 API，显示了如何将依赖项连接到 REST 服务：

```
from dependency_injector.wiring import inject, Provide

from repository.admin import AdminRepository
from containers.multiple_containers import
            RecipeAppContainer

router = APIRouter()

@router.get("/admin/logs/visitors/list")
@inject
def list_logs_visitors(adminservice: AdminRepository =
    Depends(
        Provide[
            RecipeAppContainer.admincontainer.adminservice])):
        logs_visitors_json = jsonable_encoder(
            adminservice.query_logs_visitor())
        return logs_visitors_json
```

Provide 中存在的 admincontainer 首先检查同名容器，然后再获取引用该服务可依赖项的 adminservice 提供者。其余细节与单个声明相同，包括 FastAPI 集成和对象组装。

我们在这里强调的有关 Dependency Injector 的内容只是简单应用程序的基本配置。事实上，该模块还可以提供其他功能和集成来优化使用依赖注入的应用程序。

现在，如果我们需要线程安全和非阻塞的，但同时很简单、流畅和直接的 API、设置和配置，则可以考虑使用 Lagom 模块。

3.5.2 使用 Lagom 模块

第三方 Lagom 模块因其可以简单地连接到可依赖项而被广泛使用。它也是构建异步微服务驱动应用程序的理想选择，因为它在运行时是线程安全的。此外，它还可以轻松集成到许多 Web 框架中，包括 FastAPI。

要应用其 API，需要先使用以下 pip 命令安装它：

```
pip install lagom
```

Lagom 中的容器是使用其模块中的 Container 类即时创建的。与 Dependency Injector 不同，Lagom 的容器是在注入发生在 REST API 的模块内之前创建的：

```
from lagom import Container
from repository.complaints import BadRecipeRepository

container = Container()
container[BadRecipeRepository] = BadRecipeRepository()
router = APIRouter()
```

所有依赖项都可以通过典型的实例化被注入容器中。在添加新的可依赖项时，容器的行为类似于 dict，因为它也使用键值对作为条目。当我们注入一个对象时，容器需要它的类名作为它的键，而实例则作为它的值。

此外，如果构造函数需要一些参数值，则依赖注入框架还允许使用参数进行实例化。

3.5.3 FastAPI 和 Lagom 集成

在进行连接之前，必须首先通过实例化一个名为 FastApiIntegration 的新 API 类来集成到 FastAPI 平台，该类位于 lagom.integrations.fast_api 模块中。它将采用 container 作为必需参数。示例如下：

```
from lagom.integrations.fast_api import FastApiIntegration
deps = FastApiIntegration(container)
```

FastAPIIntegration 的实例有一个 depends()方法，可以使用它来执行注入。Lagom 的最佳功能之一是其与任何框架的简单无缝集成机制。因此，连接依赖项将不再需要 FastAPI 的 Depends()函数。示例如下：

```
@router.post("/complaint/recipe")
```

```
def report_recipe(rid: UUID,
    complaintservice=deps.depends(BadRecipeRepository)):
        complaintservice.add_bad_recipe(rid)
        return JSONResponse(content={"message":
            "reported bad recipe"}, status_code=201)
```

上述 report_recipe()函数使用了 BadRecipeRepository 作为可注入服务。由于它是容器的一部分，Lagom 的 depends()函数将在容器中搜索对象，然后将其连接到 API 服务（如果存在的话），以将投诉保存到 dict 数据存储区。

到目前为止，在应用程序中使用依赖注入时，这两个第三方模块是最流行和最完善的。这些模块可能会随着未来的更新而改变，但有一点是肯定的：控制反转和依赖注入设计模式将始终是管理应用程序内存使用的强大解决方案。

接下来，让我们看看与内存空间、容器和对象组装相关的问题。

3.6　可依赖项的范围

在 FastAPI 中，可依赖项的范围可以是新实例或单例。FastAPI 的依赖注入默认不支持单例对象的创建。在每次执行包含依赖项的 API 服务时，FastAPI 总是获取每个连接可依赖项的新实例，这可以通过使用 id()获取对象 ID 来证明。

singleton 对象只被容器创建一次，无论框架注入它多少次。其对象 ID 在应用程序的整个运行时保持不变。服务和存储库类最好是单例的，以控制应用程序内存利用率的增加。由于使用 FastAPI 创建单例并不容易，因此可以考虑使用 Dependency Injector 或 Lagom。

Dependency Injector 中有一个 Singleton 提供者，负责创建单例依赖项。在讨论其 DeclarativeContainer 设置时，我们已经提到了该提供者。

使用 Lagom 时，有以下两种方法可以创建单例可注入项：

- 使用其 Singleton 类。
- 使用 FastAPIIntegration 的构造函数。

Singleton 类在将依赖项实例注入容器之前会对其进行包装。以下代码片段就显示了这样一个示例：

```
container = Container()
container[BadRecipeRepository] =
        Singleton(BadRecipeRepository())
```

另一种方式是在 FastAPIIntegration 的构造函数的 request_singletons 参数中声明依赖项。示例如下：

```
container = Container()
container[BadRecipeRepository] = BadRecipeRepository()
deps = FastApiIntegration(container,
        request_singletons=[BadRecipeRepository])
```

另外，request_singletons 参数是 List 类型，所以它允许我们在制作单例时至少声明一个可依赖项。

3.7 小　　结

FastAPI 框架之所以易用和实用，其中一个方面就是它对控制反转原则的支持。FastAPI 有一个内置容器，开发人员可以利用它来建立组件之间的依赖关系。

使用依赖注入模式可以通过连接来集成所有组件，这也是构建微服务驱动应用程序的重要前提。从使用 Depends()的简单注入方法开始，本章详细讨论了各种扩展依赖注入的方式，以构建用于数据库集成、身份验证、安全性和单元测试的可插拔组件。

本章还介绍了一些可以设计和定制容器的第三方模块，如 Dependency Injector 和 Lagom。由于 FastAPI 在依赖注入上的限制，有一些外部库可以帮助扩展其在容器中组装、控制和管理对象创建的职责。这些第三方 API 还可以帮助创建单例对象，这有助于减少 Python 虚拟机（PVM）中的堆大小。

除了性能调优和内存管理，依赖注入还可以为项目的组织做出贡献，对于大型应用程序来说尤其如此。模型层、存储库层和服务层的添加就是创建依赖项能够获得的显著效果。依赖注入打开了对其他设计模式的开发，例如工厂方法、服务和数据访问对象（data access object，DAO）模式。

在第 4 章中，我们将开始基于微服务的核心设计模式构建一些与微服务相关的组件。

第 4 章　构建微服务应用程序

在前面的章节中，我们花了很多时间讨论如何使用 FastAPI 的核心功能为各种不同的应用程序构建 API 服务。我们还深入探讨了重要的设计模式，例如控制反转和依赖注入，这对于管理 FastAPI 容器对象至关重要。我们还安装了外部 Python 包，以提供有关在管理对象时使用哪些容器的选项。

这些设计模式不仅可以帮助处理容器中的托管对象，还可以帮助构建可扩展的、企业级的和非常复杂的应用程序。这些设计模式中的大多数有助于将单体架构分解为松散耦合的组件，这些组件即称为微服务（microservice）。

本章将仔细研究一些架构设计模式和原则，它们可以提供从单体应用程序（monolithic application）开始构建微服务的策略和方法。我们的重点是将庞大的应用程序分解为各个业务单元，创建一个单独的网关来捆绑这些业务单元，将领域模型应用于每个微服务，并管理其他问题，例如日志记录和应用程序配置。

除了阐述每种设计模式的优缺点，本章的另一个目标是将这些架构模式应用到我们的软件样本中，以展示其有效性和可行性。

本章包含以下主题：

- 应用分解模式
- 创建通用网关
- 集中日志记录机制
- 使用 REST API
- 应用领域建模方法
- 管理微服务的配置细节

4.1　技术要求

本章将使用一个大学的企业资源计划（enterprise resource planning，ERP）系统原型，重点关注学生、教师和图书馆子模块，但更多地关注学生图书馆和教师图书馆的操作（如图书借阅和发行）。每个子模块各有其行政管理（administration）、执行管理（management）和事务（transaction）服务，并且它们彼此独立，当然它们也都是 ERP 规范的一部分。目前，这个样例原型没有使用任何数据库管理系统，所以所有的数据都暂时存储在 Python 容器中。其代码分属 ch04、ch04-student、ch04-faculty 和 ch04-library 项目，全部上传到以下网址：

https://github.com/PacktPublishing/Building-Python-Microservices-with-FastAPI

4.2　应用分解模式

如果你应用在构建本书前几章中介绍的原型时使用的单体策略，那么构建本章这个 ERP 系统在资源和工作量方面都将不具有成本效益。有些功能可能过于依赖其他函数，每当由于这些紧密耦合的功能而出现事务问题时，就有可能使开发团队陷入困境。也就是说，在单体开发策略中，应用程序的各个部分是密切联系在一起的，牵一发而动全身，只要有一个部分出现问题，则整个应用程序可能就无法正常运行。因此，实现我们的大学 ERP 系统原型的最佳方式是在开始之前就将整个规范分解为更小的模块。

分解我们的应用程序原型有两种合适的方式，即按业务单元分解和按子域分解。

- 按业务单元分解（decomposition by business units）：单体应用程序的分解是基于组织结构、架构组件和结构单元的。一般来说，其生成的模块具有固定和结构化的流程和功能，很少增强或升级。
- 按子域分解（decomposition by subdomain）：使用领域模型（domain model）及其对应的业务流程作为分解的基础。与前一种方式不同，这种分解策略将处理不断发展和变化的模块，以捕获模块的确切结构。

4.2.1　按业务单元分解

在上述两个选项中，按业务单元分解是更实用的分解策略，可用于我们的单体大学 ERP 系统原型。由于大学使用的信息和业务流多年来一直是其基础的一部分，因此我们需要将其庞大而复杂的业务按学院或部门进行组织和分解。图 4.1 显示了这些子模块的派生。

在确定子模块之后，即可使用 FastAPI 框架将它们实现为独立的微服务。如果业务单元或模块的服务可以作为一个组件而独立存在，则可以将其实现为一个微服务。此外，它还必须能够通过基于 URL 地址和端口号的互连与其他微服务进行协作。

图 4.2 显示了作为 FastAPI 微服务应用程序实现的教师、图书馆和学生管理模块的项目目录。本书前 3 章为我们奠定了构建此类 FastAPI 微服务的基础。

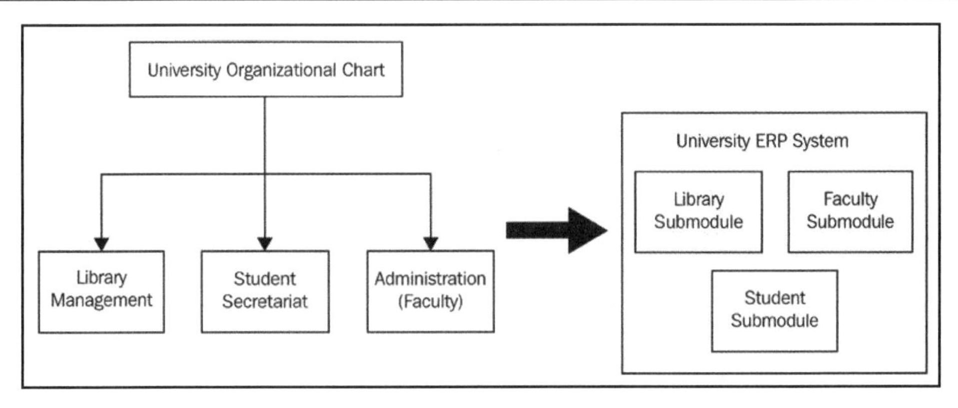

图 4.1　按业务单元分解

原　　文	译　　文
University Organizational Chart	大学组织结构图
Library Management	图书馆管理
Student Secretariat	学生秘书处
Administration(Faculty)	行政管理（教师）
University ERP System	大学 ERP 系统
Library Submodule	图书馆子模块
Faculty Submodule	教师子模块
Student Submodule	学生子模块

CH04-FACULTY
__pycache__
configuration
controllers
models
repository
services
main.py

CH04-LIBRARY
__pycache__
configuration
controllers
models
repository
services
main.py

CH04-STUDENT
__pycache__
configuration
controllers
models
repository
services
main.py

图 4.2　教师、图书馆和学生管理模块的微服务应用程序

这些微服务在服务器实例和管理方面都独立于其他微服务。启动和关闭其中一个微服务不会影响其他两个微服务，因为每个微服务都可以有不同的上下文根和端口。每个应用程序都可以有单独的日志记录机制、依赖环境、容器、配置文件以及微服务的任何其他方面，这些将在后续章节中讨论。

但是，FastAPI 还有另一种使用挂载（mount）子应用程序来设计微服务的方法，这也是接下来我们将要讨论的主题。

4.2.2　创建子应用程序

FastAPI 允许开发人员在主应用程序内构建独立的子应用程序。在这种方式中，main.py 充当网关，为这些已挂载的应用程序提供路径名。它还将创建指定映射到每个子应用程序的 FastAPI 实例的上下文路径的挂载。

图 4.3 显示了一个使用挂载方式构建的新大学 ERP 实现。

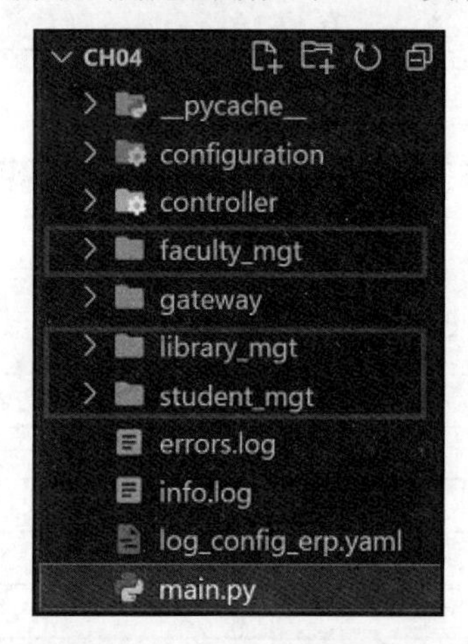

图 4.3　包含挂载子应用程序的主项目

在图 4.3 示例中，faculty_mgt、library_mgt 和 student_mgt 都是典型的独立微服务应用程序，挂载到顶层应用 main.py 组件。每个子应用程序中又各有一个 main.py 组件，例如图书馆子应用程序（library_mgt），它的 FastAPI 实例在其 library_main.py 设置中创建，如以下代码片段所示：

```
from fastapi import FastAPI
library_app = FastAPI()
library_app.include_router(admin.router)
library_app.include_router(management.router)
```

学生子应用程序（student_mgt）中有一个 student_main.py 设置，用于创建其 FastAPI 实例，如以下代码所示：

```
from fastapi import FastAPI
student_app = FastAPI()
student_app.include_router(reservations.router)
```

```
student_app.include_router(admin.router)
student_app.include_router(assignments.router)
student_app.include_router(books.router)
```

同样地，教师子应用程序（faculty_mgt）有它的 faculty_main.py 设置，用于构建微服务架构，如以下代码所示：

```
from fastapi import FastAPI
faculty_app = FastAPI()
faculty_app.include_router(admin.router)
faculty_app.include_router(assignments.router)
faculty_app.include_router(books.router)
```

这些子应用程序是典型的 FastAPI 微服务应用程序，包含所有基本组件，例如路由器、中间件异常处理程序以及构建 REST API 服务所需的所有包。它们与普通应用程序的唯一区别是，其上下文路径或 URL 由处理它们的顶级应用程序定义和决定。

注意：

我们可以选择通过以下命令从 main.py 中独立运行 library_mgt 子应用程序：

```
uvicorn main:library_app --port 8001
```

或者通过以下命令运行 faculty_mgt：

```
uvicorn main:faculty_app --port 8082
```

或者通过以下命令运行 student_mgt：

```
uvicorn main:student_app --port 8003
```

尽管有挂载，但仍可以独立运行它们，这也解释了为什么这些挂载的子应用程序都是微服务。

4.3　挂载子模块

每个子应用程序的所有 FastAPI 装饰器都必须挂载在顶级应用程序的 main.py 组件中，以便在运行时访问它们。mount()函数由顶级应用程序的 FastAPI 装饰器对象调用，它将子应用程序的所有 FastAPI 实例添加到网关应用程序（main.py）中，并通过每个实例对应的 URL 上下文映射它。

以下脚本显示了图书馆、学生和教师子系统的挂载是如何在大学 ERP 顶层系统的

main.py 组件中实现的：

```
from fastapi import FastAPI
from student_mgt import student_main
from faculty_mgt import faculty_main
from library_mgt import library_main

app = FastAPI()

app.mount("/ch04/student", student_main.student_app)
app.mount("/ch04/faculty", faculty_main.faculty_app)
app.mount("/ch04/library", library_main.library_app)
```

通过此设置，挂载的/ch04/student URL 将用于访问学生模块应用程序的所有 API 服务，/ch04/faculty 将用于访问教师模块应用程序的所有 API 服务，而/ch04/library 则将用于访问与图书馆相关的 REST 服务。这些挂载的路径一旦在 mount()中声明就变得有效，因为 FastAPI 会通过 root_path 规范自动处理所有这些路径。

由于我们的大学 ERP 系统的所有 3 个子应用程序都是独立的微服务，因此，现在可以应用另一种设计策略，只需使用 ERP 系统的主 URL，即可帮助管理对这些应用程序的请求。接下来，让我们看看如何利用主应用程序作为子应用程序的网关。

4.4　创建通用网关

如果使用主应用程序的 URL 来管理请求并将用户重定向到 3 个子应用程序中的任何一个，事情将会变得更容易。主应用程序可以作为伪反向代理（pseudo-reverse proxy）或用户请求的入口点（entry point），它会始终将用户请求重定向到任何所需的子应用程序。这种方法基于称为 API 网关（API Gateway）的设计模式。

接下来，让我们看看如何应用这种设计来管理挂载在主应用程序上的独立微服务。

4.5　实现主端点

在实现这个网关端点时有很多解决方案，其中一种方案是在顶级应用程序中使用一个简单的 REST API 服务，该服务具有一个整数路径参数，该参数将标识微服务的 ID 参数。如果 ID 参数无效，则端点将只返回{'message': 'University ERP Systems'} JSON 字符串，而不返回错误。以下脚本就是该端点的简单实现：

```
from fastapi import APIRouter

router = APIRouter()

@router.get("/university/{portal_id}")
def access_portal(portal_id:int):
    return {'message': 'University ERP Systems'}
```

access_portal API 端点作为 GET 路径操作被创建，portal_id 作为其路径参数。portal_id 参数对于此过程至关重要，因为它将确定用户想要访问 Student、Faculty 和 Library 微服务中的哪一个。因此，访问/ch04/university/1 URL 应该可以将用户引导至学生应用程序，访问/ch04/university/2 可将用户引导至教师应用程序，而访问/ch04/university/3 则可将用户引导至图书馆应用程序。

4.6　评估微服务 ID

我们将使用一个可依赖函数来自动获取和评估 portal_id 参数，该依赖函数将注入实现 API 端点的 APIRouter 实例中。正如第 3 章“依赖注入研究”中所讨论的，一旦注入 APIRouter 或 FastAPI 实例，可依赖函数或对象即可充当任何服务的所有传入请求的过滤器或验证器。此 ERP 原型程序中使用的可依赖函数（如以下脚本所示）将仅评估 portal_id 参数是 1、2 还是 3：

```
def call_api_gateway(request: Request):
    portal_id = request.path_params['portal_id']
    print(request.path_params)
    if portal_id == str(1):
        raise RedirectStudentPortalException()
    elif portal_id == str(2):
        raise RedirectFacultyPortalException()
    elif portal_id == str(3):
        raise RedirectLibraryPortalException()
class RedirectStudentPortalException(Exception):
    pass

class RedirectFacultyPortalException(Exception):
    pass

class RedirectLibraryPortalException(Exception):
    pass
```

上述解决方案是触发自定义事件的可行解决方法，因为除了启动和关闭事件处理程序，FastAPI 并没有内置事件处理（详见第 8 章“创建协程、事件和消息驱动的事务”），因此，一旦 call_api_gateway()发现 portal_id 是一个有效的微服务 ID，它就会引发一些自定义异常。

如果用户想要访问 Student 微服务，它将抛出 RedirectStudentPortalException。

如果用户想要访问 Faculty 微服务，它将抛出 RedirectFacultyPortalException。

如果用户想要访问 Library 微服务，它将抛出 RedirectLibraryPortalException。

但是，我们首先需要将 call_api_gateway()注入 APIRouter 实例中，通过顶级 ERP 应用程序的 main.py 组件处理网关端点。以下脚本展示了如何使用前面讨论的概念将其注入 university.router 中：

```
from fastapi import FastAPI, Depends, Request, Response
from gateway.api_router import call_api_gateway
from controller import university

app = FastAPI()
app.include_router (university.router,
            dependencies=[Depends(call_api_gateway)],
            prefix='/ch04')
```

所有这些抛出的异常都需要一个异常处理程序，异常处理程序将侦听抛出的异常并执行微服务所需的一些任务。

4.7　应用异常处理程序

异常处理程序可以重定向到适当的微服务。正如你在第 2 章“探索核心功能”中所了解的那样，每个抛出的异常都必须有其对应的异常处理程序，以便在异常处理后继续执行所需的响应。以下是处理 call_api_gateway()抛出的自定义异常的一些异常处理程序：

```
from fastapi.responses import RedirectResponse
from gateway.api_router import call_api_gateway,
    RedirectStudentPortalException,
    RedirectFacultyPortalException,
    RedirectLibraryPortalException

@app.exception_handler(RedirectStudentPortalException)
def exception_handler_student(request: Request,
    exc: RedirectStudentPortalException) -> Response:
```

```
        return RedirectResponse(
            url='http://localhost:8000/ch04/student/index')

@app.exception_handler(RedirectFacultyPortalException)
def exception_handler_faculty(request: Request,
    exc: RedirectFacultyPortalException) -> Response:
        return RedirectResponse(
            url='http://localhost:8000/ch04/faculty/index')

@app.exception_handler(RedirectLibraryPortalException)
def exception_handler_library(request: Request,
    exc: RedirectLibraryPortalException) -> Response:
        return RedirectResponse(
            url='http://localhost:8000/ch04/library/index')
```

在上述代码中可以看到，exception_handler_student()会将用户重定向到 Student 微服务的挂载路径，而 exception_handler_faculty()则会将用户重定向到 Faculty 子应用程序。此外，exception_handler_library()将允许用户访问 Library 微服务。

异常处理程序是完成 API 网关架构所需的最后一个组件。异常将触发重定向到挂载在 FastAPI 框架上的独立微服务。

尽管还有其他更好的解决方案来实现网关架构，但我们在这里介绍的方法也是很实用的，它无须求助于外部模块和工具，只使用了 FastAPI 的核心组件。在第 11 章“添加其他微服务功能”中，将讨论使用 Docker 和 NGINX 建立有效的 API 网关架构。

接下来，让我们看看如何为这种微服务设置构建集中式日志记录机制。

4.8　集中日志记录机制

在第 2 章“探索核心功能”中，使用中间件和 Python 文件事务创建了一个审计跟踪机制。我们发现，中间件只能通过顶层应用的 FastAPI 装饰器来设置，可以管理任何 API 服务的传入请求和传出响应。这一次，我们将使用自定义中间件来设置一个集中式日志记录功能，将记录顶级应用程序的所有服务事务以及其独立挂载的微服务的日志。在不更改 API 服务的情况下将这些日志记录问题集成在应用程序的众多方法中，我们将专注于以下实用的自定义方法，包括自定义中间件和 Loguru 模块。

4.8.1　微服务架构可能面临的日志问题

应用程序日志对于任何企业级应用程序而言都是必不可少的。对于部署在单个服务器中的单体应用程序来说，日志记录意味着让服务事务将其日志消息写入单个文件，这是相对简单的操作；但另外，对于微服务架构的应用程序来说，日志记录可能过于复杂，无法在独立的微服务设置中实现，尤其是当这些服务用于部署到不同的服务器或 Docker 容器时，问题变得更加复杂。如果使用的模块不适用于异步服务，那么它的日志记录机制甚至可能导致一些运行时的问题。

对于同时支持在 ASGI 服务器上运行的异步和同步 API 服务的 FastAPI 实例，使用 Python 的日志记录模块总是会生成以下错误日志：

```
2021-11-08 01:17:22,336 - uvicorn.error - ERROR - Exception in
ASGI application
Traceback (most recent call last):
   File "c:\alibata\development\language\python\
   python38\lib\site-packages\uvicorn\protocols\http\
   httptools_impl.py", line 371, in run_asgi
      result = await app(self.scope, self.receive, self.send)
   File "c:\alibata\development\language\python\
   python38\lib\site-packages\uvicorn\middleware\
   proxy_headers.py", line 59, in __call__
      return await self.app(scope, receive, send)
```

4.8.2 使用 Loguru 模块

选择另一个日志扩展，这是避免日志模块生成错误的唯一解决方案。最好的选择是可以完全支持 FastAPI 框架的，例如我们将要介绍的 loguru 扩展。和其他扩展组件一样，首先需要使用以下 pip 命令安装它：

```
pip install loguru
```

Loguru 是一个简单易用的日志记录扩展。我们可以立即使用其默认处理程序——sys.stderr 处理程序进行日志记录，甚至无须添加太多配置。

由于我们的应用程序需要将所有消息放在一个日志文件中，因此需要在 FastAPI 实例化之后将以下几行代码添加到顶级应用程序的 main.py 组件中：

```
from loguru import logger
from uuid import uuid4

app = FastAPI()
app.include_router (university.router,
      dependencies=[Depends(call_api_gateway)],
      prefix='/ch04')
```

```
logger.add("info.log",format="Log: [{extra[log_id]}:
    {time} - {level} - {message} ", level="INFO",
    enqueue = True)
```

可以看到，它的 logger 实例有一个 add()方法，在其中可以注册日志输出（sink）。输出的第一部分是处理程序，它将决定是在 sys.stdout 还是在文件中发出日志。在我们的大学 ERP 系统原型中，需要一个全局 info.log 文件，其中包含子应用程序的所有日志消息。

日志输出的一个关键部分是 level 类型，它表示需要管理和记录的日志消息的粒度。如果将 add()的 level 参数设置为 INFO，则它会告诉日志记录器只考虑那些在 INFO、SUCCESS、WARNING、ERROR 和 CRITICAL 权重下的消息。该日志记录器将绕过这些级别之外的日志消息。

日志输出的另一个部分是 format 格式设置，可以在其中创建自定义日志消息布局来替换其默认格式。这种格式就像一个没有 "f" 的 Python 插值字符串，其中包含{time}、{level}、{message}等占位符，以及任何需要在运行时由 logger 替换的自定义占位符。

在 log.file 中，我们希望日志以 Log 关键字开头，紧接着是自定义生成的 log_id 参数，再然后是日志记录发生的时间、级别和消息。

为了增加对异步日志记录的支持，add()函数有一个可以随时启用的 enqueue 参数。在上述示例中，该参数默认为 True，这是为了准备任何 async/await 执行。

Loguru 的特性和功能有很多值得探索的地方。例如，可以为日志记录器创建额外的处理程序，每个处理程序都具有不同的保留（retention）、滚动（rotation）和再现（rendition）类型。

此外，Loguru 还允许开发人员通过一些颜色标记为日志添加颜色，如<red>、<blue>或<cyan>。它还有一个@catch()装饰器，可用于在运行时管理异常。我们设置统一应用程序日志所需的所有日志记录功能都包含在 Loguru 中。

现在我们已经在顶级应用程序中配置了 Loguru，接下来，需要让它的日志记录机制在 3 个子应用程序或微服务之间工作，而无须修改它们的代码。

4.9　构建日志中间件

这个集中式应用程序日志的核心组件是我们必须在设置 Loguru 的 main.py 组件中实现的自定义中间件。FastAPI 的挂载允许我们集中一些横切关注点（如日志记录），而无须向子应用程序添加任何内容。

4.9.1 中间件实现示例

顶级应用程序的 main.py 组件中的一个中间件实现足以支持跨独立微服务进行日志记录。以下是我们的示例应用程序的中间件实现：

```
@app.middleware("http")
async def log_middleware(request:Request, call_next):
    log_id = str(uuid4())
    with logger.contextualize(log_id=log_id):
        logger.info('Request to access ' +
            request.url.path)
        try:
            response = await call_next(request)
        except Exception as ex:
            logger.error(f"Request to " +
                request.url.path + " failed: {ex}")
            response = JSONResponse(content=
                {"success": False}, status_code=500)
        finally:
            logger.info('Successfully accessed ' +
                request.url.path)
            return response
```

首先，log_middleware()每次拦截主应用程序或子应用程序的任何 API 服务时都会生成一个 log_id 参数。

然后，log_id 参数通过 Loguru 的 contextualize()方法被注入上下文信息的 dict 中，因为 log_id 是日志信息的一部分，这在前文已有介绍。

之后，在 API 服务执行之前和成功执行之后启动日志记录。

在此过程中遇到异常时，日志记录器仍然会生成带有 Exception 消息的日志消息。因此，每当我们从 ERP 系统原型的任何地方访问任何 API 服务时，都会在 info.log 文件中写入以下日志消息：

```
Log: [1e320914-d166-4f5e-a39b-09723e04400d: 2021-11-
28T12:02:25.582056+0800 - INFO - Request to access /ch04/
university/1
Log: [1e320914-d166-4f5e-a39b-09723e04400d: 2021-11-
28T12:02:25.597036+0800 - INFO - Successfully accessed /ch04/
university/1
Log: [fd3badeb-8d38-4aec-b2cb-017da853e3db: 2021-11-
```

```
28T12:02:25.609162+0800 - INFO - Request to access /ch04/
student/index
Log: [fd3badeb-8d38-4aec-b2cb-017da853e3db: 2021-11-
28T12:02:25.617177+0800 - INFO - Successfully accessed /ch04/
student/index
Log: [4cdb1a46-59c8-4762-8b4b-291041a95788: 2021-11-
28T12:03:25.187495+0800 - INFO - Request to access /ch04/
student/profile/add
Log: [4cdb1a46-59c8-4762-8b4b-291041a95788: 2021-11-
28T12:03:25.203421+0800 -
INFO - Request to access /ch04/faculty/index
Log: [5cde7503-cb5e-4bda-aebe-4103b2894ffe: 2021-11-
28T12:03:33.432919+0800 - INFO - Successfully accessed /ch04/
faculty/index
Log: [7d237742-fdac-4f4f-9604-ce49d3c4c3a7: 2021-11-
28T12:04:46.126516+0800 - INFO - Request to access /ch04/
faculty/books/request/list
Log: [3a496d87-566c-477b-898c-8191ed6adc05: 2021-11-
28T12:04:48.212197+0800 - INFO - Request to access /ch04/
library/book/request/list
Log: [3a496d87-566c-477b-898c-8191ed6adc05: 2021-11-
28T12:04:48.221832+0800 - INFO - Successfully accessed /ch04/
library/book/request/list
Log: [7d237742-fdac-4f4f-9604-ce49d3c4c3a7: 2021-11-
28T12:04:48.239817+0800 -
Log: [c72f4287-f269-4b21-a96e-f8891e0a4a51: 2021-11-
28T12:05:28.987578+0800 - INFO - Request to access /ch04/
library/book/add
Log: [c72f4287-f269-4b21-a96e-f8891e0a4a51: 2021-11-
28T12:05:28.996538+0800 - INFO - Successfully accessed /ch04/
library/book/add
```

上述日志消息快照证明我们有一个集中日志记录机制，因为中间件过滤了所有 API 服务执行并记录了日志事务。它显示日志记录从访问网关开始，一直到执行来自教师、学生和图书馆子应用程序的 API 服务。在构建独立微服务时，使用 FastAPI 挂载可以提供的优势之一就是集中和管理横切关注点。

但是，当涉及这些独立的子应用程序之间的交互时，挂载也能成为优势吗？接下来，就让我们看看该架构中的独立微服务如何利用彼此的 API 资源进行通信。

4.9.2 使用 REST API 服务

就像在未挂载的微服务设置中一样，已挂载的微服务也可以通过访问彼此的 API 服务进行通信。例如，如果教师或学生想从图书馆借一本书，则该设置该如何无缝实现？

在图 4.4 中可以看到，通过建立客户端-服务器通信即可进行交互，其中一个 API 服务可以作为资源提供者，而其他的则是客户端。

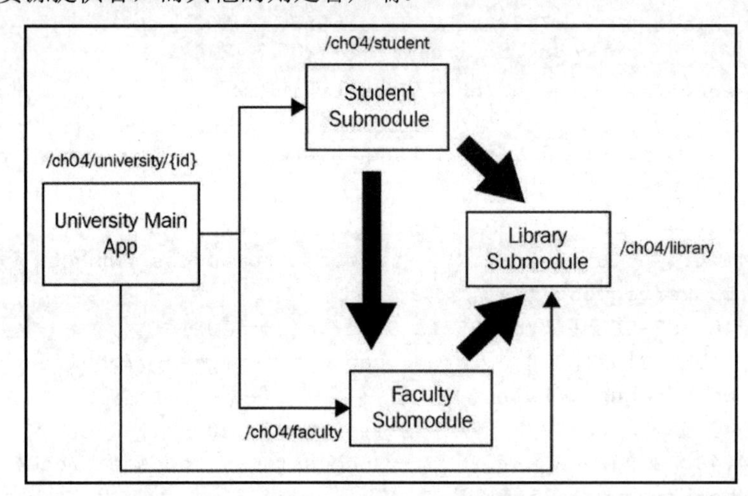

图 4.4　教师、学生和图书馆微服务之间的交互

原　文	译　文	原　文	译　文
Student Submodule	学生子模块	Faculty Submodule	教师子模块
University Main App	大学主程序	Library Submodule	图书馆子模块

使用 httpx 和 requests 外部模块可以直接在 FastAPI 中使用 API 资源。接下来，让我们看看这两个模块如何帮助已挂载的服务相互交互。

4.10 使用 httpx 模块

httpx 外部模块是一个 Python 扩展，可以使用异步和同步 REST API，并支持 HTTP/1.1 和 HTTP/2。它是一个快速且多用途的工具包，可用于访问在基于 WSGI 和 ASGI 的平台上运行的 API 服务，如 FastAPI 服务。同理，首先需要使用以下 pip 命令安装它：

```
pip install httpx
```

然后，直接使用它即可使两个微服务进行交互而无须做进一步的配置，例如，以下示例可以让学生模块向教师模块提交作业：

```
import httpx

@router.get('/assignments/list')
async def list_assignments():
    async with httpx.AsyncClient() as client:
        response = await client.get(
            "http://localhost:8000/ch04/faculty/assignments/list")
        return response.json()

@router.post('/assignment/submit')
def submit_assignment(assignment:AssignmentRequest ):
    with httpx.Client() as client:
        response = client.post("http://localhost:8000/
            ch04/faculty/assignments/student/submit",
                data=json.dumps(jsonable_encoder(assignment)))
        return response.content
```

httpx 模块可以处理 GET、POST、PATCH、PUT 和 DELETE 路径操作。它允许将不同的请求参数传递给请求的 API，而不需要太多复杂性。

例如，post()客户端操作可以接受标头、cookie、参数、json、文件和模型数据作为参数值。在上述示例中，使用 with 上下文管理器直接管理由其 Client()或 AsyncClient()实例创建的流，它们是可关闭的组件。

上述示例中的 list_assignments 服务是一个客户端，它使用 AsyncClient()实例从来自 Faculty 模块的异步/ch04/faculty/assignments/list API 端点获得其 GET 请求。AsyncClient 可以访问基于 WSGI 的平台来执行任何异步服务，而不是同步服务，否则它会抛出状态代码 500。

对于一些比较复杂的情况，它可能需要在其构造函数中提供额外的配置细节，以通过 ASGI 进一步管理资源访问。

另外，submit_assignment 服务是一个同步客户端，它访问另一个同步端点 ch04/faculty/assignments/student/submit，这是一个 POST HTTP 操作。在本示例中，Client()实例用于访问资源以通过 POST 请求将作业提交给 Faculty 模块。AssignmentRequest 是一个 BaseModel 对象，需要由客户端填充以提交到请求端点。

与作为 dict 直接传递的 params 和 json 不同，data 是一个模型对象，必须首先通过 jsonable_encoder()和 json.dumps()将其转换为 dict 才能使跨 HTTP 的传输变得可行。新转换的模型成为 POST 客户端操作的 data 参数的值。

当涉及客户端服务的响应时，可以使用模块的 content 将响应视为一段文本，或者使用 json()将响应视为 JSON 格式的结果。具体取决于客户端服务对应用程序使用什么响应类型的要求。

4.11　使用 requests 模块

在微服务之间建立客户端-服务器通信的另一个选项是 requests 模块。尽管 httpx 和 requests 几乎兼容，但后者还提供了其他功能，例如自动重定向和显式会话处理。requests 的问题是它对异步 API 的非直接支持以及访问资源时的性能低下。尽管有这些缺点，但 requests 模块仍然是 Python 微服务开发中使用 REST API 的标准方式。

和其他第三方模块一样，我们需要先安装它，然后才能使用它：

```
pip install requests
```

在本章的 ERP 原型中，requests 扩展被 Faculty 微服务用于从 Library 模块借书。

现在让我们来看看 Faculty 客户端服务，它展示了如何使用 requests 模块访问 Library 的同步 API：

```
@router.get('/books/request/list')
def list_all_request():
    with requests.Session() as sess:
        response = sess.get('http://localhost:8000/
            ch04/library/book/request/list')
        return response.json()

@router.post('/books/request/borrow')
def request_borrow_book(request:BookRequestReq):
    with requests.Session() as sess:
        response = sess.post('http://localhost:8000/
            ch04/library/book/request',
                data=dumps(jsonable_encoder(request)))
        return response.content

@router.get('/books/issuance/list')
def list_all_issuance():
    with requests.Session() as sess:
        response = sess.get('http://localhost:8000/
            ch04/library/book/issuance/list')
```

```
        return response.json()

@router.post('/books/returning')
def return_book(returning: BookReturnReq):
    with requests.Session() as sess:
        response = sess.post('http://localhost:8000/
            ch04/library/book/issuance/return',
                data=dumps(jsonable_encoder(returning)))
        return response.json()
```

在上述示例中可以看到，requests 模块有一个 Session()实例，相当于 httpx 模块中的 Client()。它提供了所有必要的客户端操作，这些操作将从 FastAPI 平台上使用 API 端点。

由于 Session 是一个可关闭的对象，因此上下文管理器在这里再次用于处理将在访问资源和传输某些参数值期间使用的流。与 httpx 一样，参数详细信息（如 params、json、header、cookies、files 和 data）也是 requests 模块的一部分，如果 API 端点需要，则可以通过客户端操作进行传输。

在上述示例中还可以看到，我们创建会话是为了实现 list_all_request 和 list_all_issuance 这两个 GET 客户端服务。在这里，request_borrow_book 是一个 POST 客户端服务，它从/ch04/library/book/request API 端点上以 BookRequestReq 的形式请求一本书。与 httpx 类似，必须使用 jsonable_encoder()和 json.dumps()将该 BaseModel 对象转换为 dict 才能作为 data 参数值传输。相同的方法也适用于 return_book POST 客户端服务，它将返回教师所借的书。和使用 httpx 扩展时一样，这些客户端服务的响应也可以是 content 或 json()。

由此可见，使用 requests 和 httpx 模块允许这些挂载的微服务根据一些规范相互交互。使用来自其他微服务的公开端点可以最大限度地减少紧密耦合，并加强构建独立微服务的分解设计模式的重要性。

接下来，让我们看看使用领域建模技术管理微服务中组件的选项。

4.12　应用领域建模方法

以数据库为中心的应用程序或由核心功能构建的不与模型协作的应用程序在扩展时都不容易管理，或者在增加功能或修复错误时都不够友好。这背后的原因是缺乏业务逻辑的结构和流程来遵循、研究和分析。

当涉及在应用程序中建立和组织结构时，了解应用程序的行为并使用其背后的业务逻辑来派生领域模型即构成了最佳方法。这个原则称为领域建模方法（domain modeling approach），接下来，让我们将该方法应用于本章的 ERP 示例程序。

4.13 创 建 层

分层是应用领域驱动（domain-driven）开发时不可避免的一种实现方式。层之间存在依赖关系，这在开发过程中修复错误时可能会出现问题，但是分层架构中重要的是分层可以创建的概念、结构、类别、功能和角色，这有助于理解应用程序的规范。图 4.5 显示了图书馆、教师和学生这 3 个子应用程序的 models（模型）、repository（存储库）、services（服务）和 controllers（控制器）。

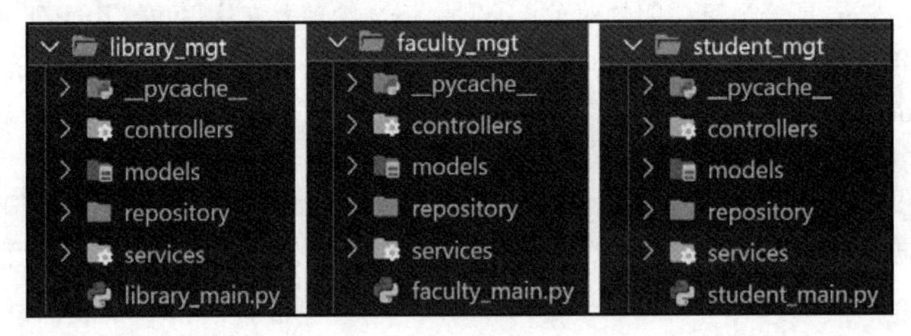

图 4.5 分层架构

这其中最关键的层是 models 层，它由描述应用程序中涉及的领域和业务流程的领域模型类组成。

4.14 识别领域模型

领域模型层是应用程序的初始工件，因为它提供了应用程序的上下文框架。如果在开发的初始阶段首先确定领域，则可以轻松地对业务流程和事务进行分类和管理。领域分层创建的代码组织可以提供代码可追溯性，这样可以方便源代码的更新和调试。

在我们的 ERP 示例程序中，这些模型分为两类：数据模型和请求模型。数据模型是用于在其临时数据存储中捕获和存储数据的模型，而请求模型则是在 API 服务中使用的 BaseModel 对象。

例如，教师模块具有以下数据模型：

```
class Assignment:
    def __init__(self, assgn_id:int, title:str,
```

```
        date_due:datetime, course:str):
        self.assgn_id:int = assgn_id
        self.title:str = title
        self.date_completed:datetime = None
        self.date_due:datetime = date_due
        self.rating:float = 0.0
        self.course:str = course

    def __repr__(self):
        return ' '.join([str(self.assgn_id), self.title,
            self.date_completed.strftime("%m/%d/%Y, %H:%M:%S"),
            self.date_due.strftime("%m/%d/%Y, %H:%M:%S"),
            str(self.rating) ])

    def __expr__(self):
        return ' '.join([str(self.assgn_id), self.title,
            self.date_completed.strftime("%m/%d/%Y, %H:%M:%S"),
            self.date_due.strftime("%m/%d/%Y, %H:%M:%S"),
            str(self.rating) ])

class StudentBin:
    def __init__(self, bin_id:int, stud_id:int,
        faculty_id:int):
            self.bin_id:int = bin_id
            self.stud_id:int = stud_id
            self.faculty_id:int = faculty_id
            self.assignment:List[Assignment] = list()

    def __repr__(self):
        return ' '.join([str(self.bin_id),
            str(self.stud_id), str(self.faculty_id)])

    def __expr__(self):
        return ' '.join([str(self.bin_id),
            str(self.stud_id), str(self.faculty_id)])
```

如果在实例化期间需要构造函数注入，则这些数据模型类总是实现其构造函数。此外，__repr__()和__str__()这两个双下画线方法（dunder method）是可选的，以便开发人员在访问、读取和记录这些对象时提高效率。

对于请求模型，你应该已经很熟悉了，因为前文刚刚讨论过。在我们的教师模块中，具有以下请求模型：

```
class SignupReq(BaseModel):
    faculty_id:int
    username:str
    password:str

class FacultyReq(BaseModel):
    faculty_id:int
    fname:str
    lname:str
    mname:str
    age:int
    major:Major
    department:str

class FacultyDetails(BaseModel):
    fname:Optional[str] = None
    lname:Optional[str] = None
    mname:Optional[str] = None
    age:Optional[int] = None
    major:Optional[Major] = None
    department:Optional[str] = None
```

上述代码片段中列出的请求模型只是简单的 BaseModel 类型。有关如何创建 BaseModel 类的更多详细信息，可参考第 1 章“设置 FastAPI”，其中提供了创建不同类型的 BaseModel 类以捕获来自客户端的不同请求的指南。

4.15　构建存储库层和服务层

有两种流行的领域建模模式对于构建这种方法的层至关重要，它们就是存储库层模式（repository layer pattern）和服务层模式（service layer pattern）。

4.15.1　存储库层模式

存储库层旨在创建管理数据访问的策略。一些存储库层仅提供与数据存储的数据连接（本章示例就是如此），但一般来说，存储库的目标是与对象关系模型（object relational model，ORM）框架交互以优化和管理数据事务。除了访问，这一层还为应用程序提供了一个高级抽象，因此使用的特定数据库技术或方言（dialect）对应用程序来说无关紧要。它可以充当任何数据库平台的适配器，以处理应用程序的数据事务，仅此而已。

以下是教师模块的存储库类，它管理着为学生布置作业的领域：

```
from fastapi.encoders import jsonable_encoder
from typing import List, Dict, Any
from faculty_mgt.models.data.facultydb import
    faculty_assignments_tbl
from faculty_mgt.models.data.faculty import Assignment
from collections import namedtuple

class AssignmentRepository:

    def insert_assignment(self,
            assignment:Assignment) -> bool:
        try:
            faculty_assignments_tbl[assignment.assgn_id] = assignment
        except:
            return False
        return True

    def update_assignment(self, assgn_id:int,
            details:Dict[str, Any]) -> bool:
        try:
            assignment = faculty_assignments_tbl[assgn_id]
            assignment_enc = jsonable_encoder(assignment)
            assignment_dict = dict(assignment_enc)
            assignment_dict.update(details)
            faculty_assignments_tbl[assgn_id] =
            Assignment(**assignment_dict)
        except:
            return False
        return True

    def delete_assignment(self, assgn_id:int) -> bool:
        try:
            del faculty_assignments_tbl[assgn_id]
        except:
            return False
        return True

    def get_all_assignment(self):
        return faculty_assignments_tbl
```

在上述代码中，AssignmentRepository 使用了其 4 个存储库事务来管理 Assignment

域对象。insert_assignment()可以在 faculty_assignments_tbl 字典中创建一个新的 Assignment 条目；update_assignment()可以接受现有作业的新细节或更正信息并且更新它；delete_assignment()可以使用其 assign_id 参数从数据存储中删除现有的作业条目。要检索所有已布置的作业，该存储库类具有 get_all_assignment()，它将返回 faculty_assignments_tbl 的所有条目。

4.15.2　服务层模式

服务层模式定义了应用程序的算法、操作和流程。通常而言，它与存储库交互，为应用程序的其他组件（如 API 服务或控制器）构建必要的业务逻辑、管理和控制。一般来说，一项服务将使用一个或多个存储库类，具体取决于项目的规范。

以下代码片段就是一个服务，它将连接一个存储库以提供附加任务，例如，为学生零件盒（workbin）生成 UUID：

```
from typing import List, Dict , Any
from faculty_mgt.repository.assignments import
        AssignmentSubmissionRepository
from faculty_mgt.models.data.faculty import Assignment
from uuid import uuid4

class AssignmentSubmissionService:

    def __init__(self):
        self.repo:AssignmentSubmissionRepository =
            AssignmentSubmissionRepository()

    def create_workbin(self, stud_id:int, faculty_id:int):
        bin_id = uuid4().int
        result = self.repo.create_bin(stud_id, bin_id, faculty_id )
        return (result, bin_id)

    def add_assigment(self, bin_id:int, assignment: Assignment):
        result = self.repo.insert_submission(bin_id, assignment )
        return result

    def remove_assignment(self, bin_id:int, assignment: Assignment):
        result = self.repo.insert_submission(bin_id, assignment )
        return result
```

```
    def list_assignments(self, bin_id:int):
        return self.repo.get_submissions(bin_id)
```

可以看到，AssignmentSubmissionService 具有利用 AssignmentSubmissionRepository 事务的方法。它可以为后者提供参数并返回布尔结果以供其他组件评估。

其他服务可能看起来比这个示例更复杂，因为通常会添加算法和任务来满足层的要求。

将存储库类成功连接到服务通常发生在后者的构造函数中。存储库类就像上述示例一样被实例化。另一个很好的选择是使用依赖注入，这在第 3 章“依赖注入研究”中已经详细介绍过了。

4.15.3　使用工厂方法模式

工厂方法设计模式（factory method design pattern）始终是使用 Depends()组件来管理可注入类和函数的好方法。在第 3 章“依赖注入研究”中已经演示过，工厂方法可以作为将存储库组件注入服务的媒介，而不是直接在服务中实例化它们。该设计模式可以提供组件或层之间的松散耦合。这种方法非常适用于重用和继承一些模块和子组件的大型应用程序。

接下来，让我们看看顶级应用程序如何管理这些已挂载和独立的微服务应用程序的不同配置细节。

4.16　管理微服务的配置细节

到目前为止，本章已经提供了一些流行的设计模式和策略，可以帮助开发人员快速了解如何为 FastAPI 微服务提供最佳结构和架构。本节让我们来探索一下 FastAPI 框架如何支持存储、分配和读取配置详细信息到已挂载的微服务应用程序，例如数据库凭据、网络配置数据、应用程序服务器信息和部署详细信息。

首先，需要使用以下 pip 命令安装 python-dotenv：

```
pip install python-dotenv
```

所有这些设置对于微服务应用程序实现来说都是外部值。一般来说，不应该将它们作为可变数据硬编码到代码中，而是将它们存储在 env、properties 或 INI 文件中。但是，将这些设置分配给不同的微服务时会出现一些挑战。

支持外部化配置设计模式的框架都具有内部处理功能，可以获取环境变量或设置，而不需要额外的解析或解码技术。例如，FastAPI 框架即通过 pydantic 的 BaseSettings 类内置了对外部化设置的支持。

4.16.1　将设置存储为类属性

在我们的架构设置中，管理外部值应该是顶级应用程序要做的事情。方法之一是将外部值作为属性存储在 BaseSettings 类中。以下是 BaseSettings 类型的类及其各自的应用程序详细信息：

```
from pydantic import BaseSettings
from datetime import date

class FacultySettings(BaseSettings):
    application:str = 'Faculty Management System'
    webmaster:str = 'sjctrags@university.com'
    created:date = '2021-11-10'

class LibrarySettings(BaseSettings):
    application:str = 'Library Management System'
    webmaster:str = 'sjctrags@university.com'
    created:date = '2021-11-10'

class StudentSettings(BaseSettings):
    application:str = 'Student Management System'
    webmaster:str = 'sjctrags@university.com'
    created:date = '2021-11-10'
```

在上述示例中，FacultySettings 将被分配给教师模块，因为它包含有关该模块的一些信息。LibrarySettings 是供图书馆模块使用的，而 StudentSettings 则是供学生模块使用的。

为了获取值，首先，模块中的组件必须从主项目的/configuration/config.py 模块中导入 BaseSettings 类。然后，它需要一个可注入函数来实例化它，然后再将其注入需要使用这些值的组件中。

以下脚本是/student_mgt/student_main.py 的一部分，在其中需要检索设置：

```
from configuration.config import StudentSettings

student_app = FastAPI()
student_app.include_router(reservations.router)
student_app.include_router(admin.router)
student_app.include_router(assignments.router)
student_app.include_router(books.router)
```

```
def build_config():
    return StudentSettings()

@student_app.get('/index')
def index_student(
    config:StudentSettings = Depends(build_config)):
    return {
        'project_name': config.application,
        'webmaster': config.webmaster,
        'created': config.created
    }
```

在上述示例中，build_config()是一个可注入函数，它将 StudentSettings 实例注入学生微服务的/index 端点中。在依赖注入之后，应用程序、网站管理员和已经创建的值将可以通过 config 连接对象进行访问。这些设置将在调用/ch04/university/1 网关 URL 后立即出现在浏览器上。

4.16.2　在属性文件中存储设置

还有一种选择是将所有这些设置存储在扩展名为.env、.properties 或.ini 的物理文件中。例如，本章示例项目在/configuration 文件夹中有 erp_settings.properties 文件，它包含以下键值对格式的应用服务器详细信息：

```
production_server = prodserver100
prod_port = 9000
development_server = devserver200
dev_port = 10000
```

要获取这些详细信息，应用程序需要另一个 BaseSettings 类实现，它将键值对的键声明为属性。以下类显示了如何声明 production_server、prod_port、development_server 和 dev_port 而不需要任何赋值：

```
import os

class ServerSettings(BaseSettings):
    production_server:str
    prod_port:int
    development_server:str
    dev_port:int

    class Config:
```

```
        env_file = os.getcwd() +
            '/configuration/erp_settings.properties'
```

除了类变量声明，BaseSettings 还需要一个名为 Config 的内部类的实现，其中预定义的 env_file 将分配给属性文件的当前位置。

从文件中访问属性详细信息时涉及相同的过程。导入 ServerSettings 后，需要一个可注入函数将其实例注入需要详细信息的组件中。

以下脚本是/student_mgt/student_main.py 的更新版本，其中包括对 development_server 和 development_port 设置的访问：

```
from fastapi import FastAPI, Depends
from configuration.config import StudentSettings,
    ServerSettings

student_app = FastAPI()
student_app.include_router(reservations.router)
student_app.include_router(admin.router)
student_app.include_router(assignments.router)
student_app.include_router(books.router)

def build_config():
    return StudentSettings()

def fetch_config():
    return ServerSettings()

@student_app.get('/index')
def index_student(
    config:StudentSettings = Depends(build_config),
    fconfig:ServerSettings = Depends(fetch_config)):
    return {
        'project_name': config.application,
        'webmaster': config.webmaster,
        'created': config.created,
        'development_server' : fconfig.development_server,
        'dev_port': fconfig.dev_port
    }
```

基于此经过改进的脚本，运行/ch04/university/1 URL 会将浏览器重定向到显示属性文件的其他服务器详细信息的屏幕。

在 FastAPI 中管理配置细节很容易，因为我们将它们要么保存在类中，要么保存在文件中。不需要外部模块，也不需要特殊的编码工作来获取所有这些设置，只需创建 BaseSettings 类。这种简单的设置有助于构建灵活且适应性强的微服务应用程序，这些应用程序可以在不同的配置细节上运行。

4.17 小　结

本章从分解模式开始讨论，这对于将单体应用程序分解为粒度化的、独立的和可扩展的模块很有用。实现这些模块的 FastAPI 应用程序体现了微服务的十二要素应用（12-Factor Application）宣言中包含的一些原则，例如具有独立性、配置文件、日志系统、代码库、端口绑定、并发性和易于部署等。

除了分解，本章还演示了如何在 FastAPI 平台上挂载不同的独立子应用程序。只有 FastAPI 可以使用挂载的方式对独立的微服务进行分组，并将它们绑定到一个具有相应上下文根（context root）的端口。通过这个特性，我们创建了一个伪 API 网关模式，作为独立子应用程序的外部接口。

尽管可能存在一些缺点，本章还是强调了领域建模作为在 FastAPI 微服务中组织组件的一种选择。领域、存储库和服务层有助于根据项目规范管理信息流和任务分配。当领域层存在时，跟踪、测试和调试都很容易。

在第 5 章中，我们将专注于将微服务应用程序与关系数据库平台集成在一起。重点是建立数据库连接并利用数据模型在存储库层内实现 CRUD 事务。

第 2 篇

以数据为中心的微服务和专注于通信的微服务

本篇将探索其他 FastAPI 组件和功能，以帮助开发人员掌握该 API 框架可以构建的其他设计模式，深入了解与数据、通信、消息传递、可靠性和安全性相关的功能。本篇还将着重介绍一些外部模块，以了解其他行为和框架，例如 ORM 和反应式编程。

本篇包括以下章节:

第 5 章　连接到关系数据库

本章之前的应用程序只是使用 Python 集合来保存数据记录，而不是使用持久数据存储。每当 Uvicorn 服务器重新启动时，这样的设置会导致数据被擦除，因为这些集合仅将数据存储在易失性内存（volatile memory）中，如 RAM。从本章开始，我们会将应用程序的数据进行持久化保存以避免数据丢失，并提供一个平台来管理我们的记录，即使当服务器处于关闭模式时也是如此。

本章将重点介绍不同的对象关系映射器（object relational mapper，ORM），它们可以使用对象和关系数据库有效地管理客户的数据。对象关系映射是一种技术，其中用于创建、读取、更新和删除（create/read/update/delete，CRUD）的 SQL 语句以面向对象的编程方法实现和执行。ORM 要求将所有关系或表映射到其对应的实体或模型类，以避免与数据库平台的紧密耦合连接。这些模型类是用来连接数据库的。

除了介绍 ORM，本章还将讨论一种称为命令和查询责任分离（command and query responsibility segregation，CQRS）的设计模式，它可以帮助解决在域级别读取和写入 ORM 事务之间的冲突。与数据建模方法相比，CQRS 可以帮助最大限度地减少读取和写入 SQL 事务所花费的运行时间，从而随着时间的推移提高应用程序的整体性能。

总体而言，本章的主要目标是证明 FastAPI 框架支持所有流行的 ORM，以便为应用程序提供后端数据库访问，这可以通过使用流行的关系数据库管理系统来实现，并使用 CQRS 设计模式对 CRUD 事务进行优化。

本章包含以下主题：

- 准备数据库连接
- 使用 SQLAlchemy 创建同步 CRUD 事务
- 使用 SQLAlchemy 实现异步 CRUD 事务
- 使用 GINO 实现异步 CRUD 事务
- 将 Pony ORM 用于存储库层
- 使用 Peewee 构建存储库
- 应用 CQRS 设计模式

5.1 技 术 要 求

为本章创建的应用程序原型称为健身俱乐部管理系统（fitness club management system）；它提供了会员和健身房健身业务的管理功能。该应用程序原型具有使用 PostgreSQL 数据库作为其数据存储的管理、会员资格、课程管理和考勤模块。

此外，该应用程序还有 4 个数据库连接，它们使用不同的 ORM 变体进行配置，为应用程序提供不同的选项。

本章的原型只是一个简单的 FastAPI 应用程序，旨在帮助开发人员理解和掌握本章讨论所需的数据建模功能、数据持久化和查询构建操作。本章代码可在以下网址的 ch05a 和 ch05b 项目中找到：

https://github.com/PacktPublishing/Building-Python-Microservices-with-FastAPI

5.2 准备数据库连接

在开始讨论 FastAPI 中的数据库连接之前，不妨考虑一些与应用程序相关的问题：

- 本章以后的所有应用程序原型都将使用 PostgreSQL 作为唯一的关系数据库管理系统（relational database management system，RDBMS）。可从以下网址下载其安装程序：

  https://www.enterprisedb.com/downloads/postgres-postgresql-downloads

- 本章的健身俱乐部管理系统原型程序有一个名为 fcms 的现有数据库，它有 6 个表，分别是 signup、login、profile_members、profile_trainers、attendance_ member 和 gym_class。所有这些表，以及它们的元数据和关系，都可以在图 5.1 中看到。项目文件夹中包含一个名为 fcms_postgres.sql 的脚本，可用于安装所有这些模式。

现在假定你已经安装了最新版本的 PostgreSQL 并运行了 fcms 脚本文件，接下来，让我们了解一下 SQLAlchemy，它是 Python 领域中使用最广泛的 ORM 库。

注意：

本章将对比不同的 Python ORM 的特性。由于这种实验性的做法，本章的每个项目将有多种数据库连接，这与每个项目只有一个数据库连接的惯例相悖。

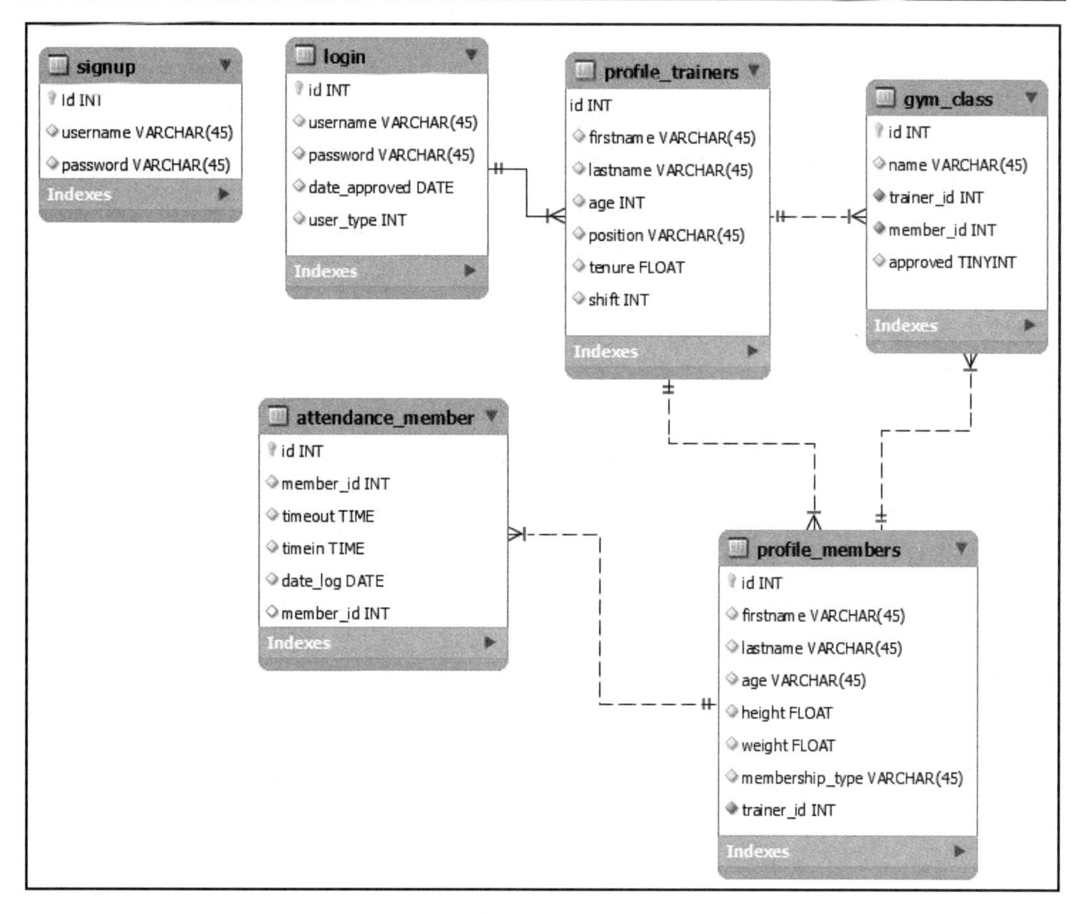

图 5.1　fcms 表

5.3　使用 SQLAlchemy 创建同步 CRUD 事务

SQLAlchemy 是目前最流行的 ORM 库，可以在任何基于 Python 的应用程序和数据库平台之间建立通信。它是可靠的，因为它仍在不断更新和测试，以通过其 SQL 读取和写入来实现高效、高性能和准确的操作。

这个 ORM 是一个样板接口，旨在创建一个与数据库无关的数据层，可以连接任何数据库引擎。与其他 ORM 相比，SQLAlchemy 对数据库管理员（database administrator，DBA）更友好，因为它可以生成优化的原生 SQL 语句。在制定查询时，它只需要 Python 函数和表达式即可执行 CRUD 操作。

在开始使用 SQLAlchemy 之前，可以使用以下命令检查系统中是否安装了该模块：

```
pip list
```

如果 SQLAlchemy 不在列表中，则可使用以下 pip 命令安装它：

```
pip install SQLAlchemy
```

本章开发的健身俱乐部管理系统应用程序使用的版本是 1.4。

5.3.1　安装数据库驱动程序

如果没有所需的数据库驱动程序，SQLAlchemy 将无法工作。由于我们选择的数据库是 PostgreSQL，因此必须安装 psycopg2 方言：

```
pip install psycopg2
```

psycopg2 是一个符合 DB API 2.0 规范的 PostgreSQL 驱动程序，它将连接池并且可以与多线程 FastAPI 应用程序一起使用。这个包装器或方言对于为我们的示例应用程序构建同步 CRUD 事务也是必不可少的。

安装完成后，可以查看 SQLAlchemy 的数据库配置详细信息。所有与 SQLAlchemy 相关的代码都可以在 ch05a 项目中找到。

5.3.2　设置数据库连接

要连接任何数据库，SQLAlchemy 需要一个引擎来管理连接池和已安装的方言。sqlalchemy 模块中的 create_engine()函数是引擎对象的来源。但要成功派生它，则 create_engine()需要配置数据库 URL 字符串。此 URL 字符串包含数据库名称、数据库 API 驱动程序、账户凭据、数据库服务器的 IP 地址及其端口。以下脚本展示了如何创建将在健身俱乐部管理系统原型中使用的数据库引擎：

```
from sqlalchemy import create_engine

DB_URL =
    "postgresql://postgres:admin2255@localhost:5433/fcms"

engine = create_engine(DB_URL)
```

engine 是一个全局对象，在整个应用程序中只能创建一次。它的第一个数据库连接发生在应用程序的第一个 SQL 事务之后，因为它遵循惰性初始化（lazy initialization）设计模式。

此外，上述脚本中的引擎对于创建 ORM 会话至关重要，SQLAlchemy 将使用该会话来执行 CRUD 事务。

5.3.3　初始化会话工厂

SQLAlchemy 中的所有 CRUD 事务都是由会话（session）驱动的。每个会话管理一组数据库“写入”和“读取”，并检查是否执行它们。例如，它维护一组插入、更新和删除的对象，检查这些更改是否有效，然后与 SQLAlchemy 核心协调，如果所有事务都已验证，则对数据库进行更改。它遵循工作单元（unit of work）设计模式的行为。SQLAlchemy 依赖会话来实现数据的一致性和完整性。

但是在创建会话之前，数据层需要一个绑定到派生引擎的会话工厂。ORM 有一个来自 sqlalchemy.orm 模块的 sessionmaker()指令，它需要 engine 对象。

以下脚本显示了如何调用 sessionmaker()：

```
from sqlalchemy.orm import sessionmaker

engine = create_engine(DB_URL)
SessionFactory = sessionmaker(autocommit=False,
                    autoflush=False, bind=engine)
```

除了引擎绑定，我们还需要将该会话的 autocommit 属性设置为 False 以强制执行 commit()和 rollback()事务。该应用程序应该负责刷新（flush）对数据库的所有更改，因此还需要将其 autoflush 功能设置为 False。

应用程序可以通过 SessionFactory()调用创建多个会话，但建议每个 APIRouter 只有一个会话。

5.3.4　定义 Base 类

接下来，我们需要设置 Base 类，这对于将模型类映射到数据库表至关重要。尽管 SQLAlchemy 可以在运行时创建表，但我们的选择是为原型使用现有的模式定义。现在，这个 Base 类必须是模型类的子类，这样一旦服务器启动，就会发生从该类到表的映射。

以下脚本显示了该组件的设置，它非常简单：

```
from sqlalchemy.ext.declarative import declarative_base

Base = declarative_base()
```

调用 declarative_base()函数是创建 Base 类最简单的方法，而不是创建 registry()去调用 generate_base()，虽然它也可以为我们提供 Base 类。

请注意，所有这些配置都是原型的/db_config/sqlalchemy_connect.py 模块的一部分。它们被捆绑到一个模块中，因为它们对于构建 SQLAlchemy 存储库至关重要。但在实现 CRUD 事务之前，还需要使用 Base 类创建模型层。

5.3.5 构建模型层

SQLAlchemy 的模型类已经全部放在了健身俱乐部项目文件夹的/models/data/sqlalchemy_models.py 文件中。如果说 BaseModel 对于 API 请求模型很重要，那么同样也可以说 Base 类对于构建数据层至关重要。它将从配置文件中导入以定义 SQLAlchemy 实体或模型。

以下代码来自模块脚本，它显示了如何在 SQLAlchemy ORM 中创建模型类定义：

```
from sqlalchemy import Time, Boolean, Column, Integer,
    String, Float, Date, ForeignKey
from sqlalchemy.orm import relationship
from db_config.sqlalchemy_connect import Base

class Signup(Base):
    __tablename__ = "signup"

    id = Column(Integer, primary_key=True, index=True)
    username = Column('username', String, unique=False, index=False)
    password = Column('password' ,String, unique=False, index=False)
```

在上述代码中，Signup 类是 SQLAlchemy 模型的示例，因为它继承了 Base 类的属性。它是一个映射类，因为它的所有属性都是其物理表模式对应项的列元数据的反映。该模型的 primary_key 属性设置为 True，因为 SQLAlchemy 建议每个表模式至少有一个主键。其余的 Column 对象映射到非主键但可以是唯一（unique）或索引（index）的列元数据。每个模型类都继承__tablename__属性，该属性设置映射表的名称。

最重要的是，我们需要确保类属性的数据类型与表模式中对应的列的列类型相匹配。列属性必须与对应的列同名。否则，我们需要在 Column 类的第一个参数中指定实际的列名称，在上述示例中，Signup 的 username 和 password 列就是这样做的。但大多数时候，我们必须始终确保它们相同以避免混淆。

5.3.6 映射表关系

SQLAlchemy 强烈支持不同类型的父子或关联表关系。关系中涉及的模型类需要来自 sqlalchemy.orm 模块的 relationship()指令，用于在模型类之间建立一对多或一对一的关系。该指令使用表模式定义中指示的一些外键来创建从父类到子类的引用。

子模型类在其外键列对象中使用 ForeignKey 构造将模型类链接到其父类的引用键列对象。该指令指示此列中的值应在父表引用列中存储的值的范围内。ForeignKey 指令适用于主键和非主键 Column 对象。

以下模型类在我们的数据库模式中定义了一个示例列关系：

```
class Login(Base):
    __tablename__ = "login"

    id = Column(Integer, primary_key=True, index=True)
    username = Column(String, unique=False, index=False)
    password = Column(String, unique=False, index=False)
    date_approved = Column(Date, unique=False, index=False)
    user_type = Column(Integer, unique=False, index=False)

    trainers = relationship('Profile_Trainers',
        back_populates="login", uselist=False)
    members = relationship('Profile_Members',
        back_populates="login", uselist=False)
```

此 Login 模型根据其配置链接到两个子模型 Profile_Trainers 和 Profile_Members。两个子模型的 id 列对象中都有 ForeignKey 指令，如以下模型定义所示：

```
class Profile_Trainers(Base):
    __tablename__ = "profile_trainers"
    id = Column(Integer, ForeignKey('login.id'),
        primary_key=True, index=True, )
    firstname = Column(String, unique=False, index=False)
    … … … … …
    … … … … …
    login = relationship('Login', back_populates="trainers")
    gclass = relationship('Gym_Class', back_populates="trainers")

class Profile_Members(Base):
    __tablename__ = "profile_members"
    id = Column(Integer, ForeignKey('login.id'),
```

```
        primary_key=True, index=True)
    firstname = Column(String, unique=False, index=False)
    lastname = Column(String, unique=False, index=False)
    age = Column(Integer, unique=False, index=False)
    … … … … …
    … … … … …
    trainer_id = Column(Integer,
        ForeignKey('profile_trainers.id'), unique=False,
        index=False)

    login = relationship('Login', back_populates="members")
    attendance = relationship('Attendance_Member',
        back_populates="members")
    gclass = relationship('Gym_Class',
        back_populates="members")
```

relationship()指令是创建表关系的唯一指令。我们需要指定它的一些参数，例如子模型类的名称和反向引用规范。back_populates 参数是指相关模型类的互补属性名称。这表示在连接查询事务期间需要使用某种关系加载技术来获取的行。backref 参数也可以用来代替 back_populates。

另外，relationship()可以返回 List 或标量对象，具体取决于关系类型。如果是一对一类型，父类应该将 useList 参数设置为 False，表示它会返回一个标量值。否则，它将从子表中选择记录列表。

上述示例的 Login 类定义显示 Profile_Trainers 和 Profile_Members 与 Login 保持一对一的关系，因为 Login 将其 uselist 设置为 False。

另外，Profile_Members 和 Attendance_Member 之间的模型关系则是一对多的类型，因为 uselist 默认设置为 True，如以下定义所示：

```
class Attendance_Member(Base):
    __tablename__ = "attendance_member"
    id = Column(Integer, primary_key=True, index=True)
    member_id = Column(Integer,
        ForeignKey('profile_members.id'), unique=False,
        index=False)
    timeout = Column(Time, unique=False, index=False)
    timein = Column(Time, unique=False, index=False)
    date_log = Column(Date, unique=False, index=False)

    members = relationship('Profile_Members',
        back_populates="attendance")
```

在设置模型关系时，还必须考虑这些相关模型类在连接查询事务期间将使用的关系加载类型。可以在 relationship()的 lazy 参数中指定这个细节，默认指定为 select。这是因为 SQLAlchemy 在检索连接查询时默认使用延迟加载技术。但是，你也可以将其修改为使用其他加载技术，具体包括：

- joined：指定方式为 lazy="joined"。
- subquery：指定方式为：lazy="subquery"。
- select in：指定方式为：lazy="selectin"。
- raise：指定方式为：lazy="raise"。
- no：指定方式为 lazy= "no"。

在上述选项中，joined 方法更适合 INNER JOIN（内连接）事务。

5.3.7　实现存储库层

在 SQLAlchemy ORM 中，创建存储库层需要模型类和 Session 对象。Session 对象派生自 SessionFactory()指令，可以建立与数据库的所有通信，并在 commit()或 rollback()事务之前管理所有模型对象。当涉及查询时，Session 实体会将记录的结果集存储在称为身份映射（identity map）的数据结构中，该结构使用主键维护每个数据记录的唯一身份。

所有存储库事务都是无状态的（stateless），这意味着当数据库发出 commit()或 rollback()操作时，在加载用于插入、更新和删除事务的模型对象后，会话会自动关闭。

可以从 sqlalchemy.orm 模块中导入 Session 类。

5.3.8　建立 CRUD 事务

现在可以开始构建健身俱乐部应用程序的存储库层，因为我们已经满足了构建 CRUD 事务的要求。下面的 SignupRepository 类是向我们展示如何在 signup 表中插入、更新、删除和检索记录的蓝图：

```
from typing import Dict, List, Any
from sqlalchemy.orm import Session
from models.data.sqlalchemy_models import Signup
from sqlalchemy import desc

class SignupRepository:

    def __init__(self, sess:Session):
        self.sess:Session = sess
```

```
    def insert_signup(self, signup: Signup) -> bool:
        try:
            self.sess.add(signup)
            self.sess.commit()
        except:
            return False
        return True
```

到目前为止，insert_signup()是使用 SQLAlchemy 将记录持久保存到 signup 表的最准确方法。Session 有一个 add()方法，我们可以调用它来将所有记录对象添加到表中，还有一个 commit()事务，可以最终将所有新记录刷新到数据库中。

虽然有时会使用 Session 的 flush()方法代替 commit()来插入记录并关闭 Session，但大多数开发者经常使用的仍然是 commit()。

请注意，signup 表包含所有想要访问系统的健身房会员和健身教练（trainer）。

以下脚本可实现更新记录事务：

```
def update_signup(self, id:int,
        details:Dict[str, Any]) -> bool:
    try:
        self.sess.query(Signup).
            filter(Signup.id == id).update(details)
        self.sess.commit()
    except:
        return False
    return True
```

update_signup()为更新 SQLAlchemy 中的记录提供了一种简短直接且稳定可靠的解决方案。另一种可能的解决方案是通过 self.sess.query(Signup).filter(Signup.id == id).first()来查询记录，将检索到的对象的属性值替换为 details 字典中的新值，然后调用 commit()。这种方式也是可以接受的，但是它需要 3 个步骤，而在上述示例中，在 filter()之后调用 update()方法只需要一个步骤即可。

以下脚本是删除记录事务的实现：

```
def delete_signup(self, id:int) -> bool:
    try:
        signup = self.sess.query(Signup).
            filter(Signup.id == id).delete()
        self.sess.commit()
    except:
```

```
        return False
    return True
```

在上述代码中可以看到，delete_signup()遵循了 update_signup()的策略，在调用 delete()之前先使用 filter()。同样，其另一种实现方式是使用 sess.query()来检索对象，并将检索到的对象作为参数传递给 Session 对象的 delete(obj)，这是一个不同的函数。永远记得要调用 commit()来刷新更改。

以下脚本显示了如何实现查询事务：

```
def get_all_signup(self):
    return self.sess.query(Signup).all()

def get_all_signup_where(self, username:str):
    return self.sess.
        query(Signup.username, Signup.password).
        filter(Signup.username == username).all()

def get_all_signup_sorted_desc(self):
    return self.sess.
        query(Signup.username,Signup.password).
        order_by(desc(Signup.username)).all()

def get_signup(self, id:int):
    return self.sess.query(Signup).
        filter(Signup.id == id).one_or_none()
```

此外，SignupRepository 还可以突出显示以多种形式检索的多个和单个记录。Session 对象有一个 query()方法，它需要模型类或模型列名称作为参数。该函数参数使用列投影（column projection）来执行记录检索。例如，给定 get_all_signup()可以选择所有注册记录，所有列都投影在结果中。如果只想包含 username 和 password，则可以将查询编写为 sess.query(Signup.username, Signup.password)，就像在给定的 get_all_signup_where()中一样。

这个 query()方法还展示了如何使用 filter()方法和适当的条件表达式来管理约束。过滤总是在列投影之后进行。

另外，Session 对象有一个 order_by()方法，该方法将列名作为参数。在提取结果之前，它在一系列查询事务中最后执行。给定的示例 get_all_signup_sorted_desc()可以按 username 对所有 Signup 对象进行降序排序。

query()构建器的最后一部分将返回事务的结果，无论是记录列表还是单个记录。使用 all()函数结束查询语句时将返回多条记录，而如果结果是单行，则可以应用 first()、scalar()、one()或 one_or_none()。

在 get_signup()中，one_or_none()用于在没有返回记录时引发异常。

对于 SQLAlchemy 的查询事务，所有这些函数都可以关闭 Session 对象。

SQLAlchemy 的存储库类位于 ch05a 文件夹的/repository/sqlalchemy/signup.py 模块脚本文件中。

5.3.9 创建连接查询

对于 FastAPI 支持的所有 ORM，只有 SQLAlchemy 从实用性和功能性出发实现了连接查询，就像我们之前实现 CRUD 事务的方式一样。除了 join()，我们之前其实已经使用了创建连接所需的几乎所有方法。

让我们来看一下 LoginMemberRepository，它显示了如何在 SQLAlchemy 中创建一个连接查询语句，其中的模型类具有一对一的关系：

```
class LoginMemberRepository():
    def __init__(self, sess:Session):
        self.sess:Session = sess

    def join_login_members(self):
        return self.sess.
            query(Login, Profile_Members).
                filter(Login.id == Profile_Members.id).all()
```

join_login_members()显示了创建连接查询的传统方式。此解决方案需要将父类和子类作为查询参数传递，并通过 filter()方法覆盖 ON 条件。在 query()构建器中，父模型类必须在列投影中位于子类之前，以提取首选结果。

另一种方法是使用 select_from()函数而不是使用 query()来区分父类和子类。这种方法更适合一对一的关系。

MemberAttendanceRepository 展示了 Profile_Members 和 Attendance_Member 模型类之间的一对多关系：

```
class MemberAttendanceRepository():
    def __init__(self, sess:Session):
        self.sess:Session = sess

    def join_member_attendance(self):
        return self.sess.
```

```
            query(Profile_Members, Attendance_Member).
            join(Attendance_Member).all()

    def outer_join_member(self):
        return self.sess.
            query(Profile_Members, Attendance_Member).
            outerjoin(Attendance_Member).all()
```

在上述代码中，join_member_attendance()显示了 join()方法在 Profile_Members 和 Attendance_Member 之间构建 INNER JOIN（内连接）查询时的用法。这里不再需要 filter()来构建 ON 条件，因为 join()会自动检测和识别 relationship()参数和一开始定义的 ForeignKey 构造。但是，如果有其他额外的约束，则仍然可以调用 filter()，但只能在 join()方法之后。

oute_join_member()存储库方法实现了来自一对多关系的 OUTER JOIN（外连接）查询。outerjoin()方法将提取映射到对应的 Attendance_Member 的所有 Profile_Members 记录，如果没有则返回 null。

5.3.10　运行事务

现在让我们将这些存储库事务应用到示例应用程序的与管理相关的 API 服务。我们将利用 ORM 的事务并使用 PostgreSQL 来管理数据，而不是使用集合来存储所有记录。

需要导入存储库所需的基本组件，如 SessionFactory、存储库类和 Signup 模型类。Session 等 API 和其他 typing API 只能作为类型提示实现的一部分。

以下脚本显示了管理员 API 服务的一部分，突出显示了用于新访问注册的插入和检索服务：

```
from fastapi import APIRouter, Depends
from fastapi.responses import JSONResponse

from sqlalchemy.orm import Session
from db_config.sqlalchemy_connect import SessionFactory
from repository.sqlalchemy.signup import SignupRepository,
    LoginMemberRepository, MemberAttendanceRepository
from typing import List

router = APIRouter()

def sess_db():
    db = SessionFactory()
```

```
    try:
        yield db
    finally:
        db.close()
```

需要通过 sessionmaker()派生的 SessionFactory()来创建 Session 实例，因为该存储库层依赖于会话。在我们的应用程序中，sess_db()自定义生成器可用于打开和销毁 Session 实例。它将被注入 API 服务方法中，以告诉 Session 实例继续实例化 SignupRepository:

```
@router.post("/signup/add")
def add_signup(req: SignupReq, sess:Session = Depends(sess_db)):
    repo:SignupRepository = SignupRepository(sess)
    signup = Signup(password= req.password,
                    username=req.username,id=req.id)
    result = repo.insert_signup(signup)
    if result == True:
        return signup
    else:
        return JSONResponse(content={'message':'create
            signup problem encountered'},
            status_code=500)
```

在实例化后，存储库可以通过 insert_signup()提供记录插入，以插入 Signup 记录。它的另一个方法是 get_all_signup()，将检索所有登录账户以供批准：

```
@router.get("/signup/list", response_model=List[SignupReq])
def list_signup(sess:Session = Depends(sess_db)):
    repo:SignupRepository = SignupRepository(sess)
    result = repo.get_all_signup()
    return result

@router.get("/signup/list/{id}", response_model=SignupReq)
def get_signup(id:int, sess:Session = Depends(create_db)):
    repo:SignupRepository = SignupRepository(sess)
    result = repo.get_signup(id)
    return result
```

可以看到，get_signup()和 list_signup()服务都有一个 SignupReq 类型的 response_model，它决定了这些 API 的预期输出。

但是你可能已经注意到，get_signup()返回的是 Signup 对象，而 list_signup()返回的则是 Signup 记录的列表。这怎么可能？如果 response_model 用于捕获 SQLAlchemy 查询事务的查询结果，则 BaseModel 类或请求模型必须包含一个嵌套的 Config 类，其 orm_mode

设置为 True。在过滤所有记录对象并将其存储在请求模型中之前，此内置配置将启用存储库使用的 SQLAlchemy 模型类型的 BaseModel 类型映射和验证。有关 response_model 参数的更多信息，请参阅第 1 章“设置 FastAPI”。

我们的示例应用程序的查询服务使用的 SignupReq 定义如下：

```
from pydantic import BaseModel

class SignupReq(BaseModel):
    id : int
    username: str
    password: str

    class Config:
        orm_mode = True
```

上述脚本显示了如何使用等号（=）而不是典型的冒号（:）来启用 orm_mode，这意味着 orm_mode 是配置的详细信息，而不是类属性的一部分。

总体而言，将 SQLAlchemy 用于存储库层是系统性和程序性的。很容易将模型类与模式定义进行映射和同步。通过模型类建立关系既方便又可预测。尽管涉及很多 API 和指令，但它仍然是领域建模和存储库构建最广泛支持的库。它的说明文档完整且信息丰富，足以指导开发人员了解不同的 API 类和方法，其网址如下：

https://docs.sqlalchemy.org/en/14/

SQLAlchemy 广受欢迎的另一个功能是它能够在应用程序级别生成表模式（schema）。因此，接下来就让我们看看如何创建表。

5.3.11　创建表

一般来说，SQLAlchemy 将使用数据库管理员已经生成的表模式。在这个项目中，ORM 设置从设计域模型类开始，然后将它们映射到实际表。但是 SQLAlchemy 也可以在运行时为 FastAPI 平台自动创建表模式，这在项目的测试或原型设计阶段可能会有所帮助。

sqlalchemy 模块有一个 Table()指令，可以使用在映射中使用的 Column()方法创建具有基本列元数据的表对象。以下脚本就是一个示例，显示了 ORM 如何在应用程序级别创建 signup 表：

```
from sqlalchemy import Table, Column, Integer, String, MetaData
from db_config.sqlalchemy_connect import engine
```

```
meta = MetaData()

signup = Table(
    'signup', meta,
    Column('id', Integer, primary_key = True, nullable=False),
    Column('username', String, unique = False, nullable = False),
    Column('password', String, unique = False, nullable = False),
)
meta.create_all(bind=engine)
```

该模式定义的一部分是 MetaData()，一个包含生成表的必要方法的注册表。当所有模式定义都被签署后，MetaData()实例的 create_all()方法将与引擎一起执行以创建表。这个过程听起来很简单，但我们很少在生产阶段的项目中使用 SQLAlchemy 的这种数据定义语言（data definition language，DDL）功能。

接下来，让我们看看如何使用 SQLAlchemy 为异步 API 服务创建异步 CRUD 事务。

5.4　使用 SQLAlchemy 实现异步 CRUD 事务

从 1.4 版开始，SQLAlchemy 支持异步 I/O（AsyncIO）功能，从而支持异步连接、会话、事务和数据库驱动程序。异步实现创建存储库的大部分过程与同步设置的过程相同。唯一的区别是 CRUD 命令对异步 Session 对象的非直接访问。本章示例中的 ch05b 项目即展示了 SQLAlchemy 的异步方面的实现。

5.4.1　安装兼容 asyncio 的数据库驱动程序

在开始设置数据库配置之前，需要安装以下兼容 asyncio 的驱动程序：aiopg 和 asyncpg。首先需要安装 aiopg，这是一个帮助异步访问 PostgreSQL 的库：

```
pip install aiopg
```

接下来，还必须安装 asyncpg，它可以通过 Python 的 AsyncIO 框架来帮助构建 PostgreSQL 异步事务：

```
pip install asyncpg
```

此驱动程序是一个非数据库 API 兼容驱动程序，因为它运行在 AsyncIO 环境之上，而不是用于同步数据库事务的数据库 API 规范。

5.4.2　设置数据库的连接

安装必要的驱动程序后，即可通过应用程序的 create_async_engine()方法派生数据库引擎，该方法创建了 SQLAlchemy Engine 的异步版本，称为 AsyncEngine。

该方法有一些参数需要设置，如 future，当设置为 True 时，可以在 CRUD 事务期间启用各种异步功能。此外，它还有一个 echo 参数，可以在运行时提供服务器日志中生成的 SQL 查询。但最重要的还是数据库 URL，现在该 URL 反映了通过调用 asyncpg 协议来异步访问数据库这一变化。

以下是异步连接 PostgreSQL 数据库的完整脚本：

```
from sqlalchemy.ext.asyncio import create_async_engine

DB_URL =
    "postgresql+asyncpg://postgres:admin2255@
        localhost:5433/fcms"

engine = create_async_engine(DB_URL, future=True, echo=True)
```

上述 DB_URL 中附加的"+asyncpg"细节表明 psycopg2 将不再是 PostgreSQL 的核心数据库驱动程序；相反，将使用 asyncpg。此细节使得 AsyncEngine 能够利用 asyncpg 建立与数据库的连接。省略此细节将指示引擎识别 psycopg2 数据库 API 驱动程序，这将导致 CRUD 事务期间出现问题。

5.4.3　创建会话工厂

与在同步版本中一样，sessionmaker()指令可用于创建会话工厂，并设置了一些新参数以启用 AsyncSession。首先，它的 expire_on_commit 参数被设置为 False 以使模型实例及其属性值在事务期间可访问，即使在调用 commit()之后也是如此。

与同步环境不同，所有实体类及其列对象仍然可以被其他进程访问，即使在事务提交之后也是如此。

然后，它的 class_参数带有类名 AsyncSession，该实体将控制 CRUD 事务。当然，sessionmaker()仍然需要 AsyncConnection 引擎及其底层异步上下文管理器。

以下脚本显示了如何使用 sessionmaker()指令派生会话工厂：

```
from sqlalchemy.ext.asyncio import AsyncSession
from sqlalchemy.orm import sessionmaker
```

```
engine = create_async_engine(DB_URL, future=True, echo=True)
AsynSessionFactory = sessionmaker(engine,
        expire_on_commit=False, class_=AsyncSession)
```

有关异步 SQLAlchemy 数据库连接的完整配置可以在/db_config/sqlalchemy_async_connect.py 模块脚本文件中找到。

接下来要做的是创建 Base 类和模型层。

5.4.4 创建 Base 类和模型层

使用 declarative_base()创建 Base 类以及使用 Base 创建模型类与我们在同步版本中所做的操作相同。为异步存储库事务构建数据层不需要额外的参数。

5.4.5 构建存储库层

实现异步 CRUD 事务与实现同步事务完全不同。ORM 支持使用 AsyncConnection API 的 execute()方法来运行一些内置的 ORM 核心方法，即 update()、delete()和 insert()。

在查询事务方面，可以使用sqlalchemy.future模块中的新select()指令代替核心 select()方法。并且由于 execute()是一个异步方法，因此要求所有存储库事务也是异步的，以应用 Async/Await 设计模式。

以下 AttendanceRepository 使用了 SQLAlchemy 的异步类型：

```
from typing import List, Dict, Any
from sqlalchemy import update, delete, insert
from sqlalchemy.future import select
from sqlalchemy.orm import Session
from models.data.sqlalchemy_async_models import Attendance_Member

class AttendanceRepository:

    def __init__(self, sess:Session):
        self.sess:Session = sess

    async def insert_attendance(self, attendance:
            Attendance_Member) -> bool:
        try:
            sql = insert(Attendance_Member).
                  values(id=attendance.id,
```

```
                    member_id=attendance.member_id,
                    timein=attendance.timein,
                    timeout=attendance.timeout,
                    date_log=attendance.date_log)
            sql.execution_options(
                    synchronize_session="fetch")
            await self.sess.execute(sql)
        except:
            return False
        return True
```

上述脚本中给定的异步 insert_attendance()方法显示了 insert()指令在为健身房会员创建考勤（attendance）日志时的用法。

首先，需要将模型类名称传递给 insert()以让会话知道该事务要访问哪个表。

之后，它发出 values()方法来投影所有列值以进行插入。

最后，需要调用 execute()方法来运行最终 insert()语句并自动提交更改，因为我们在配置期间并没有关闭 sessionmaker()的 autocommit 参数。

不要忘记在运行异步方法之前调用 await，因为这次一切都运行在 AsyncIO 平台之上。

此外，你还可以选择在运行 execute()之前添加一些额外的执行细节。其中一个选项是 synchronize_session，它告诉会话始终使用 fetch 方法来同步模型属性值和数据库中的更新值。

update_attendance()和 delete_attendance()方法的应用过程几乎相同。我们可以通过 execute()运行它们，如下所示：

```
async def update_attendance(self, id:int, details:Dict[str, Any]) -> bool:
    try:
        sql = update(Attendance_Member).where(
            Attendance_Member.id == id).values(**details)
        sql.execution_options(
            synchronize_session="fetch")
        await self.sess.execute(sql)

    except:
        return False
    return True

async def delete_attendance(self, id:int) -> bool:
    try:
        sql = delete(Attendance_Member).where(
```

```
            Attendance_Member.id == id)
        sql.execution_options(
            synchronize_session="fetch")
        await self.sess.execute(sql)
    except:
        return False
    return True
```

在查询方面，该存储库类包含 get_all_attendance()，它将检索所有考勤记录；另外还有 get_attendance()，它可以通过 id 检索特定会员的出勤日志。

构造 select()方法是一项简单而实用的任务，因为它类似于在 SQL 开发中编写原生 SELECT 语句。

首先，该方法需要知道要投影哪些列，它会满足一些约束条件（如果有的话）。

然后，它需要 execute()方法来异步运行查询并提取 Query 对象。生成的 Query 对象有一个 scalars()方法，可以调用它来检索记录列表。

最后，不要忘记通过调用 all()方法来关闭会话。

另外，check_attendance()可以使用 Query 对象的 scalar()方法来检索一条记录，即某个会员的特定出勤日志。除了记录检索，scalar()还将关闭会话：

```
async def get_all_attendance(self):
    q = await self.sess.execute(
        select(Attendance_Member))
    return q.scalars().all()

async def get_attendance(self, id:int):
    q = await self.sess.execute(
        select(Attendance_Member).
            where(Attendance_Member.member_id == id))
    return q.scalars().all()

async def check_attendance(self, id:int):
    q = await self.sess.execute(
        select(Attendance_Member).
            where(Attendance_Member.id == id))
    return q.scalar()
```

有关异步 SQLAlchemy 的存储库类可以在/repository/sqlalchemy/attendance.py 模块脚本文件中找到。

接下来，让我们应用这些异步事务来为健身房应用程序提供一些考勤监控服务。

注意：

update_attendance()中的**运算符是一个 Python 运算符重载，可以将字典转换成 kwargs。因此，**details 的结果是 select()指令的 values()方法的一个 kwargs 参数。

5.4.6　运行 CRUD 事务

在创建 Session 实例时，AsyncIO 驱动的 SQLAlchemy 和数据库 API 兼容选项之间有两个很大的区别：

- 由 AsyncSessionFactory()指令创建的 AsyncSession 需要异步 with 上下文管理器，因为连接的 AsyncEngine 需要在每个 commit()事务后关闭。但是在同步 ORM 版本中，并没有关闭会话工厂这个过程。
- 在创建之后，AsyncSession 只会在服务调用其 begin()方法时开始执行所有 CRUD 事务。主要原因是 AsyncSession 可以关闭，并且需要在事务执行后关闭。这就是要使用另一个异步上下文管理器来管理 AsyncSession 的原因。

以下代码显示了 APIRouter 脚本，该脚本使用异步 AttendanceRepository 实现了用于监控健身房会员出勤的服务：

```
from fastapi import APIRouter
from db_config.sqlalchemy_async_connect import AsynSessionFactory
from repository.sqlalchemy.attendance import AttendanceRepository
from models.requests.attendance import AttendanceMemberReq
from models.data.sqlalchemy_async_models import Attendance_Member

router = APIRouter()

@router.post("/attendance/add")
async def add_attendance(req:AttendanceMemberReq):
    async with AsynSessionFactory() as sess:
        async with sess.begin():
            repo = AttendanceRepository(sess)
            attendance = Attendance_Member(id=req.id,
                member_id=req.member_id,
                timein=req.timein, timeout=req.timeout,
                date_log=req.date_log)
            return await repo.insert_attendance(attendance)

@router.patch("/attendance/update")
async def update_attendance(id:int, req:AttendanceMemberReq):
```

```
    async with AsynSessionFactory() as sess:
        async with sess.begin():
            repo = AttendanceRepository(sess)
            attendance_dict = req.dict(exclude_unset=True)
            return await repo.update_attendance(id, attendance_dict)

@router.delete("/attendance/delete/{id}")
async def delete_attendance(id:int):
    async with AsynSessionFactory() as sess:
        async with sess.begin():
            repo = AttendanceRepository(sess)
            return await repo.delete_attencance(id)

@router.get("/attendance/list")
async def list_attendance():
    async with AsynSessionFactory() as sess:
        async with sess.begin():
            repo = AttendanceRepository(sess)
            return await repo.get_all_attendance()
```

上述脚本显示在存储库类和 AsyncSession 实例之间没有直接的参数传递。该会话必须符合两个上下文管理器的要求才能成为正常工作的会话。此语法在 SQLAlchemy 1.4 下有效，未来可能会随着 SQLAlchemy 的版本更新而发生一些变化。

对于异步事务，还出现了其他一些 ORM 平台，它们更易于使用。其中之一便是 GINO。

5.5 使用 GINO 实现异步 CRUD 事务

GINO 这个名称代表的是 GINO is not ORM（GINO 不是 ORM），它是一个轻量级的异步 ORM，运行在 SQLAlchemy Core 和 AsyncIO 环境之上。它的所有 API 都为异步做好了准备，因此你可以构建上下文数据库连接和事务。它具有内置的 JSONB 支持，因此可以将其结果转换为 JSON 对象。唯有一个问题：GINO 只支持 PostgreSQL 数据库。

在创建健身房健身项目时，唯一可用的稳定 GINO 版本是 1.0.1，它需要 SQLAlchemy 1.3。因此，安装 GINO 会自动卸载 SQLAlchemy 1.4。出于这个原因，你可以将 GINO 存储库添加到 ch05a 项目中，以避免与 SQLAlchemy 的异步版本发生冲突。

可使用以下命令安装最新版本的 GINO：

```
pip install gino
```

5.5.1　安装数据库驱动程序

由于 GINO 支持的唯一关系数据库管理系统（RDBMS）是 PostgreSQL，因此只需要使用 pip 命令安装 asyncpg 即可。

5.5.2　建立数据库连接

除了 Gino 指令，不需要其他 API 来打开与数据库的连接。我们需要实例化类以开始构建领域层。Gino 类可以从 ORM 的 gino 模块中导入，如以下脚本所示：

```
from gino import Gino
db = Gino()
```

Gino 的实例就像控制所有数据库事务的接口。一旦提供了正确的 PostgreSQL 管理员凭据，它将首先建立一个数据库连接。有关 GINO 数据库连接的完整脚本可以在 /db_config/gino_connect.py 脚本文件中找到。

接下来，让我们看看如何构建模型层。

5.5.3　构建模型层

GINO 中的模型类定义在结构化、列元数据甚至__tablename__属性的存在方面与 SQLAlchemy 有相似之处。唯一的区别是超类（superclass）类型，因为 GINO 将使用数据库引用实例的 db 中的 Model 类。

以下脚本显示了 Signup 域模型如何映射到 signup 表：

```
from db_config.gino_connect import db

class Signup(db.Model):
    __tablename__ = "signup"
    id = db.Column(db.Integer, primary_key=True, index=True)
    username = db.Column('username',db.String,
                unique=False, index=False)
    password = db.Column('password',db.String,
                unique=False, index=False)
```

就像在 SQLAlchemy 中一样，__tablename__属性对于所有模型类都是必需的，以指示其映射表模式。

在定义列元数据时，db 对象有一个 Column 指令，可以设置如列类型、主键、唯一性、默认值、可为空和索引等属性。列类型也来自 db 引用对象，这些类型（即 String、Integer、Date、Time、Unicode 和 Float）对于 SQLAlchemy 也是相同的。

如果模型属性的名称与列名称不匹配，则 Column 指令的第一个参数会注册实际列的名称并将其映射到模型属性。username 和 password 列就是将类属性映射到表的列名称的示例。

5.5.4 映射表关系

在本书中，GINO 默认仅支持多对一关系。db 引用对象有一个 ForeignKey 指令，它将与父模型建立外键关系。它只需要父表的实际引用键列和表名来进行映射。在子模型类的 Column 对象中设置 ForeignKey 属性足以配置执行 LEFT OUTER JOIN（左外连接）以检索父模型类的所有子记录。

GINO 没有 relationship()函数来处理有关如何获取父模型类的子记录的更多详细信息。但是，它有内置的加载器来自动确定外键并在之后执行多对一连接查询。

此连接查询的完美设置是 Profile_Trainers 和 Gym_Class 模型类之间的关系配置，如以下脚本所示：

```
class Profile_Trainers(db.Model):
    __tablename__ = "profile_trainers"
    id = db.Column(db.Integer, db.ForeignKey('login.id'),
            primary_key=True, index=True)
    firstname = db.Column(db.String, unique=False, index=False)
    … … … … …
    shift = db.Column(db.Integer, unique=False, index=False)

class Gym_Class(db.Model):
    __tablename__ = "gym_class"
    id = db.Column(db.Integer, primary_key=True, index=True)
    member_id = db.Column(db.Integer,
        db.ForeignKey('profile_members.id'), unique=False, index=False)
    trainer_id = db.Column(db.Integer,
        db.ForeignKey('profile_trainers.id'), unique=False, index=False)
    approved = db.Column(db.Integer, unique=False, index=False)
```

如果需要构建一个处理一对多或一对一关系的查询，则必须进行一些更改。要使 LEFT OUTER JOIN（左外连接）查询起作用，父模型类必须定义一个 set 集合，以在涉及一对多关系的连接查询期间包含所有子记录。

对于一对一关系，父模型只需要实例化子模型：

```
class Login(db.Model):
    __tablename__ = "login"
    id = db.Column(db.Integer, primary_key=True, index=True)
    username = db.Column(db.String, unique=False, index=False)
    … … … … …
    def __init__(self, **kw):
        super().__init__(**kw)
        self._child = None

    @property
    def child(self):
        return self._child

    @child.setter
    def child(self, child):
        self._child = child

class Profile_Members(db.Model):
    __tablename__ = "profile_members"
    id = db.Column(db.Integer, db.ForeignKey('login.id'),
            primary_key=True, index=True)
    … … … … …
    weight = db.Column(db.Float, unique=False, index=False)
    trainer_id = db.Column(db.Integer,
        db.ForeignKey('profile_trainers.id'), unique=False,
            index=False)

    def __init__(self, **kw):
        super().__init__(**kw)
        self._children = set()

    @property
    def children(self):
        return self._children

    @children.setter
    def children(self, child):
        self._children.add(child)
```

该 set 集合或子对象必须在父对象的__init__()中实例化，才能被 ORM 的加载器分别通过子对象或子对象@property 访问。使用@property 是管理连接记录的唯一方法。

值得一提的是，该加载 API 的存在证明 GINO 不支持 SQLAlchemy 具有的自动关系。

如果想要偏离其核心设置，则需要 Python 编程以添加一些该平台不支持的功能，例如 Profile_Members 和 Gym_Class 之间以及 Login 和 Profile_Members/Profile_Trainers 之间的一对多设置。

在上述脚本中，可以看到 Profile_Members 中包含构造函数和自定义 children Python 属性，以及 Login 中的自定义 child 属性，这是因为 GINO 只有一个内置的 parent 属性。

可以在/models/data/gino_models.py 脚本中找到 GINO 的域模型。

注意：

@property 是一个 Python 装饰器，用于在一个类中实现 getter/setter。这在访问器中隐藏了一个实例变量，并公开了它的 getter 和 setter 属性字段。使用@property 是在 Python 中实现封装原则的方式之一。

5.5.5 实现 CRUD 事务

现在让我们来考虑一下管理健身教练个人资料的 TrainerRepository。其 insert_trainer() 方法显示了实现插入事务的传统方式。GINO 要求其模型类调用 create()，这是从 db 引用对象继承的方法。在持久化记录对象之前，所有列值都通过命名参数或使用 kwargs 作为包传递给 create()方法。但是 GINO 允许另一个插入选项，该选项使用的是通过将列值注入其构造函数而派生的模型实例。创建的实例有一个名为 create()的方法，该方法不需要任何参数即可插入记录对象：

```
from models.data.gino_models import Profile_Members,
            Profile_Trainers, Gym_Class
from datetime import date, time
from typing import List, Dict, Any

class TrainerRepository:

    async def insert_trainer(self, details:Dict[str, Any]) -> bool:
        try:
            await Profile_Trainers.create(**details)
        except Exception as e:
            print(e)
            return False
        return True
```

update_trainer()强调了 GINO 如何更新表记录。根据该脚本，以 GINO 方式更新表涉及执行以下操作：

- 它需要模型类的 get()类方法来检索具有 id 主键的记录对象。
- 提取的记录有一个名为 update()的实例方法，它将使用其 kwargs 参数中指定的新数据自动修改映射的行。apply()方法将提交更改并关闭事务：

```
async def update_trainer(self, id:int, details:Dict[str, Any]) -> bool:
    try:
        trainer = await Profile_Trainers.get(id)
        await trainer.update(**details).apply()
    except:
        return False
    return True
```

另一种选择是使用 SQLAlchemy 的 ModelClass.update.values(ModelClass).Where (expression)子句，当应用于 update_trainer()时，最终语句如下：

```
Profile_Trainers.update.values(**details).
    where(Profile_Trainers.id == id).gino.status()
```

其 delete_trainer()也遵循与 GINO 更新事务相同的方法。该事务是一个两步的过程，最后一步需要调用已提取的记录对象的 delete()实例方法：

```
async def delete_trainer(self, id:int) -> bool:
    try:
        trainer = await Profile_Trainers.get(id)
        await trainer.delete()
    except:
        return False
    return True
```

另外，TrainerRepository 有两个方法，即 get_member()和 get_all_member()，它们展示了 GINO 如何构造查询语句：

- get_member()通过模型类的 get()类方法使用其主键以检索特定的记录对象。
- get_all_member()使用 query 的 gino 扩展来利用 all()方法，以检索记录：

```
async def get_all_member(self):
    return await Profile_Trainers.query.gino.all()

async def get_member(self, id:int):
    return await Profile_Trainers.get(id)
```

但是，在查询执行中将数据库行转换为模型对象的是 GINO 的内置加载器。如果进一步扩展 get_all_member()中提出的解决方案，则将如下所示：

```
query = db.select([Profile_Trainers])
q = query.execution_options(
      loader=ModelLoader(Profile_Trainers))
users = await q.gino.all()
```

在 GINO ORM 中，所有查询都使用 ModelLoader 将每个数据库记录加载到模型对象中：

```
class GymClassRepository:

    async def join_classes_trainer(self):
        query = Gym_Class.join(Profile_Trainers).select()
        result = await query.gino.load(Gym_Class.
            distinct(Gym_Class.id).
                load(parent=Profile_Trainers)).all()
        return result

    async def join_member_classes(self):
        query = Gym_Class.join(Profile_Members).select()
        result = await query.gino.load(Profile_Members.
            distinct(Profile_Members.id).
                load(add_child=Gym_Class)).all()
        return result
```

如果正常查询需要 ModelLoader，那么 JOIN 查询事务需要什么？GINO 没有对表关系的自动支持，没有 ModelLoader 就不可能创建 JOIN 查询。

join_classes_trainer()方法实现了对 Profile_Trainers 和 Gym_Class 的一对多查询。该查询中的 distinct(Gym_Class.id).load(parent=Profile_Trainers)子句为 GymClass 创建了一个 ModelLoader，它将合并 Profile_Trainers 父记录并将其加载到其子 Gym_Class 中。

与之相类似，join_member_classes()方法也可以创建一对多连接，而其中的 distinct (Profile_Members.id).load(add_child=Gym_Class)子句则可以根据 Profile_Members 父级创建一个 ModelLoader 来构建 Gym_Class 记录集。

另外，Gym_Class 和 Profile_Members 的多对一关系则使用 Profile_Members 的 load()函数，这是将 Gym_Class 子记录与 Profile_Members 匹配的不同方法。

以下连接查询与一对多设置相反，因为此处的 Gym_Class 记录位于左侧，而个人配置文件则位于右侧：

```
async def join_classes_member(self):
    result = await
```

```
    Profile_Members.load(add_child=Gym_Class)
        .query.gino.all()
```

因此，该加载器在 GINO 中构建查询时扮演着重要角色，尤其是 JOIN 连接。尽管它使查询构建变得困难，但它仍然为许多复杂查询提供了灵活性。

GINO 的所有存储库类都可以在/repository/gino/trainers.py 脚本中找到。

5.5.6　运行 CRUD 事务

为了让我们的存储库在 APIRouter 模块中运行，需要通过 DB_URL 将 db 引用对象绑定到实际数据库来打开该数据库连接。最好为绑定过程使用可依赖的函数，因为通过 APIRouter 注入来完成是更简单的展开形式。以下脚本显示了如何设置此数据库绑定：

```
from fastapi import APIRouter, Depends
from fastapi.encoders import jsonable_encoder
from fastapi.responses import JSONResponse
from db_config.gino_connect import db
from models.requests.trainers import ProfileTrainersReq
from repository.gino.trainers import TrainerRepository

async def sess_db():
    await db.set_bind(
        "postgresql+asyncpg://
            postgres:admin2255@localhost:5433/fcms")

router = APIRouter(dependencies=[Depends(sess_db)])

@router.patch("/trainer/update" )
async def update_trainer(id:int, req: ProfileTrainersReq):
    mem_profile_dict = req.dict(exclude_unset=True)
    repo = TrainerRepository()
    result = await repo.update_trainer(id, mem_profile_dict)
    if result == True:
        return req
    else:
        return JSONResponse(
    content={'message':'update trainer profile problem
        encountered'}, status_code=500)

@router.get("/trainer/list")
```

```
async def list_trainers():
    repo = TrainerRepository()
    return await repo.get_all_member()
```

上述代码中的 list_trainers()和 update_trainer() REST 服务是健身俱乐部应用程序的一些服务，它们在将 sess_db()注入 APIRouter 后会成功运行 TrainerRepository。

GINO 在建立与 PostgreSQL 的连接时并没有要求很多细节，除了 DB_URL。

别忘记在 URL 中始终指定 asyncpg 方言，因为它是 GINO 作为同步 ORM 时支持的唯一驱动程序。

5.5.7 创建表

GINO 和 SQLAlchemy 在框架级别创建表模式的方法是相同的。两者都需要 MetaData 和 Column 指令来构建 Table 定义。然后，使用带有 DB_URL 的 create_engine()方法，首选异步函数来派生引擎。就像在 SQLAlchemy 中一样，该引擎在通过 create_all()构建表中起着至关重要的作用，但是这一次，它使用的是 GINO 的 GinoSchemaVisitor 实例。

以下脚本显示了如何使用 AsyncIO 平台在 GINO 中生成表的完整实现：

```
from sqlalchemy import Table, Column, Integer, String,
        MetaData, ForeignKey'
import gino
from gino.schema import GinoSchemaVisitor

metadata = MetaData()

signup = Table(
    'signup', metadata,
    Column('id', Integer, primary_key=True),
    Column('username', String),
    Column('password', String),
)
    … … … … …
async def db_create_tbl():
    engine = await gino.create_engine(DB_URL)
    await GinoSchemaVisitor(metadata).create_all(engine)
```

和 SQLAlchemy 中介绍的一样，在启动时执行模式自动生成的等 DDL 事务是可选的，因为它可能导致 FastAPI 的性能下降，甚至在现有数据库模式中出现一些冲突。

接下来，让我们看看另一个需要自定义 Python 编码的 ORM：Pony ORM。

5.6　将 Pony ORM 用于存储库层

Pony ORM 依赖 Python 语法来构建模型类和存储库事务。这个 ORM 仅使用 int、str、float 等 Python 数据类型以及类类型来实现模型定义。它应用 Python lambda 表达式来建立 CRUD 事务，尤其是在映射表关系时。

此外，Pony 在读取记录时也非常支持记录对象的 JSON 转换。

另外，Pony 还可以缓存查询对象，这提供了比其他 ORM 更快的性能。

有关 Pony ORM 的代码可以在 ch05a 项目中找到。

要使用 Pony，必须先使用以下 pip 命令安装它，因为它是第三方平台：

```
pip install pony
```

5.6.1　安装数据库驱动程序

由于 Pony 是一个旨在构建同步事务的 ORM，因此还需要 psycopg2 PostgreSQL 驱动程序。可以使用以下 pip 命令安装它：

```
pip install psycopg2
```

5.6.2　创建数据库连接

在 Pony 中建立数据库连接的方法是简单且具有声明性的。只需要实例化 pony.orm 模块中的 Database 指令，就可以使用正确的数据库凭据连接到数据库。

健身俱乐部原型程序中使用了以下脚本：

```
from pony.orm import Database

db = Database("postgres", host="localhost", port="5433",
          user="postgres", password="admin2255", database="fcms")
```

可以看到，该构造函数的第一个参数是数据库方言，后面是 kwargs，里面包含了连接的所有细节。完整的配置可以在/db_config/pony_connect.py 脚本文件中找到。

接下来，让我们创建 Pony 的模型类。

5.6.3　定义模型类

已创建的数据库对象 db 是定义 Pony 实体所需的唯一组件，实体（entity）术语在这里指的就是模型类。它有一个 Entity 属性，用于对每个模型类进行子类化以提供_table_属性，该属性负责表-实体（table-entity）映射。所有实体实例都绑定到 db 并映射到表。

以下脚本显示了 Signup 类如何成为模型层的实体：

```
from pony.orm import Database, PrimaryKey, Required, Optional, Set
from db_config.pony_connect import db
from datetime import date, time

class Signup(db.Entity):
    _table_ = "signup"
    id = PrimaryKey(int)
    username = Required(str, unique=True, max_len=100,
        nullable=False, column='username')
    password = Required(str, unique=Fals, max_len=100,
        nullable=False, column='password')
```

pony.orm 模块包含 Required、Optional、PrimaryKey 或 Set 指令，用于创建列属性。由于每个实体都必须有一个主键，PrimaryKey 用于定义实体的列属性。如果该类没有主键，则 Pony ORM 将为具有以下定义的实体隐式生成一个 id 主键：

```
id = PrimaryKey(int, auto=True)
```

另外，Set 指令将指示实体之间的关系。

所有这些指令都有一个强制属性列类型，它以 Python 语法（如 int、str、float、date 或 time）或任何类类型声明列值类型。

其他列属性包括 auto、max_len、index、unique、nullable、default 和 column。

现在可以建立模型类之间的关系：

```
class Login(db.Entity):
    _table_ = "login"
    id = PrimaryKey(int)
    … … … … …
    date_approved = Required(date)
    user_type = Required(int)

    trainers = Optional("Profile_Trainers", reverse="id")
    members = Optional("Profile_Members", reverse="id")
```

可以看到，上述 Login 类有两个附加属性，即 trainers 和 members，它们分别用作 Profile_Trainers 和 Profile_Members 模型的引用键。

反过来，这些子实体也有各自的类属性指向 Login 模型，以建立它们之间的关系。

这些列属性及其引用-外键关系必须与物理数据库模式相匹配。

以下代码显示了 Pony 的子模型类的示例：

```
class Profile_Trainers(db.Entity):
    _table_ = "profile_trainers"
    id = PrimaryKey("Login", reverse="trainers")
    firstname = Required(str)
    … … … … …
    tenure = Required(float)
    shift = Required(int)

    members = Set("Profile_Members", reverse="trainer_id")
    gclass = Set("Gym_Class", reverse="trainer_id")

class Profile_Members(db.Entity):
    _table_ = "profile_members"
    id = PrimaryKey("Login", reverse="members")
    firstname = Required(str)
    … … … … …
    trainer_id = Required("Profile_Trainers", reverse="members")
    … … … … …
```

定义关系属性取决于两个实体之间的关系类型。

- 如果关系类型是一对一的，则属性应定义为 Optional(parent)-Required(child)或 Optional(parent)-Optional(child)。
- 如果关系类型是一对多的，则属性应定义为 Set(parent)-Required(child)。
- 如果关系类型是多对一的，则属性必须定义为 Set(parent)-Set(child)。

Login 具有与 Profile_Members 一对一的关系，这解释了为何使用 Optional 属性来指向 Profile_Members 的 id 键。对于 Pony 来说，主键始终是此关系中的引用键。

另外，Profile_Trainers 模型具有与 Profile_Members 的一对多设置，这就解释了为什么前者的 trainer_id 属性使用 Required 指令指向后者的 Set 属性 members。有时，框架还需要通过指令的 reverse 参数进行反向引用。

上述代码还描述了 Profile_Members 和 Gym_Class 模型之间的相同场景，其中 Profile_Members 的 gclass 属性被声明为一个 Set 集合，其中包含该会员的所有已注册健身课程。引用键可以是主键，也可以只是此关系中的典型类属性。

以下代码片段显示了 Gym_Class 模型的蓝图：

```
class Gym_Class(db.Entity):
    _table_ = "gym_class"
```

```
    id = PrimaryKey(int)
    member_id = Required("Profile_Members", reverse="gclass")
    trainer_id = Required("Profile_Trainers", reverse="gclass")
    approved = Required(int)
db.generate_mapping()
```

与其他 ORM 不同，Pony 需要执行 generate_mapping()来实现到实际表的所有实体映射。该方法是 db 实例的实例化方法，必须出现在模块脚本的最后部分，如以上代码片段所示，其中的 Gym_Class 就是要定义的最后一个 Pony 模型类。所有 Pony 模型类都可以在/models/data/pony_models.py 脚本文件中找到。

值得一提的是，开发人员也可以使用 Pony ORM ER Diagram Editor 来手动或以数字方式创建 Pony 实体，有关该编辑器的详细信息，可访问：

https://editor.ponyorm.com/

该编辑器可以提供免费账号和商业账号。

接下来，让我们看看如何实现 CRUD 事务。

5.6.4　实现 CRUD 事务

Pony 中的 CRUD 事务是由会话驱动的。但与 SQLAlchemy 不同的是，其存储库类不需要将 db_session 注入存储库构造函数。如果没有 db_session，则 Pony 中的每个事务都将无法工作。以下代码显示了一个存储库类，它实现了管理健身房会员列表所需的所有事务：

```
from pony.orm import db_session, left_join
from models.data.pony_models import Profile_Members,
        Gym_Class, Profile_Trainers
from datetime import date, time
from typing import List, Dict, Any
from models.requests.members import ProfileMembersReq

class MemberRepository:

    def insert_member(self, details:Dict[str, Any]) -> bool:
        try:
            with db_session:
                Profile_Members(**details)
        except:
            return False
        return True
```

在 Pony 中，插入记录意味着用注入的记录值实例化模型类。一个示例是 insert_member()，它可以通过使用注入的会员详细信息来实例化 Profile_Members 模型以插入配置文件。但是，在更新记录时，情况就不同了，如以下脚本所示：

```
def update_member(self, id:int,    details:Dict[str, Any]) -> bool:
    try:
        with db_session:
            profile = Profile_Members[id]
            profile.id = details["id"]
            … … … … …
            profile.trainer_id = details["trainer_id"]
    except:
        return False
    return True
```

在上述 update_member()脚本中实现的是更新 Pony 中记录的操作，这意味着通过使用其 id 进行索引来检索记录对象。由于 Pony 内置了对 JSON 的支持，检索到的对象会自动转换为支持 JSON 的对象。然后，这些属性的新值将被覆盖，因为它们必须更改。此 UPDATE 事务同样在 db_session 范围内，因此在覆盖后会自动刷新记录。

另外，存储库类的 delete_member()将显示与 UPDATE 相同的方法，只是在检索对象记录后立即调用 delete()类方法。以下是此操作的脚本：

```
def delete_member(self, id:int) -> bool:
    try:
        with db_session:
            Profile_Members[id].delete()
    except:
        return False
    return True
```

删除事务也是 db_session 绑定的，因此调用 delete()会自动刷新表。以下代码显示了 Pony 的查询事务实现：

```
def get_all_member(self):
    with db_session:
        members = Profile_Members.select()
        result = [ProfileMembersReq.from_orm(m) for m in members]
        return result

def get_member(self, id:int):
    with db_session:
        login = Login.get(lambda l: l.id == id)
```

```
        member = Profile_Members.get(lambda m: m.id == login)
        result = ProfileMembersReq.from_orm(member)
    return result
```

在上述代码中，get_member()使用 get()类方法检索单个记录，该方法需要在其参数中使用 lambda 表达式。由于 Login 与 Profile_Members 是一对一的关系，因此首先必须提取该会员的 Login 记录，并使用 login 对象通过 Profile_Members 实体的 get()辅助函数获取记录。这种方法也适用于具有其他实体关系的其他实体。

现在，get_all_member()使用 select()方法检索结果集。如果检索操作中存在约束，则 select()方法也可以使用 lambda 表达式。

Pony 模型类有 get()和 select()方法，它们都返回 FastAPI 无法直接处理的 Query 对象。因此，需要一个 ORM 友好的 Pydantic 模型来从这些 Query 对象中提取最终实体。就像在 SQLAlchemy 中一样，需要一个带有嵌套 Config 类的 ModelBase 类来从 Query 对象中检索记录。嵌套的类必须将 orm_mode 配置为 True。如果涉及关系映射，则请求模型还必须声明关系中涉及的属性及其对应的子对象转换器。

由 Pydantic 的@validator 装饰的方法转换器将由 Pony 自动调用，以将 Query 对象解释和验证为支持 JSON 的组件，例如 List 或实体对象。

以下代码显示了用于通过列表推导式（list comprehension）从 select()中提取记录和从 get()中提取 Profile_Member dict 对象的请求模型。

```
from typing import List, Any
from pydantic import BaseModel, validator

class ProfileMembersReq(BaseModel):
    id: Any
    firstname: str
    lastname: str
    age: int
    height: float
    weight: float
    membership_type: str
    trainer_id: Any

    gclass: List

    @validator('gclass', pre=True,
        allow_reuse=True, check_fields=False)
    def gclass_set_to_list(cls, values):
```

```
        return [v.to_dict() for v in values]

    @validator('trainer_id', pre=True,
        allow_reuse=True, check_fields=False)
    def trainer_object_to_map(cls, values):
        return values.to_dict()

    class Config:
        orm_mode = True
```

ProfileMembersReq 中的 gclass_set_to_list()和 trainer_object_to_map()转换的存在使得数据能够分别填充到 gclass 和 trainer_id 属性中的子对象。这些附加功能说明了为什么执行 select()已经可以检索 INNER JOIN（内连接）查询。

为了构建 LEFT JOIN（左连接）查询事务，该 ORM 有一个名为 left_join()的内置指令，用于通过 Python 生成器提取带有 LEFT JOIN 原始对象的 Query 对象。

以下代码显示了另一个存储库类，展示了 left_join()的使用：

```
class MemberGymClassRepository:

    def join_member_class(self):
        with db_session:
            generator_args = (m for m in Profile_Members
                for g in m.gclass)
            joins = left_join(tuple_args)
            result = [ProfileMembersReq.from_orm(m) for m in joins ]
        return result
```

所有存储库类都可以在/repository/pony/members.py 脚本文件中找到。

现在，使 Pony 更快的是它使用了一个身份映射，其中包含从每个查询事务中检索到的所有记录对象。

该 ORM 应用了身份映射（identity map）设计模式来应用其缓存机制，以使读写速度更快。它只需要内存管理和监控机制即可避免对于复杂而庞大的应用程序来说非常令人头痛的内存泄漏问题。

5.6.5　运行存储库事务

由于 db_session 已经在内部进行管理，因此 Pony 不需要额外的 APIRouter 脚本来运行存储库事务。在每个 API 中直接访问和实例化存储库类即可访问 CRUD 事务。

5.6.6　创建表

如果表还不存在，则 Pony 可以通过其实体类生成这些表。当 db 的 generate_mapping()方法的 create_tables 参数设置为 True 时，将启用此 DDL 事务。

对于 Pony 的介绍至此结束。如果你想要使用在语法上最紧凑和最简单的 ORM，则可以考虑使用 Peewee。

5.7　使用 Peewee 构建存储库

在诸多 ORM 中，Peewee 在 ORM 功能和 API 方面是最简单和最小巧的。该框架易于理解和使用；它并不全面，但具有直观的 ORM 语法。其优势在于构建和执行查询事务。

Peewee 并不是为异步平台设计的，但它可以通过使用它支持的一些与异步相关的库来处理异步任务。需要至少安装 Python 3.7 才能让 Peewee 使用异步框架 FastAPI。

要安装 Peewee，需要执行以下命令：

```
pip install peewee
```

5.7.1　安装数据库驱动程序

该 ORM 需要 psycopg2 作为 PostgreSQL 数据库驱动程序。可使用以下 pip 命令安装它：

```
pip install psycopg2
```

5.7.2　创建数据库连接

为了让 Peewee 使用 FastAPI，必须构建一种多线程机制，使得 Peewee 可以在同一线程上满足多个请求事务，并且每个请求都可以使用不同的本地线程同时被执行。这个定制的多线程组件可以使用 ContextVar 类创建，将 Peewee 连接到 FastAPI 平台。但是为了让 Peewee 使用这些线程，还需要使用新创建的线程状态 db_state 来自定义其_ConnectionState。

以下代码展示了 db_state 和自定义_ConnectionState 的派生方式：

```
from peewee import _ConnectionState
from contextvars import ContextVar

db_state_default = {"closed": None, "conn": None,
      "ctx": None, "transactions": None}
```

```
db_state = ContextVar("db_state", default=db_state_default.copy())

class PeeweeConnectionState(_ConnectionState):
    def __init__(self, **kwargs):
        super().__setattr__("_state", db_state)
        super().__init__(**kwargs)

    def __setattr__(self, name, value):
        self._state.get()[name] = value

    def __getattr__(self, name):
        return self._state.get()[name]
```

要应用新的 db_state 和_ConnectionState 类（上述代码在 PeeweeConnectionState 中引用了它），需要通过 Database 类打开数据库连接。Peewee 有若干个 Database 类的变体，具体取决于应用程序将选择连接到的数据库类型。

由于我们将使用 PostgreSQL，所以 PostgresqlDatabase 是使用所有必要的数据库详细信息进行初始化的正确类。

在建立连接后，db 实例将具有指向 PeeweeConnectionState 实例的_state 属性。以下代码片段显示了如何使用数据库凭据连接到健身房数据库 fcms：

```
from peewee import PostgresqlDatabase

db = PostgresqlDatabase(
    'fcms',
    user='postgres',
    password='admin2255',
    host='localhost',
    port=5433,
)

db._state = PeeweeConnectionState()
```

上述代码还强调了一点，即数据库连接的默认状态必须替换为可以与 FastAPI 平台配合使用的非阻塞状态。此配置可以在/db_config/peewee_connect.py 脚本文件中找到。

接下来，让我们看看如何构建 Peewee 的模型层。

5.7.3 创建表和领域层

与其他 ORM 不同，Peewee 更喜欢基于其模型类自动生成表。Peewee 建议进行逆向工程（reverse engineering），即创建表而不是仅映射到现有表。让应用程序生成表可以减少建立关系和主键的麻烦。

该 ORM 是独一无二的，因为它具有创建主键和外键的“隐含”方法。以下脚本显示了 Peewee 模型类的定义方式：

```
from peewee import Model, ForeignKeyField, CharField,
    IntegerField, FloatField, DateField, TimeField
from db_config.peewee_connect import db

class Signup(Model):
    username = CharField(unique=False, index=False)
    password = CharField(unique=False, index=False)

    class Meta:
        database = db
        db_table = 'signup'
```

我们在这些模型类中看不到任何主键，因为 Peewee 引擎将在其模式自动生成期间创建它们。物理外键列和模型属性将具有由其模型名称派生的相同名称，modelname_id 模式则采用小写形式。如果坚持为模型添加主键，则会发生冲突，导致 Peewee 无法正常工作。因此必须让 Peewee 从模型类创建物理表以避免这种问题。

所有模型类都从该 ORM 的 Model 指令继承属性。它还具有列指令，如 IntegerField、FloatField、DateField 和 TimeField，用于定义模型类的列属性。

此外，每个领域类各有一个嵌套的 Meta 类，它注册了对 database 和 db_table 的引用，将 Meta 类映射到模型类。

在这里可以设置的其他属性还包括 primary_key、indexes 和 constraints。

这种自动生成的唯一问题出现在创建表关系的时候。在自动生成之前，将子类的外键属性链接到父类并不存在的主键是很困难的。例如，以下 Profile_Trainers 模型暗示了与 Login 类的多对一关系，该类仅由具有 trainer 反向引用属性的 ForeignKeyField 指令定义，而不是由 login_id 外键定义：

```
class Profile_Trainers(Model):
    login = ForeignKeyField(Login, backref="trainers", unique=True)
    … … … … …
    shift = IntegerField(unique=False, index=False)

    class Meta:
        database = db
        db_table = 'profile_trainers'
```

在自动生成后，生成的 login_id 列如图 5.2 所示。

```
                                   Table "public.profile_trainers"
  Column   |          Type          | Collation | Nullable |                 Def
lt
-----------+------------------------+-----------+----------+---------------------
---------------------
 id        | integer                |           | not null | nextval('profile_trai
rs_id_seq'::regclass)
 login_id  | integer                |           | not null |
 firstname | character varying(255) |           | not null |
 lastname  | character varying(255) |           | not null |
 age       | character varying(255) |           | not null |
 position  | character varying(255) |           | not null |
 tenure    | real                   |           | not null |
 shift     | integer                |           | not null |
```

图 5.2　生成的 profile_trainers 模式

外键属性是使用 ForeignKeyField 指令声明的，该指令至少接受以下 3 个关键参数：

- 父模型的名称。
- backref 参数，它将引用子记录（如果是一对一关系）或一组子对象（如果是一对多或多对一关系）。
- unique 参数，设置为 True 时表示一对一关系，否则为 False。

在定义了所有模型（包括它们的关系）之后，还需要从 Peewee 的数据库实例中调用以下方法来进行表映射：

- connect()：建立连接。
- create_tables()：根据其模型类的列表进行模式生成。

以下脚本显示了类定义的快照，包括对两个 db 方法的调用：

```
class Login(Model):
    username = CharField(unique=False, index=False)
    … … … … …
    user_type = IntegerField(unique=False, index=False)

    class Meta:
        database = db
        db_table = 'login'

class Gym_Class(Model):
    member = ForeignKeyField(Profile_Members, backref="members")
    trainer = ForeignKeyField(Profile_Trainers, backref="trainers")
    approved = IntegerField(unique=False, index=False)
```

```
    class Meta:
        database = db
        db_table = 'gym_class'

db.connect()
db.create_tables([Signup, Login, Profile_Members,
    Profile_Trainers, Attendance_Member, Gym_Class], safe=True)
```

可以看到，我们需要将 create_tables()的 safe 参数设置为 True，这样 Peewee 只会在应用程序的初始服务器启动期间执行一次模式自动生成。

Peewee ORM 的所有模型类都可以在/models/data/peewee_models.py 脚本文件中找到。

接下来，让我们看看如何实现存储库层。

5.7.4　实现 CRUD 事务

在 Peewee ORM 中为应用程序创建异步连接和构建模型层需要一定的技巧，但实现其存储库层却很简单。所有的方法操作都完全来源于应用程序的模型类。

例如，以下代码片段中的 insert_login()方法显示了 Login 的 create()静态方法如何获取登录详细信息以进行记录插入：

```
from typing import Dict, List, Any
from models.data.peewee_models import Login,
    Profile_Trainers, Gym_Class, Profile_Members
from datetime import date

class LoginRepository:

    def insert_login(self, id:int, user:str, passwd:str,
            approved:date, type:int) -> bool:
        try:
            Login.create(id=id, username=user,
                password=passwd, date_approved=approved,
                user_type=type)
        except Exception as e:
            return False
        return True
```

虽然可以重新实现此方法以执行批量插入，但 Peewee 还有另一种方法可以通过其 insert_many()类方法进行多次插入，只不过使用 insert_many()时需要更准确的列详细信息来映射多个模式值。它还需要调用 execute()方法来执行所有批量插入并在之后关闭操作。

类似地，update()类方法在使用 id 主键过滤了需要更新的记录后也必须执行 execute()方法，如以下代码所示：

```
def update_login(self, id:int, details:Dict[str, Any]) -> bool:
    try:
        query = Login.update(**details).
            where(Login.id == id)
        query.execute()
    except:
        return False
    return True
```

在删除记录时，delete_login()显示了一种简单的方法——使用 delete_by_id()。但是 ORM 还有另外一种方式，那就是使用 get()类方法获取记录对象，如 Login.get(Login. id == id)，然后通过该记录对象的 delete_instance()实例方法删除该记录。

以下 delete_login()事务显示了如何利用 delete_by_id()类方法：

```
def delete_login(self, id:int) -> bool:
    try:
        query = Login.delete_by_id(id)
    except:
        return False
    return True
```

以下脚本包含了 get_all_login()和 get_login()方法，它突出显示了 Peewee 如何从数据库中检索记录。Peewee 使用其 get()类方法通过主键检索单个记录；在上述代码片段中，相同的方法也应用于其 UPDATE 事务。类似地，Peewee 也使用类方法来提取多条记录，但这次它使用了 select()方法。由于 FastAPI 无法直接对由 select()生成的对象进行编码，因此还需要包含在 List 集合中，该集合将数据行序列化为 JSON 对象列表：

```
def get_all_login(self):
    return list(Login.select())

def get_login(self, id:int):
    return Login.get(Login.id == id)
```

以下存储库类显示了如何使用其 join()方法创建 JOIN 查询：

```
from peewee import JOIN

class LoginTrainersRepository:
```

```
    def join_login_trainers(self):
        return list(Profile_Trainers.
            select(Profile_Trainers, Login).join(Login))

class MemberGymClassesRepository:
    def outer_join_member_gym(self):
        return list(Profile_Members.
            select(Profile_Members,Gym_Class).join(Gym_Class,
                join_type=JOIN.LEFT_OUTER))
```

LoginTrainersRepository 的 join_login_trainers()将构建 Profile_Trainers 和 Login 对象的 INNER JOIN（内连接）查询。

Profile_Trainers 对象的 select()指令的参数中指示的最左边的模型是父模型类型，其后是一对一关系的子模型类。select()指令发出带有模型类类型的 join()方法，该类型指示的是属于该查询右侧的记录类型。

ON 条件和外键约束是可选的，但可以通过添加 join()构造的 on 和 join_type 属性显式声明。此查询的一个示例是 MemberGymClassesRepository 的 outer_join_member_gym()，它将使用 join()方法的 join_type 属性的 LEFT_OUTER 选项实现 Profile_Members 和 Gym_Class 的 LEFT OUTER JOIN（左外连接）。

Peewee 中的连接还需要 list()集合来序列化检索到的记录。有关 Peewee 的所有存储库类都可以在/repository/peewee/login.py 脚本中找到。

5.7.5 运行 CRUD 事务

由于 Peewee 的数据库连接是在模型层设置的，因此 APIRouter 或 FastAPI 不需要额外的要求来运行 CRUD 事务。API 服务可以轻松访问所有存储库类，而无须从 db 实例中调用方法或指令。

到目前为止，我们已经尝试使用多种流行的 ORM 将关系数据库集成到 FastAPI 框架中。如果对微服务架构应用 ORM 还不够，则还可以利用一些能够进一步优化 CRUD 性能的设计模式，如 CQRS。

5.8 应用 CQRS 设计模式

CQRS 是一种微服务设计模式，负责分离查询事务（读取）与插入、更新和删除操作（写入）。这两个组的分离减少了对这些事务的结合在一起的访问，从而提供了更少的流量和更快的执行，尤其是在应用程序变得复杂时。

此外，这种设计模式在 API 服务和存储库层之间创建了一个松散耦合的特性，如果存储库层中有多个变动和更改，那么这也会形成一个优势。

5.8.1 定义处理程序接口

为了使用 CQRS，需要创建定义查询和命令事务的两个接口。以下代码显示了识别 Profile_Trainers 的读写事务的接口：

```
class IQueryHandler:
    pass

class ICommandHandler:
    pass
```

在上述示例中，IQueryHandler 和 ICommandHandler 是两个非正式接口，因为 Python 并没有接口的实际定义。

5.8.2 创建命令和查询类

现在我们需要实现这些命令和查询类。命令用作执行写入事务的指令。它还将携带执行后的结果状态。另外，查询则指示读取事务，它将从数据库中检索记录并在随后包含结果。这两个组件都是具有 getter/setter 属性的可序列化类。

以下代码显示了 ProfileTrainerCommand 的脚本，使用了 Python 的@property 属性来存储 INSERT（插入）执行的状态：

```
from typing import Dict, Any

class ProfileTrainerCommand:

    def __init__(self):
        self._details:Dict[str,Any] = dict()

    @property
    def details(self):
        return self._details

    @details.setter
    def details(self, details):
        self._details = details
```

details 属性将存储需要保留的健身教练个人资料记录的所有列值。

以下脚本实现了一个示例查询类：

```
class ProfileTrainerListQuery:

    def __init__(self):
        self._records:List[Profile_Trainers] = list()

    @property
    def records(self):
        return self._records

    @records.setter
    def records(self, records):
        self._records = records
```

ProfileTrainerListQuery 的构造函数将准备一个字典对象，该对象将包含查询事务执行后检索到的所有记录。

5.8.3 创建命令和查询处理程序

现在可以使用之前的接口来定义命令和查询处理程序。请注意，命令处理程序访问并执行存储库以执行写入事务，而查询处理程序则处理读取事务。这些处理程序充当 API 服务和存储库层之间的接口。

以下代码显示了 AddTrainerCommandHandler 的脚本，该处理程序将管理健身教练个人资料的 INSERT（插入）事务：

```
from cqrs.handlers import ICommandHandler
from repository.gino.trainers import TrainerRepository
from cqrs.commands import ProfileTrainerCommand

class AddTrainerCommandHandler(ICommandHandler):

    def __init__(self):
        self.repo:TrainerRepository = TrainerRepository()

    async def handle(self,
            command:ProfileTrainerCommand) -> bool:
        result = await self.repo.
            insert_trainer(command.details)
        return result
```

该处理程序依赖 ProfileTrainerCommand 获取对其 handle()方法的异步执行至关重要的记录值。

以下脚本显示了查询处理程序的示例实现：

```
class ListTrainerQueryHandler(IQueryHandler):
    def __init__(self):
        self.repo:TrainerRepository = TrainerRepository()
        self.query:ProfileTrainerListQuery = ProfileTrainerListQuery()

    async def handle(self) -> ProfileTrainerListQuery:
        data = await self.repo.get_all_member();
        self.query.records = data
        return self.query
```

该查询处理程序会将其查询而不是实际值返回给服务。ListTrainerQueryHandler 的 handle()方法将返回 ProfileTrainerListQuery，其中包含来自读取事务的记录列表。这种机制是将 CQRS 应用于微服务的主要目标之一。

5.8.4 访问处理程序

除了管理读和写执行之间的摩擦，CQRS 不允许 API 服务直接与 CRUD 事务的执行进行交互。此外，它还会通过仅分配特定服务所需的处理程序来简化和优化 CRUD 事务的访问。

以下脚本显示了 AddTrainerCommand 如何仅与 add_trainer()服务直接关联，以及 ListTrainerQueryHandler 如何仅与 list_trainers()服务直接关联：

```
from cqrs.commands import ProfileTrainerCommand
from cqrs.queries import ProfileTrainerListQuery
from cqrs.trainers.command.create_handlers import
        AddTrainerCommandHandler
from cqrs.trainers.query.query_handlers import
        ListTrainerQueryHandler

router = APIRouter(dependencies=[Depends(get_db)])

@router.post("/trainer/add" )
async def add_trainer(req: ProfileTrainersReq):
    handler = AddTrainerCommandHandler()
    mem_profile = dict()
    mem_profile["id"] = req.id
```

```
    … … … … …
    mem_profile["shift"] = req.shift
    command = ProfileTrainerCommand()
    command.details = mem_profile
    result = await handler.handle(command)
    if result == True:
        return req
    else:
        return JSONResponse(content={'message':'create
            trainer profile problem encountered'},
                status_code=500)

@router.get("/trainer/list")
async def list_trainers():
    handler = ListTrainerQueryHandler()
    query:ProfileTrainerListQuery = await handler.handle()
    return query.records
```

总而言之，应用 CQRS 设计模式具有以下优点：

- 开发人员可以通过 CQRS 识别 APIRouter 中频繁访问的事务。CQRS 可以帮助发现哪些事务需要性能调优和关注，这可以帮助开发人员避免在访问量增加时出现性能问题。
- 在开发软件增强版本和进行软件升级时，CQRS 设计模式也可以帮助开发人员找到需优先考虑的领域，因为在存储库层中这两个方面是分离的。
- 当需要修改业务流程时，CQRS 通常也可以为应用程序提供灵活性。

所有与 CQRS 相关的脚本都可以在/cqrs/项目文件夹中找到。

5.9　小　结

应用 ORM 对于任何应用程序都是有利有弊。一方面，它可能使应用程序因过多的配置和组件层而膨胀，如果管理不善，它甚至会减慢应用程序的速度；另一方面，ORM 可以通过使用其 API 来简化结构并消除不重要的重复 SQL 脚本，帮助优化查询开发。总体而言，与使用 psycopg2 中的 cursor 相比，它可以减少软件开发的时间和成本。

本章使用、研究和试验了 4 个 Python ORM 来帮助 FastAPI 创建其存储库层：

- SQLAlchemy 提供了一种样板方法来创建标准和异步数据持久化和查询操作。
- GINO 使用 AsyncIO 环境以方便的语法实现异步 CRUD 事务。

- Pony 是本章所介绍的 ORM 中最具有 Python 风格的，因为它使用了核心 Python 代码来构建其存储库事务。
- Peewee 以其简洁的语法而闻名，但异步数据库连接和 CRUD 事务的组合则非常复杂。

总之，每个 ORM 各有其优点和缺点，但都提供了一个合乎逻辑的解决方案，而不是应用蛮力和原生 SQL。

如果 ORM 需要微调，则可以通过使用与数据相关的设计模式（如 CQRS）来添加一定程度的优化，从而最大限度地减少读取和写入 CRUD 事务之间的摩擦。

本章强调了 FastAPI 在利用 ORM 建立与 PostgreSQL 等关系数据库的连接时的灵活性。但是，如果我们使用 MongoDB 之类的 NoSQL 数据库来存储信息呢？FastAPI 在执行与 MongoDB 之间的 CRUD 时会以相同级别的性能执行吗？在第 6 章中，我们会详细讨论将 FastAPI 集成到 MongoDB 数据库的各种解决方案。

第 6 章　使用非关系数据库

到目前为止，我们已经了解到，关系数据库是使用表的列和行来存储数据的，所有这些表记录都使用不同的键（如主键、唯一键和复合键）进行结构优化和设计，这些表使用外键/引用键进行连接。外键完整性在数据库模式的表关系中起着重要作用，因为它为表中持久保存的数据提供了一致性和完整性。

第 5 章“连接到关系数据库”提供了相当多的证据，证明 FastAPI 可以使用现有的任何 ORM 顺利连接到关系数据库，而没有过多的复杂性。本章则将重点讨论如何使用非关系数据库作为 FastAPI 微服务应用程序的数据存储。

如果 FastAPI 将 ORM 用于关系数据库，那么它将使用对象文档映射（object document mapping，ODM）来管理使用非关系数据存储或 NoSQL 数据库的数据。ODM 中不涉及表、键和外键约束，但需要一个 JSON 文档来保存各种信息。

不同的 NoSQL 数据库在用于存储数据的存储模型类型上有所不同。这些数据库中最简单的是将数据作为键值对进行管理，如 Redis；而复杂的数据库则利用易于映射到对象的无模式文档结构，例如，MongoDB 数据库就是这样做的；有些数据库使用列数据存储，如 Cassandra；还有些则使用面向图（graph）的数据存储，如 Neo4j。

本章的主要目标是研究和考察使用 MongoDB 作为 FastAPI 应用程序数据库的不同方法。构建存储库层并展示 CRUD 实现是本章的主要亮点。

本章包含以下主题：

- 设置数据库环境
- 应用 PyMongo 驱动程序进行同步连接
- 使用 Motor 创建异步 CRUD 事务
- 使用 MongoEngine 实现 CRUD 事务
- 使用 Beanie 实现异步 CRUD 事务
- 使用 ODMantic 为 FastAPI 构建异步存储库
- 使用 MongoFrames 创建 CRUD 事务

6.1 技术要求

本章将以一个电子书店门户网站——在线图书转售系统（online book reselling system）作为应用程序示例，有了该程序，用户在自己家中即可通过互联网销售和购买图书。虚拟商店允许用户查看卖家资料、图书目录、订购清单和购买档案。在电子商务方面，用户可以选择他们喜欢的书籍并将其添加到购物车中。然后，他们可以填写订单进行结算，最后付款完成事务。所有数据都存储在 MongoDB 数据库中。

本章代码可在以下网址的 ch06 项目中找到：

https://github.com/PacktPublishing/Building-Python-Microservices-with-FastAPI

6.2 设置数据库环境

在开始讨论本章应用程序的数据库连接之前，需要从以下网址下载相应的 MongoDB 数据库服务器：

https://www.mongodb.com/try/download/community

我们的在线图书转售系统使用的是 Windows 平台 MongoDB 5.0.5。它的安装将需要提供服务名称、数据目录和日志目录的默认服务配置详细信息。但是，建议你使用不同的目录路径而不是默认路径。

在安装完成后，即可通过运行/bin/mongod.exe 来启动 MongoDB 服务器。这将在 C:/驱动器（Windows 系统）中自动创建一个名为/data/db 的数据库目录。请注意，你可以将/data/db 目录放在其他位置，但请确保在指定<new path>/data/db 时使用--dbpath 选项运行 mongod 命令。

MongoDB 平台具有可以帮助管理数据库集合的实用程序，其中之一是 MongoDB Compass。它可以提供一种图形用户界面，允许你浏览、探索和轻松操作数据库及其集合。此外，它还具有内置的性能指标、查询视图和模式可视化功能，可以帮助检查数据库结构的正确性。图 6.1 显示了 MongoDB Compass 版本 1.29.6 的仪表板。

图 6.1 中的仪表板显示了 login 集合的文档结构，它是 obrs 数据库的一部分。它为我们提供了数据的展开形式，这是查看其嵌入文档——例如 profile（个人资料）和 booksale（待售书籍）——列表的一种简单方法。

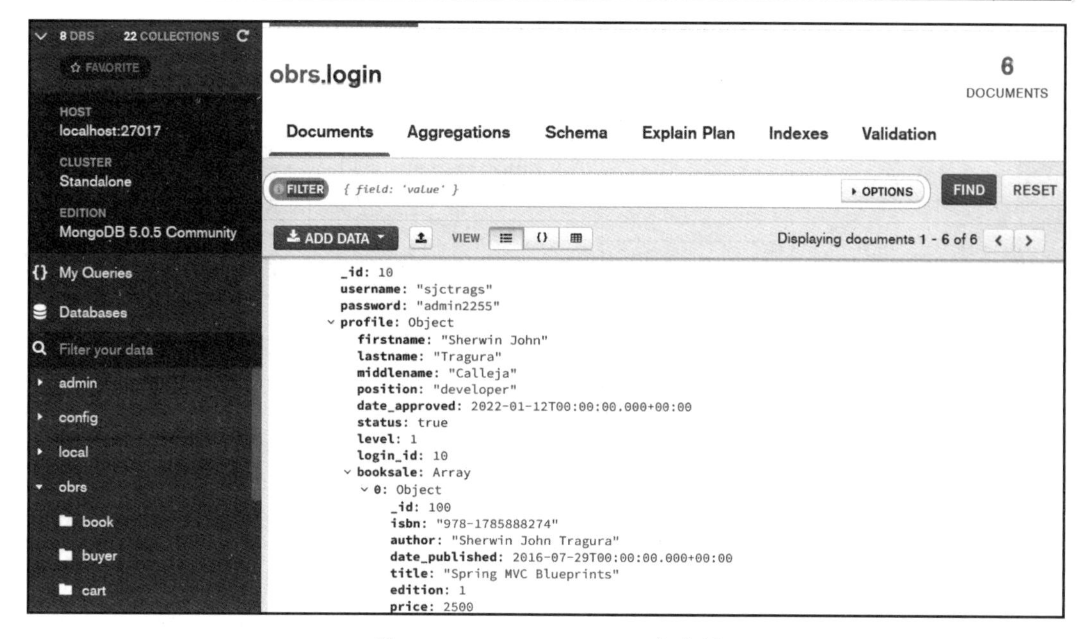

图 6.1　MongoDB Compass 仪表板

一旦安装了 MongoDB 服务器和实用程序，即可使用类图（class diagram）为我们的数据库设计数据集合。类图是一种统一建模语言（unified modeling language，UML）方法，用于描述类的组件并可视化系统中涉及的模型类的关联和结构。

类图是用于设计 MongoDB 数据库文档结构的解决方案之一，因为它不像关系数据库中的实体关系图（entity relationship diagram，ERD）那样，ERD 必须要有记录、表或键，而类图则不涉及这些。

设计 NoSQL 数据库总是需要在数据检索方法和数据库的数据组成之间取得平衡。将存储在 MongoDB 中的数据始终需要理想、可行和适当的文档结构、关联、聚合和布局。图 6.2 显示了我们的示例应用程序的 MongoDB 数据库 obrs 的类图。

我们的示例应用程序将使用图 6.2 中描述的所有集合来存储它从客户端捕获的所有信息。每个上下文框代表一个集合，所有属性和预期的底层事务都在框内指示。它还显示了绑定这些集合的关联（association），例如 login 和 profile 之间的一对一关联以及 BookForSale 和 UserProfile 之间的多对一关联。

现在数据库服务器已经安装和设计完毕，接下来，让我们看看在 FastAPI 微服务应用程序和 MongoDB 数据库之间建立连接的不同方法。

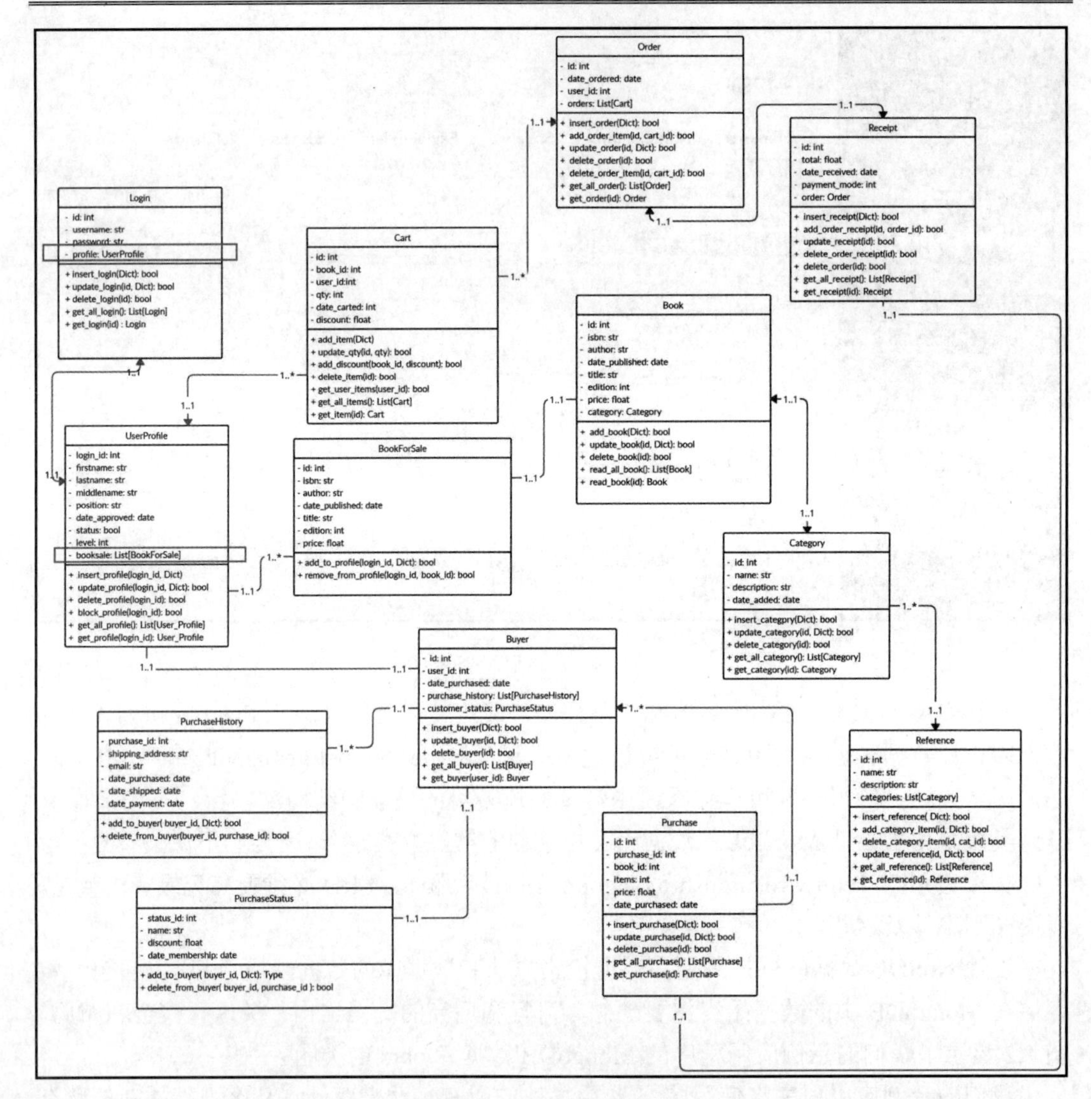

图 6.2　obrs 数据库的类图

6.3　应用 PyMongo 驱动程序进行同步连接

我们将从学习 FastAPI 应用程序如何使用 PyMongo 数据库驱动程序连接到 MongoDB 开始。这个驱动程序相当于 psycopg2，后者允许开发人员在不使用任何 ORM 的情况下访问 PostgreSQL。一些流行的 ODM（例如 MongoEngine 和 Motor）都使用 PyMongo 作为其核心驱动程序，这使我们有理由在讨论有关流行的 ODM 的问题之前先来探索一下 PyMongo。

研究 PyMongo 驱动程序的行为可以提供一些基线事务，这些事务将显示 ODM 如何构建数据库连接、模型和 CRUD 事务。

在详细介绍它之前，需要使用以下 pip 命令先安装 pymongo 扩展：

```
pip install pymongo
```

6.3.1　设置数据库连接

PyMongo 使用其 MongoClient 模块类连接到任何 MongoDB 数据库。我们将使用指定的主机和端口对其进行实例化，以获得客户端对象，例如 MongoClient("localhost", "27017")，也可以获得数据库 URI，例如 MongoClient('mongodb://localhost:27017/')。我们的示例应用程序将使用后者连接到其数据库。如果在不提供参数的情况下进行实例化，则它将使用默认的 localhost 和 27017 详细信息。

如果数据库名称遵循 Python 命名约定，在提取客户端对象后，则可以使用它通过点（.）运算符或属性样式访问（attribute-style access）来访问数据库，例如 client.obrs。否则，可以使用中括号符号（[]）或字典样式访问（dictionary-style access），例如 client["obrs_db"]。

检索到数据库对象后，可以使用访问规则来访问集合。请注意，MongoDB 集合（collection）相当于关系数据库中的表（table），其中存储了经过整理的记录（record）——在 MongoDB 中称为文档（document）。

以下代码显示了一个生成器函数，应用程序将使用它来打开数据库连接并访问必要的集合，为 CRUD 实现做准备：

```
from pymongo import MongoClient

def create_db_collections():
    client = MongoClient('mongodb://localhost:27017/')
    try:
        db = client.obrs
        buyers = db.buyer
        users = db.login
        print("connect")
        yield {"users": users, "buyers": buyers}
```

```
    finally:
        client.close()
```

像上述代码中 create_db_collections()这样的生成器函数应该是首选考虑的，因为在管理数据库连接方面，yield 语句可以做得比 return 语句更完美。当它向调用者发送一个值时，yield 语句可以暂停该函数的执行，但其状态将被保留，使得函数可以在它停止的点上恢复执行。当生成器在 finally 子句处恢复执行时，将应用此功能来关闭数据库连接。相形之下，return 语句就不适用于此目的，因为 return 将在向调用者发送值之前就已完成整个事务。

当然，在调用该生成器函数之前，我们还需要仔细探讨 PyMongo 如何构建其模型层以运行必要的 CRUD 事务。

6.3.2 构建模型层

MongoDB 中的文档被表示和整理为 JSON 样式的结构，特别是 BSON 文档。BSON 文档可以提供比 JSON 结构更多的数据类型。开发人员可以使用字典在 PyMongo 中表示和持久化这些 BSON 文档。保存字典后，BSON 类型的文档将如下所示：

```
{
    _id:ObjectId("61e7a49c687c6fd4abfc81fa"),
    id:1,
    user_id:10,
    date_purchased:"2022-01-19T00:00:00.000000",
    purchase_history:
    [
        {
            purchase_id:100,
            shipping_address:"Makati City",
            email:"mailer@yahoo.com",
            date_purchased:"2022-01-19T00:00:00.000000",
            date_shipped:"2022-01-19T00:00:00.000000",
            date_payment:"2022-01-19T00:00:00.000000"
        },
        {
            purchase_id:110,
            shipping_address:"Pasig City",
            email:"edna@yahoo.com",
            date_purchased:"2022-01-19T00:00:00.000000",
            date_shipped:"2022-01-19T00:00:00.000000",
            date_payment:"2022-01-19T00:00:00.000000"
```

```
        }
    ],
    customer_status:
    {
        status_id:90,
        name:"Sherwin John C. Tragura",
        discount:50,
        date_membership:"2022-01-19T00:00:00.000000"
    }
}
```

BSON 规范支持常见的 Python 数据类型，例如 str、int 和 float，但也有一些类型（例如 ObjectId、Decimal128、RegEx 和 Binary）仅适用于 bson 模块。该规范仅支持 timestamp 和 datetime 时间类型。要安装 bson，请使用以下 pip 命令：

```
pip install bson
```

提示：

BSON 是二进制 JSON（binary JSON）的简称，它是一种针对类似 JSON 文档的序列化和二进制编码。其背后的规范是轻量级的和灵活的。有关这种高效编码格式更详细的解释，请访问以下网址：

https://bsonspec.org/spec.html

ObjectId 是 MongoDB 文档中必不可少的数据类型，因为它将用作主文档结构的唯一标识符（unique identifier）。它是一个 12 字节的字段，由 4 字节的 UNIX 嵌入式时间戳、3 字节的 MongoDB 服务器的机器 ID、2 字节的进程 ID 和 3 字节的任意 ID 增量值组成。

按照惯例，文档的声明字段_id 始终引用文档结构的 ObjectId 值。我们可以允许 MongoDB 服务器为文档生成_id 对象或在持久化期间创建对象类型的实例。检索时，ObjectId 可以是 24 位十六进制数字或字符串格式。请注意，_id 字段是字典已准备好作为有效 BSON 文档保存的关键指标。

接下来，让我们看看 BSON 文档如何使用一些关联进行相互链接。

6.3.3　建立文档关联

MongoDB 没有参照完整性约束（referential integrity constraint）的概念，但文档之间的关系可以是基于结构的。有两种类型的文档：主文档（main document）和嵌入文档（embedded document）。如果一个文档是另一个文档的嵌入文档，则它与另一个文档具有一对一的关联。类似地，如果该文档中的列表链接到主文档结构，则该文档具有多对一关联。

6.3.2 节“构建模型层”中的 purchase BSON 文档显示了与 customer_status 嵌入文档一对一关联以及与 purchase_history 文档多对一关联的主要 buyer 文档示例。如该示例文档所示，嵌入文档没有单独的集合，因为它们没有相应的_id 字段来使它们成为主文档。

6.3.4 使用 BaseModel 类

由于 PyMongo 没有预定义的模型类，FastAPI 的 Pydantic 模型可用于表示具有所有必要验证规则和编码器的 MongoDB 文档。可以使用 BaseModel 类来包含文档详细信息并执行插入、更新和删除事务，因为 Pydantic 模型与 MongoDB 文档兼容。

在线图书转售应用程序将使用以下模型来存储和检索 buyer、purchase_history 和 customer_status 文档详细信息：

```
from pydantic import BaseModel, validator
from typing import List, Optional, Dict
from bson import ObjectId
from datetime import date

class PurchaseHistoryReq(BaseModel):
    purchase_id: int
    shipping_address: str
    email: str
    date_purchased: date
    date_shipped: date
    date_payment: date

    @validator('date_purchased')
    def date_purchased_datetime(cls, value):
        return datetime.strptime(value, "%Y-%m-%dT%H:%M:%S").date()

    @validator('date_shipped')
    def date_shipped_datetime(cls, value):
        return datetime.strptime(value, "%Y-%m-%dT%H:%M:%S").date()

    @validator('date_payment')
    def date_payment_datetime(cls, value):
        return datetime.strptime(value, "%Y-%m-%dT%H:%M:%S").date()

    class Config:
```

```
        arbitrary_types_allowed = True
        json_encoders = {
            ObjectId: str
        }

class PurchaseStatusReq(BaseModel):
    status_id: int
    name: str
    discount: float
    date_membership: date

    @validator('date_membership')
    def date_membership_datetime(cls, value):
        return datetime.strptime(value, "%Y-%m-%dT%H:%M:%S").date()

    class Config:
        arbitrary_types_allowed = True
        json_encoders = {
            ObjectId: str
        }

class BuyerReq(BaseModel):
    _id: ObjectId
    Buyer_id: int
    user_id: int
    date_purchased: date
    purchase_history: List[Dict] = list()
    customer_status: Optional[Dict]

    @validator('date_purchased')
    def date_purchased_datetime(cls, value):
        return datetime.strptime(value, "%Y-%m-%dT%H:%M:%S").date()

    class Config:
        arbitrary_types_allowed = True
        json_encoders = {
            ObjectId: str
        }
```

为了让这些请求模型能够识别 BSON 数据类型，应该对这些模型的默认行为进行一些修改。就像本章前面添加了 orm_mode 选项一样，还需要将一个嵌套的 Config 类添加到 BaseModel 蓝图中，并将 arbitrary_types_allowed 选项设置为 True。此附加配置将识别属性声明中使用的 BSON 数据类型，包括符合所使用的相应 BSON 数据类型的必要基础验证规则。

此外，json_encoders 选项也应该是该配置的一部分，用于在查询事务期间将文档的 ObjectId 属性转换为字符串。

6.3.5 使用 Pydantic 验证

当然，其他一些类型对于 json_encoders 来说太复杂了，无法处理，例如将 BSON datetime 字段转换为 Python datetime.date。由于 ODM 无法自动将 MongoDB datetime 转换为 Python date 类型，因此需要创建自定义验证并通过 Pydantic 的@validation 装饰器解析此 BSON datetime。我们还必须在 FastAPI 服务中使用自定义验证器和解析器，将所有传入的 Python date 参数转换为 BSON datetime。稍后将详细讨论它。

@validator 将创建一个 class 方法，该方法接受 class name 作为要验证和解析的字段的第一个参数，而不是实例。它的第二个参数是一个选项，指定需要转换为另一种数据类型的字段名称或类属性，例如 PurchaseRequestReq 模型的 date_purchase、date_shipped 或 date_payment。

@validator 的 pre 属性告诉 FastAPI 在 API 服务实现中进行任何内置验证之前处理类方法。这些方法在 APIRouter 为请求模型运行其自定义和内置的 FastAPI 验证规则（如果有的话）之后立即执行。

请注意，这些请求模型已放置在本章示例应用程序的/models/request/buyer.py 模块中。

6.3.6 使用 Pydantic @dataclass 查询文档

使用 BaseModel 模型类来包装查询的 BSON 文档仍然是实现查询事务的最佳方法。但由于 BSON 在处理 Python datetime.date 字段方面存在问题，我们不能总是通过包装检索到的 BSON 文档来利用用于 CRUD 事务的请求模型类。

有时，使用该模型会产生 "invalid date format (type=value_error.date)" 错误（指示日期格式无效），因为所有模型都有 Python datetime.date 字段，而传入数据则具有 BSON datetime 或 timestamp。

与其给请求模型增加更多的复杂性，不如求助于另一种提取文档的方法——利用 Pydantic @dataclass。例如，为包装已经提取的 buyer 文档，可定义以下数据类：

```
from pydantic.dataclasses import dataclass
from dataclasses import field
```

```
from pydantic import validator

from datetime import date, datetime
from bson import ObjectId
from typing import List, Optional

class Config:
        arbitrary_types_allowed = True

@dataclass(config=Config)
class PurchaseHistory:
    purchase_id: Optional[int] = None
    shipping_address: Optional[str] = None
    email: Optional[str] = None
    date_purchased: Optional[date] = "1900-01-01T00:00:00"
    date_shipped: Optional[date] = "1900-01-01T00:00:00"
    date_payment: Optional[date] = "1900-01-01T00:00:00"

    @validator('date_purchased', pre=True)
    def date_purchased_datetime(cls, value):
        return datetime.strptime(value, "%Y-%m-%dT%H:%M:%S").date()

    @validator('date_shipped', pre=True)
    def date_shipped_datetime(cls, value):
        return datetime.strptime(value, "%Y-%m-%dT%H:%M:%S").date()

    @validator('date_payment', pre=True)
    def date_payment_datetime(cls, value):
        return datetime.strptime(value, "%Y-%m-%dT%H:%M:%S").date()

@dataclass(config=Config)
class PurchaseStatus:
    status_id: Optional[int] = None
    name: Optional[str] = None
    discount: Optional[float] = None
    date_membership: Optional[date] = "1900-01-01T00:00:00"

    @validator('date_membership', pre=True)
    def date_membership_datetime(cls, value):
        return datetime.strptime(value, "%Y-%m-%dT%H:%M:%S").date()

@dataclass(config=Config)
```

```
class Buyer:
    buyer_id: int
    user_id: int
    date_purchased: date
    purchase_history: List[PurchaseHistory] =
        field(default_factory=list )
    customer_status: Optional[PurchaseStatus] =
        field(default_factory=dict)
    _id: ObjectId = field(default=ObjectId())

    @validator('date_purchased', pre=True)
    def date_purchased_datetime(cls, value):
        print(type(value))
        return datetime.strptime(value, "%Y-%m-%dT%H:%M:%S").date()
```

在上述示例中，@dataclass 是一个装饰器函数，它将__init__()添加到 Python 类以初始化其属性和其他特殊函数，例如__repr__()。

上述代码中的 PurchaseHistory、PurchaseStatus 和 Buyer 自定义类是典型的类，可以转化为请求模型类。

FastAPI 在创建模型类时同时支持 BaseModel 和数据类。除了在 Pydantic 模块下，在创建模型类时使用@dataclass 并不能替代使用 BaseModel。这是因为这两个组件在灵活性、功能和钩子方面是不同的。BaseModel 是非常适合配置的，可以适应许多验证规则和类型提示，而@dataclass 在识别一些 Config 属性（例如 extra、allow_population_by_field_name 和 json_encoders）时存在问题。

如果某个数据类需要一些额外的细节，则需要一个自定义类来定义这些配置并设置该装饰器的 config 参数。例如，在上述代码中的 Config 类将 arbitrary_types_allowed 设置为 True，已被添加到 3 个模型类中。

除了 config，该装饰器还有其他参数，例如 init、eq 和 repr，它们接受 bool 值来生成它们各自的钩子（hook）方法。当设置为 True 时，frozen 参数将启用有关字段类型不匹配的异常处理。

在数据解析和转换方面，@dataclass 始终依赖于增强验证，这与 BaseModel 是不一样的，后者只需添加 json_encoders 即可处理数据类型转换。

在上述示例显示的数据类中，所有验证器都关注文档检索过程中的 BSON datetime 到 Python datetime.date 的转换。这些验证将在 APIRouter 中的任何自定义或内置验证之前发生，因为@validator 装饰器的 pre 参数被设置为 True。

在处理默认值时，BaseModel 类可以使用 Optional 之类的典型类型提示或 dict()或 list()

之类的对象实例化来定义其复杂属性的前置条件状态。

对于@dataclass 来说，当应用类型提示来设置复杂字段类型（如 list、dict 和 ObjectId）的默认值时，总是在编译时抛出 ValueError 异常。它需要 Python 的 dataclasses 模块中的 field()说明符来设置这些字段的默认值，方法是通过说明符的 default 参数分配实际值，或者调用函数或 lambda 表达式，通过 default_factory 参数返回有效值。

field()的使用表明 Pydantic 的@dataclass 完全替代了 Python 的核心数据类，并且还具有一些附加功能，例如 config 参数和包含的@validator 组件。

建议所有@dataclass 模型在使用类型提示或 field()时都具有默认值，对于嵌入文档以及具有 date 或 datetime 类型的模型而言更是如此，因为只有这样才能避免一些缺少构造函数参数的错误。

另外，@dataclass 也可以在 BaseModel 类中创建嵌入式结构，例如，使用类类型定义属性。在 Buyer 模型中已经通过加粗突出显示了这种方式。

所有这些模型类都放在/models/data/pymongo.py 脚本中。

接下来，让我们应用这些数据模型来创建存储库层。

6.3.7　实现存储库层

PyMongo 需要 collection 来构建应用程序的存储库层。除了 collection 对象，插入、删除和更新事务还需要 BaseModel 类包含来自客户端的所有详细信息，并在事务完成后将它们转换为 BSON 文档。同时，我们的查询事务将要求数据类在文档检索过程中将所有 BSON 文档转换为可 JSON 化的资源。

现在，让我们看看如何使用 PyMongo 驱动程序实现存储库。

6.3.8　构建 CRUD 事务

以下代码块中的存储库类根据在线图书转售系统的基本规范实现了旨在管理 buyer、purchase_history 和 customer_status 信息的 CRUD 事务：

```
from typing import Dict, Any

class BuyerRepository:

    def __init__(self, buyers):
        self.buyers = buyers

    def insert_buyer(self, users, details:Dict[str, Any]) -> bool:
```

```
        try:
            user = users.find_one({"_id": details["user_id"]})
            print(user)
            if user == None:
                return False
            else:
                self.buyers.insert_one(details)

        except Exception as e:
            return False
        return True
```

让我们来仔细看看 insert_buyer()，它插入已注册的图书买家的详细信息，该买家在系统中以 login 用户的身份执行了一些先前的事务。

PyMongo 集合提供了处理 CRUD 事务的辅助方法，例如 insert_one()，它可以添加来自其 Dict 参数的单个主文档。它还具有 insert_many()，接受可以作为多个文档持久保存的有效字典列表。这两种方法都可以在插入过程中为 BSON 文档的_id 字段生成一个 ObjectId。买家的详细信息则是从 BuyerReq Pydantic 模型中提取的。

接下来，update_buyer()显示了如何更新 buyer 集合中的特定文档：

```
def update_buyer(self, id:int, details:Dict[str, Any]) -> bool:
    try:
        self.buyers.update_one({"buyer_id": id}, {"$set":details})
    except:
        return False
    return True

def delete_buyer(self, id:int) -> bool:
    try:
        self.buyers.delete_one({"buyer_id": id})
    except:
        return False
    return True
```

该集合有一个 update_one()方法，它需要两个参数：一个唯一且有效的字段/值字典对（{"buyer_id": id}），将用作记录搜索的搜索键，另一个字典对具有预定义的$set 键和更新的用于替换的详细信息（{"$set":details}）。

它还具有 update_many()方法，该方法可以更新多个文档，因为主字典的字段/值参数不是唯一的。

delete_buyer()是使用唯一且有效的字段/值对（如{"buyer_id": id}）删除 buyer 文档的

事务。如果此参数或搜索键是公共/非唯一数据，则集合将提供 delete_many()，它可以删除多个文档。

以下脚本展示了如何在 PyMongo 中实现查询事务：

```
from dataclasses import asdict
from models.data.pymongo import Buyer
from datetime import datetime
from bson.json_util import dumps
import json
    ... ... ...
    ... ... ...
    ... ... ...
    def get_all_buyer(self):
        buyers = [asdict(Buyer(**json.loads(dumps(b))))
            for b in self.buyers.find()]
        return buyers

    def get_buyer(self, id:int):
        buyer = self.buyers.find_one({"buyer_id": id})
        return asdict(Buyer(**json.loads(dumps(buyer))))
```

在查询文档时，PyMongo 有一个 find()方法，它将检索集合中的所有文档，还有一个 find_one()，它可以得到唯一的文档。

这两种方法都需要两个参数：一个是字典的字段/值对形式的条件或逻辑查询参数，另一个是需要出现在记录中的字段集。

上述代码块中的 get_buyer()显示了如何通过唯一的 buyer_id 字段检索买家文档。它没有第二个参数，意味着结果中的所有字段都存在。

同时，get_all_buyer()可以无限制地检索所有买家文档。约束或过滤器表达式将使用 BSON 比较运算符进行制定，如表 6.1 所示。

表 6.1　在约束或过滤器表达式中使用的 BSON 比较运算符

运　算　符	说　　明	运　算　符	说　　明
$eq	字段等于指定值	$lt	字段小于指定值
$gt	字段大于指定值	$lte	字段小于或等于指定值
$gte	字段大于或等于指定值	$ne	字段不等于指定值
$in	字段是值的数组的一部分	$nin	字段不是值的数组的一部分

例如，要检索 user_id 大于 5 的买家文档，可以使用以下查询操作：

```
buyers.find({"user_id": {"$gte": 5}})
```

如果要构建复合过滤器，则必须应用如表 6.2 所示的逻辑运算符。

表 6.2　在约束或过滤器表达式中使用的逻辑运算符

运　算　符	说　　明
$not	对过滤表达式的值取反
$and	如果两个过滤表达式均返回 True 则计算结果为 True
$or	如果仅一个过滤表达式返回 True 则计算结果为 True
$nor	如果两个过滤表达式均返回 False 则计算结果为 True

例如，要检索 user_id 小于 50 且 user_id 大于 10 的买家文档，则可以使用以下查询操作：

```
find({'and': [{'buyer_id': {'$lt': 50}}, {'user_id':{'$gt':10}}]})
```

这两种方法都将返回 BSON 文档，这些文档不是 FastAPI 框架可以读取的 JSON 组件。要将文档转换为 JSON，bson.json_util 扩展有一个 dumps()方法，可以将单个文档或文档列表转换为 JSON 字符串。

get_all_buyer()和 get_buyer()都可以将检索到的每个文档转换为 JSON，以便每个文档都可以映射到 Buyer 数据类。

该映射的主要目标是将 datetime 字段转换为 Python datetime.date，这同时需要利用 Buyer 数据类的验证器。只有使用 json 扩展的 loads()方法将 str 转换为 dict 数据结构时，该映射才算是成功。

在生成 Buyer 数据类的列表后，还需要 Python dataclasses 模块的 asdict()方法将 Buyer 数据类的列表转换为 APIRouter 使用的字典列表。

6.3.9　管理文档关联

从技术上讲，有两种方法可以在 PyMongo 中构建文档关联。

第一种方法是使用 bison.dbref 模块的 DBRef 类来链接父子文档。该方法唯一的先决条件是两个文档都具有 ObjectId 类型的_id 值并且存在它们各自的集合中。

例如，如果 PurchaseHistoryReq 是一个核心文档，则可以通过以下查询将一条购买记录插入列表中：

```
buyer["purchase_history"].append(new DBRef("purchase_history",
"49a3e4e5f462204490f70911"))
```

在上述示例中，DBRef 构造函数的第一个参数是放置子文档的集合的名称，而第二个参数则是字符串格式的子文档的 ObjectId 属性。

当然，也有些开发人员喜欢使用 ObjectId 实例而不是字符串版本。因此，要使用 DBRef 从 buyer 集合中查找特定的 purchase_history 文档，也可以这样编写查询：

```
buyer.find({ "purchase_history ": DBRef("purchase_history",
ObjectId("49a3e4e5f462204490f70911")) })
```

第二种方式是通过 BuyerReq 模型将整个 BSON 文档结构添加到 buyer 的 list 字段中。此解决方案适用于没有_id 和 collection 但对核心文档必不可少的嵌入文档。

以下代码中的 add_purchase_history()显示了如何应用此方法在 purchase_history 和 buyer 文档之间创建多对一关联：

```
def add_purchase_history(self, id:int, details:Dict[str, Any]):
    try:
        buyer = self.buyers.find_one({"buyer_id": id})
        buyer["purchase_history"].append(details)
        self.buyers.update_one({"buyer_id": id},
            {"$set": {"purchase_history": buyer["purchase_history"]}})
    except Exception as e:
        return False
    return True

def add_customer_status(self, id:int, details:Dict[str, Any]):
    try:
        buyer = self.buyers.find_one({"buyer_id": id})
        self.buyers.update_one({"buyer_id": id},
            {"$set":{"customer_status": details}})
    except Exception as e:
        return False
    return True
```

上述示例中的 add_customer_status()方法展示了如何实现第二种方法，在 buyer 和 purchase_status 文档之间建立一对一的关联。如果 PurchaseStatusReq 是一个独立的核心文档，则也可以应用第一种方法，它涉及使用 DBRef。

完整的存储库类可以在/repository/pymongo/buyer.py 脚本文件中找到。

接下来，可以将这些 CRUD 事务应用到 API 服务。

6.3.10　运行事务

在执行 BuyerRepository 事务之前，应使用 Depends 将 create_db_collections()生成器

注入 API 服务。由于 PyMongo 难以处理不支持 BSON 的 Python 类型，例如 datetime.date，因此有时需要自定义验证和序列化程序来处理某些事务。

注意：

在 @dataclass 和 BaseModel 中的 @validator 的实现在查询检索期间会将传出的 BSON datetime 参数转换为 Python date。同时，在从应用程序过渡到 MongoDB 的过程中，该 API 层中的 JSON 编码器验证会将传入的 Python date 值转换为 BSON datetime 值。

例如，以下代码中的 add_buyer()、update_buyer()和 add_purchase_history()事务方法都需要一个自定义序列化程序，例如 json_serialize_date()，将 Python datetime.date 值转换为 datetime.datetime 类型，以使其符合 PyMongo 的 BSON 规范：

```
from fastapi import APIRouter, Depends
from fastapi.responses import JSONResponse

from models.request.buyer import BuyerReq,
        PurchaseHistoryReq, PurchaseStatusReq
from repository.pymongo.buyer import BuyerRepository
from db_config.pymongo_config import create_db_collections

from datetime import date, datetime
from json import dumps, loads
from bson import ObjectId

router = APIRouter()

def json_serialize_date(obj):
    if isinstance(obj, (date, datetime)):
        return obj.strftime('%Y-%m-%dT%H:%M:%S')
    raise TypeError ("The type %s not serializable." % type(obj))

def json_serialize_oid(obj):
    if isinstance(obj, ObjectId):
        return str(obj)
    elif isinstance(obj, date):
        return obj.isoformat()
    raise TypeError ("The type %s not serializable." % type(obj))

@router.post("/buyer/add")
def add_buyer(req: BuyerReq, db=Depends(create_db_collections)):
    buyer_dict = req.dict(exclude_unset=True)
```

```
    buyer_json = dumps(buyer_dict, default=json_serialize_date)
    repo:BuyerRepository = BuyerRepository(db["buyers"])
    result = repo.insert_buyer(db["users"], loads(buyer_json))

    if result == True:
        return JSONResponse(content={"message":
            "add buyer successful"}, status_code=201)
    else:
        return JSONResponse(content={"message":
            "add buyer unsuccessful"}, status_code=500)

@router.patch("/buyer/update")
def update_buyer(id:int, req:BuyerReq,
    db=Depends(create_db_collections)):
    buyer_dict = req.dict(exclude_unset=True)
    buyer_json = dumps(buyer_dict, default=json_serialize_date)
    repo:BuyerRepository = BuyerRepository(db["buyers"])
    result = repo.update_buyer(id, loads(buyer_json))

    if result == True:
        return JSONResponse(content={"message":
            "update buyer successful"}, status_code=201)
    else:
        return JSONResponse(content={"message":
            "update buyer unsuccessful"}, status_code=500)

@router.post("/buyer/history/add")
def add_purchase_history(id:int, req:PurchaseHistoryReq,
        db=Depends(create_db_collections)):
    history_dict = req.dict(exclude_unset=True)
    history_json = dumps(history_dict, default=json_serialize_date)
    repo:BuyerRepository = BuyerRepository(db["buyers"])
    result = repo.add_purchase_history(id, loads(history_json))
```

json_serialize_date()函数成为 dumps()方法的 JSON 序列化过程的一部分，但仅处理时间类型转换，同时将 buyer 详细信息转换为 JSON 对象。它应用于存储库类的 INSERT 和 UPDATE 事务，以提取与 BuyerReq、PurchaseHistoryReq 和 PurchaseStatusReq 模型等效的序列化 JSON 字符串。

还有另一个自定义转换器应用于 list_all_buyer()和 get_buyer()方法中的数据检索：

```
@router.get("/buyer/list/all")
def list_all_buyer(db=Depends(create_db_collections)):
```

```
    repo:BuyerRepository = BuyerRepository(db["buyers"])
    buyers = repo.get_all_buyer()
    return loads(dumps(buyers, default=json_serialize_oid))

@router.get("/buyer/get/{id}")
def get_buyer(id:int, db=Depends(create_db_collections)):
    repo:BuyerRepository = BuyerRepository(db["buyers"])
    buyer = repo.get_buyer(id)
    return loads(dumps(buyer, default=json_serialize_oid))
```

在我们的查询事务中涉及的数据模型是数据类，所以上述两种查询方法的结果已经被映射并转换成 JSON 格式。但糟糕的是，对于 FastAPI 框架来说，它们的 JSON 能力还不够。除了不支持 BSON datetime 类型，PyMongo ODM 也无法自动将 ObjectId 转换为 Python 中的默认类型，因此在从 MongoDB 中检索数据时会抛出 ValueError 错误。为了解决该问题，dumps()需要一个自定义序列化器，如 json_serialize_oid()，以便将 MongoDB 中的所有 ObjectId 参数转换为 FastAPI 支持的格式。它还可以将 BSON datetime 值转换为遵循 ISO-8601 格式标准的 Python date 值。dumps()中的有效 JSON 字符串将使 load()方法能够为 FastAPI 服务生成支持 JSON 的结果。

完整的 API 服务可以在/api/buyer.py 脚本文件中找到。

在满足所有要求后，PyMongo 可以使用 MongoDB 服务器来帮助存储和管理所有信息。但是，该驱动程序仅适用于同步 CRUD 事务。如果开发人员选择异步方式来实现 CRUD，则有必要考虑使用 Motor 驱动程序。

6.4　使用 Motor 创建异步 CRUD 事务

Motor 是一个异步驱动程序，它依赖于 FastAPI 的 AsyncIO 环境。它可以包装 PyMongo 以生成创建异步存储库层所需的非阻塞和基于协程的类和方法。在除数据库连接和存储库实现之外的大多数其他需求方面，它几乎就和 PyMongo 一样。

在使用它之前，需要通过以下 pip 命令安装 motor 扩展：

```
pip install motor
```

6.4.1　设置数据库连接

Motor 驱动程序使用的是 FastAPI 的 AsyncIO 平台，可以通过其 AsyncIOMotorClient 类打开到 MongoDB 数据库的连接。实例化时，默认连接凭据始终是端口 27017 的

localhost。或者，我们也可以通过其构造函数以 str 格式指定新的详细信息。

以下脚本显示了如何使用指定的数据库凭据创建全局 AsyncIOMotorClient 引用：

```
from motor.motor_asyncio import AsyncIOMotorClient

def create_async_db():
    global client
    client = AsyncIOMotorClient(str("localhost:27017"))

def create_db_collections():
    db = client.obrs
    buyers = db["buyer"]
    users = db["login"]
    return {"users": users, "buyers": buyers}

def close_async_db():
    client.close()
```

可以看到，数据库 URI 的格式是在详细信息之间带有冒号（:）的字符串。

现在，应用程序需要以下 Motor 方法来启动数据库事务：

- create_async_db()：建立数据库连接和加载模式定义的方法。
- close_async_db()：关闭数据库连接的方法。

APIRouter 需要事件处理程序将这两个核心方法作为应用程序级事件进行管理。稍后，我们会将 create_async_db()注册为启动事件，将 close_async_db()注册为关闭事件。

另外，create_db_collections()方法创建了一些对 login 和 buyer 集合的引用，稍后存储库事务将需要这些引用。

一般来说，创建数据库连接和获取对文档集合的引用不需要 async/await 表达式，因为该过程不涉及 I/O。这些方法可以在/db_config/motor_config.py 脚本文件中找到。

接下来，让我们看看如何创建 Motor 的存储库层。

6.4.2　创建模型层

PyMongo 和 Motor 在创建请求和数据模型时使用的方法是一样的。PyMongo 使用的所有基本模型、数据类、验证器和序列化器也适用于 Motor 连接。

6.4.3　构建异步存储层

在 CRUD 实现方面，PyMongo 和 Motor 在语法上略有不同，但在每个事务的性能上却有相当大的差异。它们用于插入、更新和删除文档的辅助方法（包括必要的方法参数）都是相同的，只是 Motor 具有非阻塞版本。在存储库中调用非阻塞 Motor 方法需要 async/await 表达式。以下是 PyMongo 的 BuyerRepository 的异步版本：

```
class BuyerRepository:

    def __init__(self, buyers):
        self.buyers = buyers

    async def insert_buyer(self, users, details:Dict[str, Any]) -> bool:
        try:
            user = await users.find_one({"_id":
                details["user_id"]})
            … … … … …
            else:
                await self.buyers.insert_one(details)
            … … … … …

        return True

    async def add_purchase_history(self, id:int,
            details:Dict[str, Any]):
        try:
            … … … … …
            await self.buyers.update_one({"buyer_id": id},
                {"$set":{"purchase_history":
                    buyer["purchase_history"]}})
            … … … … …
        return True
```

上述代码块中的 insert_buyer()被定义为 async，因为 insert_one()是一个需要 await 调用的非阻塞操作。add_purchase_history()也是如此，它使用非阻塞 update_one()更新 purchase_history 嵌入文档：

```
async def get_all_buyer(self):
    cursor = self.buyers.find()
    buyers = [asdict(Buyer(**json.loads(dumps(b))))
        for b in await cursor.to_list(length=None)]
    return buyers

async def get_buyer(self, id:int):
    buyer = await self.buyers.find_one({"buyer_id": id})
    return asdict(Buyer(**json.loads(dumps(buyer))))
```

delete_many()和 find_one()操作也通过 await 表达式进行调用。但是，Motor 中的 find()不是异步的，其行为与 PyMongo 不同。原因是 find()不是 Motor 中的 I/O 操作，它返回一个 AsyncIOMotorCursor 或异步游标，这是一个包含所有 BSON 文档的可迭代类型。在检索所有存储的文档时，我们将 async 应用于游标。

上述代码中的 get_all_buyer()事务显示了如何调用 find()操作并调用游标来提取 JSON 转换所需的文档。该存储库类可以在/repository/motor/buyer.py 脚本文件中找到。

接下来，让我们将这些 CRUD 事务应用到 API 服务。

6.4.4 运行 CRUD 事务

为了使存储库与 APIRouter 一起工作，我们需要创建两个事件处理程序来管理数据库连接和文档集合检索。

- Uvicorn 服务器在应用程序运行之前执行的启动事件，应该触发 create_async_db()方法的执行以实例化 AsyncIOMotorClient 并引用集合。
- 关闭事件，在 Uvicorn 服务器关闭时运行，并应触发 close_async_ db()执行以关闭连接。

APIRouter 有一个 add_event_handler()方法来创建这两个事件处理程序。

以下代码是 APIRouter 脚本的一部分，它显示了如何为 BuyerRepository 事务准备数据库连接：

```
… … … … …
from db_config.motor_config import create_async_db,
   create_db_collections, close_async_db
… … … … …

router = APIRouter()

router.add_event_handler("startup", create_async_db)
router.add_event_handler("shutdown", close_async_db)
```

在上述代码中，"startup"和"shutdown"值是预先构建的配置值，而不仅仅是用于指示事件处理程序类型的任意字符串值。在第 8 章“创建协程、事件和消息驱动的事务”中将更详细地讨论这些事件处理程序。

在设置这些事件处理程序之后，API 服务即可使用 await/async 表达式异步地调用存储库事务。PyMongo 中应用的验证和序列化实用程序也可以在此版本的 BuyerRepository 中使用。将 create_db_collections()注入 API 服务后，这些集合将可供 API 服务使用。

add_buyer() API 服务展示了如何使用 Motor 驱动程序实现异步 REST 事务：

```
@router.post("/buyer/async/add")
async def add_buyer(req: BuyerReq, db=Depends(create_db_collections)):
    buyer_dict = req.dict(exclude_unset=True)
    buyer_json = dumps(buyer_dict, default=json_serialize_date)
    repo:BuyerRepository = BuyerRepository(db["buyers"])

    result = await repo.insert_buyer(db["users"], loads(buyer_json))

    if result == True:
        return JSONResponse(content={"message":
            "add buyer successful"}, status_code=201)
    else:
        return JSONResponse(content={"message":
            "add buyer unsuccessful"}, status_code=500)
```

使用 PyMongo 和 Mongo 驱动程序提供了 MongoDB 事务的最小且详尽的实现。每个 CRUD 事务的核心实现因开发人员而异，用于审查和分析所涉及进程的方法将以不同的方式进行管理。另外，文档字段的定义也没有既定的标准，比如数据唯一性、字段值的长度、取值范围，甚至添加唯一 ID 的想法等。

为了解决围绕 PyMongo 和 Motor 的这些问题，不妨探索一下打开与 MongoDB 数据库的连接以创建 CRUD 事务的其他方法，例如使用 ODM。

6.5 使用 MongoEngine 实现 CRUD 事务

MongoEngine 是一个 ODM，它可以使用 PyMongo 创建一个易于使用的框架，以帮助管理 MongoDB 文档。它提供的 API 类可以帮助使用其字段类型和属性元数据生成模型类。它提供了一种创建和结构化嵌入文档的声明方式。

在讨论该 ODM 之前，需要先使用以下 pip 命令安装它：

```
pip install mongoengine
```

6.5.1 建立数据库连接

MongoEngine 具有建立连接的最直接的方法之一。其 mongoengine 模块有一个 connect()辅助方法，当该方法获得适当的数据库连接时，即会连接到 MongoDB 数据库。

我们的示例应用程序必须有一个生成器方法来创建对数据库连接的引用，并在事务过期后关闭这个创建的连接。

以下脚本展示了 MongoEngine 数据库连接：

```
from mongoengine import connect

def create_db():
    try:
        db = connect(db="obrs", host="localhost", port=27017)
        yield db
    finally:
        db.close()
```

connect()方法的第一个参数名为 db，它是强制性的，表示数据库的名称。余下参数指的是数据库连接的其他剩余详细信息，例如 host、port、username 和 password。此配置可以在/db_config/mongoengine_config.py 脚本文件中找到。

接下来，需要为 MongoEngine 存储库创建数据模型。

6.5.2 构建模型层

MongoEngine 通过其 Document API 类提供了一种方便且声明性的方式将 BSON 文档映射到模型类。模型类必须是 Document 的子类以继承合格且有效的 MongoDB 文档的结构和属性。以下是使用 Document API 类创建的 Login 定义：

```
from mongoengine import Document, StringField,
        SequenceField, EmbeddedDocumentField
import json

class Login(Document):
    id = SequenceField(required=True, primary_key=True)
    username = StringField(db_field="username",
        max_length=50, required=True, unique=True)
    password = StringField(db_field="password",
        max_length=50, required=True)
    profile = EmbeddedDocumentField(UserProfile, required=False)

    def to_json(self):
        return {
            "id": self.id,
            "username": self.username,
            "password": self.password,
            "profile": self.profile
```

```
    }

    @classmethod
    def from_json(cls, json_str):
        json_dict = json.loads(json_str)
        return cls(**json_dict)
```

与 PyMongo 和 Motor 驱动程序不同，MongoEngine 可以使用其 Field 类及其属性来定义类属性。它的一些 Field 类包括 StringField、IntField、FloatField、BooleanField 和 DateField。它们可以分别声明 str、int、float、bool 和 datetime.date 类属性。

该 ODM 具有的另一个方便特性是它可以创建 SequenceField，其行为与关系数据库中的 auto_increment 列字段或对象关系数据库中的 Sequence 相同。模型类的 id 字段应声明为 SequenceField，以便将它用作文档的主键。与典型的序列一样，该字段具有用于增加其值或将其重置为零的实用程序，具体取决于必须访问的文档记录。

除了字段类型，字段类还可以为 choices、required、unique、min_value、max_value、min_length 和 max_length 之类的属性提供字段参数，以对字段值进行约束。

- choices 参数表示接受将用作枚举的可迭代的字符串值。
- required 参数表示该字段是否总是需要一个字段值。
- unique 参数表示该字段值在集合中没有重复项。违反 unique 参数将导致出现以下错误消息：

```
Tried to save duplicate unique keys (E11000 duplicate key error
collection: obrs.login index: username_...)
```

- min_value 表示数值字段的最小值。
- max_value 表示数值字段的最大值。
- min_length 指定字符串值的最小长度。
- max_length 指定字符串值的最大长度。

当指定另一个文档字段名称而不是类属性名称时，也可以应用 db_field 参数。上述示例中的 Login 类还定义了用于保存字符串值的 username 和 password 字段，id 主键定义为 SequenceField，另外还有用于建立文档关联的嵌入文档字段。

6.5.3　创建文档关联

Login 的 profile 字段在 Login 文档和 UserProfile 之间创建了一对一的关联。但在该关联生效之前，还需要将 profile 字段定义为 EmbeddedDocumentField 类型，并将 UserProfile

定义为 EmbeddedDocument 类型。

以下是 UserProfile 的完整监图：

```
class UserProfile(EmbeddedDocument):
    firstname = StringField(db_field="firstname",
        max_length=50, required=True)
    lastname = StringField(db_field="lastname",
        max_length=50, required=True)
    middlename = StringField(db_field="middlename",
        max_length=50, required=True)
    position = StringField(db_field="position",
        max_length=50, required=True)
    date_approved = DateField(db_field="date_approved", required=True)
    status = BooleanField(db_field="status", required=True)
    level = IntField(db_field="level", required=True)
    login_id = IntField(db_field="login_id", required=True)
    booksale = EmbeddedDocumentListField(BookForSale, required=False)

    def to_json(self):
        return {
            "firstname": self.firstname,
            "lastname": self.lastname,
            "middlename": self.middlename,
            "position": self.position,
            "date_approved":
                self.date_approved.strftime("%m/%d/%Y"),
            "status": self.status,
            "level": self.level,
            "login_id": self.login_id,
            "books": self.books
        }

    @classmethod
    def from_json(cls, json_str):
        json_dict = json.loads(json_str)
        return cls(**json_dict)
```

EmbeddedDocument API 是一个没有 id 的 Document 并且没有自己的集合。此 API 的子类是已创建为核心文档结构一部分的模型类，例如作为 Login 详细信息一部分的 UserProfile。现在，引用此文档的字段具有设置为 False 的 required 属性，因为嵌入文档不能始终存在。

另外，声明为 EmbeddedDocumentList 的字段可用于在文档之间创建多对一关联。上述示例中的 UserProfile 类由于其声明的 booksale 字段而与 BookForSale 嵌入文档列表紧密相关。同样的道理，字段类型应始终将其 required 属性设置为 False 以避免在处理空值时出现问题。

6.5.4　应用自定义序列化和反序列化

该 ODM 中没有用于验证和序列化的内置钩子。在线图书转售应用程序中的每个模型类都实现了一个 from_json()类方法，该方法可将 JSON 详细信息转换为有效的 Document 实例。将 BSON 文档转换为 JSON 对象时，模型类必须具有自定义的 to_json()实例方法，该方法可以构建 JSON 结构并通过格式化自动将 BSON datetime 转换为支持 JSON 的 date 对象。

接下来，让我们使用模型类创建存储库层。

6.5.5　实现 CRUD 事务

MongoEngine 提供了非常方便和直接的方法来为应用程序构建存储库层。它的所有操作都来自 Document 模型类，并且易于使用。

LoginRepository 可以使用 ODM 来实现其 CRUD 事务：

```
from typing import Dict, Any
from models.data.mongoengine import Login

class LoginRepository:

    def insert_login(self, details:Dict[str, Any]) -> bool:
        try:
            login = Login(**details)
            login.save()
        except Exception as e:
            print(e)
            return False
        return True

    def update_password(self, id:int, newpass:str) -> bool:
        try:
            login = Login.objects(id=id).get()
            login.update(password=newpass)
```

```
        except:
            return False
        return True

    def delete_login(self, id:int) -> bool:
        try:
            login = Login.objects(id=id).get()
            login.delete()
        except:
            return False
        return True
```

insert_login()方法只需两行即可保存 Login 文档。在使用必要的文档详细信息创建 Login 实例后，只需调用 Document 实例的 save()方法来执行插入事务。

在修改某些文档值时，Document API 类有一个 update()方法，用于管理每个类属性的状态更改。但首先，我们需要使用 objects()实用方法查找文档，该方法需要从集合中检索文档结构。这个 objects()方法可以通过为其参数提供一个 id 字段值来获取文档，或者通过为该方法提供通用搜索表达式来提取一个文档记录列表。检索到的文档的实例必须调用其 update()方法对其字段值进行一些修改。

上述示例中的 update_password()方法会更新 Login 的密码字段，这为我们提供了一个很好的模板来了解如何对其他字段属性进行更新操作。

delete_login()方法显示了如何从集合中删除 Login 文档。首先需要调用实例来搜索对象，然后使用实例的 delete()方法来删除它。

以下脚本展示了如何在 MongoEngine 中执行查询事务：

```
def get_all_login(self):
    login = Login.objects()
    login_list = [l.to_json() for l in login]
    return login_list

def get_login(self, id:int):
    login = Login.objects(id=id).get()
    return login.to_json()
```

执行单个或多个文档检索的唯一方法是使用 objects()方法。不需要为查询结果实现 JSON 转换器，因为每个 Document 模型类各有一个 to_json()方法来提供实例的 JSON 等效项。上述示例中的 get_all_login()事务使用了列表推导式从objects()的结果创建 JSON 文档列表，而 get_login()方法则可以在提取单个文档后调用 to_json()。

6.5.6 管理嵌入文档

与核心 PyMongo 和 Motor 数据库驱动程序相比，使用 ODM 实现文档关联更容易。由于 MongoEngine 的操作使用起来很舒服，因此只需寥寥几行代码即可管理嵌入文档。

在以下 UserProfileRepository 脚本中，insert_profile()显示了如何通过执行简单的对象搜索和 update()调用将 UserProfile 详细信息添加到 Login 文档：

```
from typing import Dict, Any
from models.data.mongoengine import Login, UserProfile, BookForSale

class UserProfileRepository():

    def insert_profile(self, login_id:int,
            details:Dict[str, Any]) -> bool:
        try:
            profile = UserProfile(**details)
            login = Login.objects(id=login_id).get()
            login.update(profile=profile)
        except Exception as e:
            print(e)
            return False
        return True

    def add_book_sale(self, login_id:int,
            details:Dict[str, Any]):
        try:
            sale = BookForSale(**details)
            login = Login.objects(id=login_id).get()
            login.profile.booksale.append(sale)
            login.update(profile=login.profile)
        except Exception as e:
            print(e)
            return False
        return True
```

同样，上述 add_book_sale()事务在 BookForSale 和 UserProfile 之间创建了多对一关联，使用的方法与 insert_profile()中应用的方法相同，当然额外还有 List 的 append()操作。

在 MongoEngine 中查询嵌入文档也是可行的。该 ODM 有一个 filter()方法，它使用字段查找语法（field lookup syntax）来引用特定的文档结构或嵌入文档的列表。此字段查找语法包含嵌入文档的字段名称，后跟双下画线来代替通常的对象属性访问语法中的点。然后，它又添加了双下画线，后面是一些运算符，例如 lt、gt、eq 和 exists。

在以下代码中，get_all_profile()使用 profile__login_id__exists=True 字段查找以过滤所有具有有效 login 结构的 user_profile 嵌入文档。当然，get_profile()事务不需要使用 filter()和字段查找，因为它可以简单地访问特定的 login 文档以获取其配置文件详细信息：

```
def get_all_profile(self):
    profiles = Login.objects.filter(
        profile__login_id__exists=True)
    profiles_dict = list(
        map(lambda h: h.profile.to_json(),
            Login.objects().filter(
                profile__login_id__exists=True)))
    return profiles_dict

def get_profile(self, login_id:int):
    login = Login.objects(id=login_id).get()
    profile = login.profile.to_json()
    return profile
```

与其他一些复杂的 MongoEngine 查询相比，上述查询事务只是简单的实现。复杂的 MongoEngine 查询涉及复杂的嵌入文档结构，需要复杂的字段查找语法。

接下来，让我们看看如何将 CRUD 事务应用到 API 服务。

6.5.7　运行 CRUD 事务

如果不将 create_db()方法传递给启动事件并将 disconnect_db()方法传递给关闭事件，则 CRUD 将无法工作。前一个方法将在 Uvicorn 启动期间打开 MongoDB 连接，而后一个方法则将在服务器关闭期间关闭 MongoDB 连接。

以下脚本显示了示例应用程序的 profile 路由器，它带有一个 create_profile() REST 服务，该服务将向客户端询问 profile 详细信息，给出特定 login 记录，并使用 UserProfileRepository 执行插入事务：

```
from fastapi import APIRouter, Depends
from fastapi.responses import JSONResponse

from models.request.profile import UserProfileReq, BookForSaleReq
from repository.mongoengine.profile import UserProfileRepository
from db_config.mongoengine_config import create_db
```

```
router = APIRouter()

@router.post("/profile/login/add", dependencies=[Depends(create_db)])
def create_profile(login_id:int, req:UserProfileReq):
    profile_dict = req.dict(exclude_unset=True)
    repo:UserProfileRepository = UserProfileRepository()
    result = repo.insert_profile(login_id, profile_dict)
    if result == True:
        return req
    else:
        return JSONResponse(content={"message":
            "insert profile unsuccessful"}, status_code=500)
```

create_profile()是处理 MongoEngine 的同步 insert_profile()事务的标准 API 服务。对于异步 REST 服务，不建议使用 MongoEngine，因为它的平台仅适用于同步服务。

在第 6.6 节中，我们将讨论在构建异步存储库层时流行的 ODM。

6.6　使用 Beanie 实现异步 CRUD 事务

Beanie 是一个非样板映射器，它利用了 Motor 和 Pydantic 的核心功能。该 ODM 提供了一种比其前身 Motor 驱动程序更直接的方法来实现异步 CRUD 事务。

要使用 Beanie，需要使用以下 pip 命令先安装它：

```
pip install beanie
```

注意：

安装 Beanie 可能会卸载你当前版本的 Motor 模块，因为它有时需要较低版本的 Motor 模块。因此，使用 Beanie 时可能会导致你现有的 Motor 事务产生错误。

6.6.1　创建数据库连接

Beanie 使用 Motor 驱动程序打开与 MongoDB 的数据库的连接。使用数据库 URL 实例化 Motor 的 AsyncIOMotorClient 类是配置 Beanie 的第一步。但与其他 ODM 相比，Beanie 的独特之处在于它预初始化和预识别将参与 CRUD 事务的模型类的方式。该 ODM 有一个异步 init_beanie()辅助方法，该方法使用数据库名称启动模型类初始化。调用此方法还将设置集合域映射，其中所有模型类都注册在 init_beanie()的 document_models

参数中。

以下脚本显示了访问 MongoDB 数据库 obrs 所需的数据库配置：

```
from motor.motor_asyncio import AsyncIOMotorClient
from beanie import init_beanie
from models.data.beanie import Cart, Order, Receipt

async def db_connect():
    global client
    client =
            AsyncIOMotorClient(f"mongodb://localhost:27017/obrs")
        await init_beanie(client.obrs,
            document_models=[Cart, Order, Receipt])

async def db_disconnect():
    client.close()
```

可以看到，db_connect()使用了 async/await 表达式，因为它对 init_beanie()方法的调用是异步的。db_disconnect()将通过调用 AsyncIOMotorClient 实例的 close()方法来关闭数据库连接。这两种方法都作为事件执行，就像在 MongoEngine 中一样。它们的实现可以在/db_config/beanie_config.py 脚本文件中找到。

接下来，让我们看看如何创建模型类。

6.6.2 定义模型类

Beanie ODM 有一个 Document API 类，负责定义其模型类，将它们映射到 MongoDB 集合，并处理存储库事务，就像在 MongoEngine 中一样。

尽管没有用于定义类属性的 Field 指令，但该 ODM 支持 Pydantic 的验证和解析规则以及用于声明模型及其属性的 typing 扩展。但它也有内置的验证和编码功能，可以与 Pydantic 一起使用。

以下脚本显示了如何在配置 Beanie 模型类时对其进行定义：

```
from typing import Optional, List
from beanie import Document
from bson import datetime

class Cart(Document):
    id: int
    book_id: int
    user_id: int
```

```
    qty: int
    date_carted: datetime.datetime
    discount: float

    class Collection:
        name = "cart"
    … … … … …

class Order(Document):
    id: int
    user_id: int
    date_ordered: datetime.datetime
    orders: List[Cart] = list()

    class Collection:
        name = "order"
    … … … … …

class Receipt(Document):
    id: int
    date_receipt: datetime.datetime
    total: float
    payment_mode: int
    order: Optional[Order] = None

    class Collection:
        name = "receipt"
    class Settings:
        use_cache = True
        cache_expiration_time =
            datetime.timedelta(seconds=10)
        cache_capacity = 10
```

上述 Document 类的 id 属性会自动转换为_id 值。这可以用作文档的主键。Beanie 允许将_id 的默认 ObjectId 类型替换为其他类型（如 int），这在其他 ODM 中是不可能的。对于 Motor 来说，该 ODM 需要自定义 JSON 序列化程序，因为它在 CRUD 事务期间难以将 BSON datetime 类型转换为 Python datetime.date 类型。

可以通过添加 Collection 和 Settings 嵌套类来配置 Beanie 中的文档。Collection 类可以替换模型应该映射到的集合的默认名称。如果需要，它还可以为文档字段提供索引。

另外，Settings 内部类可以覆盖现有的 BSON 编码器，应用缓存，管理并发更新以及在保存文档时添加验证。这 3 个模型类在其定义中包含集合配置，以将其各自集合的名称替换为其类名。

6.6.3　创建文档关联

Python 语法、Pydantic 规则和 API 类可用于在此映射器中建立文档之间的链接。例如，要在 Order 和 Receipt 之间创建一对一的关联，只需要设置一个 Order 字段属性，该属性将链接到单个 Receipt 实例。对于多对一关联，例如 Order 和 Cart 之间的关系，Cart 文档应该只需要一个包含所有 Order 嵌入文档的列表字段。

当然，该 ODM 还有一个 Link 类型，也可用于定义类字段以生成这些关联。它的 CRUD 操作，例如 save()、insert()和 update()，都强烈支持这些 Link 类型，只要在其参数中提供 link_rule 参数即可。

对于查询事务，find()方法可以在文档获取期间包含 Link 文档，前提是它的 fetch_links 参数设置为 True。

接下来，让我们看看如何使用模型类实现存储库层。

6.6.4　实现 CRUD 事务

使用 Beanie 实现存储库的方式与使用 MongoEngine 的方式类似，也就是说，由于 Document API 类提供了方便的辅助方法，如 create()、update()和 delete()，因此它可以使用简短而直接的 CRUD 语法。但是，Beanie 映射器创建了一个异步存储库层，因为其模型类继承的所有 API 方法都是非阻塞的。

以下 CartRepository 类的代码显示了使用 Beanie ODM 的异步存储库类的示例实现：

```
from typing import Dict, Any
from models.data.beanie import Cart

class CartRepository:

    async def add_item(self, details:Dict[str, Any]) -> bool:
        try:
            receipt = Cart(**details)
            await receipt.insert()
        except Exception as e:
            print(e)
            return False
        return True

    async def update_qty(self, id:int, qty:int) -> bool:
```

```
        try:
            cart = await Cart.get(id)
            await cart.set({Cart.qty:qty})
        except:
            return False
        return True

    async def delete_item(self, id:int) -> bool:
        try:
            cart = await Cart.get(id)
            await cart.delete()
        except:
            return False
        return True
```

上述示例中的 add_item()方法展示了如何使用异步 insert()方法来持久化新创建的 Cart 实例。Document API 还有一个 create()方法，其工作方式与 insert()类似。另一种选择是使用 insert_one()类方法而不是实例方法。此外，在该 ODM 中还允许添加多个文档，因为存在 insert_many()操作来执行这种插入。

可以使用两种方法启动文档更新，即 set()和 replace()。上述脚本中的 update_qty()选择了 set()操作来更新放在购物车中的商品的当前 qty 值。

在文档删除方面，该 ODM 只有 delete()方法来处理事务。这存在于上述代码示例的 delete_item()事务中。

使用此 ODM 检索单个文档或文档列表是很容易的。在其查询操作期间不需要进一步的序列化和游标包装。在获取单个文档结构时，如果获取过程只需要_id 字段，则映射器可以提供 get()方法；如果获取过程需要条件表达式，则可以提供 find_one()方法。

此外，Beanie 还有一个 find_all()方法可以无限制地获取所有文档，另外还有一个 find()方法可用于通过条件来检索数据。

以下代码显示了从数据库中检索购物车商品的查询事务：

```
async def get_cart_items(self):
        return await Cart.find_all().to_list()

    async def get_items_user(self, user_id:int):
        return await Cart.find(
            Cart.user_id == user_id).to_list()

    async def get_item(self, id:int):
        return await Cart.get(id)
```

可以看到，find()和 find_all()操作都在方法中用于返回一个 FindMany 对象，该对象具有一个 to_list()实用工具，它可以返回一个支持 JSON 的文档列表。

接下来，让我们将 CRUD 事务应用到 API 服务。

6.6.5　运行存储库事务

只有将配置文件中的 db_connect()注入路由器中，CartRepository 方法才会成功运行。尽管将其注入每个 API 服务是可以接受的，但我们的解决方案更喜欢使用 Depends 将组件注入 APIRouter，具体如下所示：

```
from repository.beanie.cart import CartRepository
from db_config.beanie_config import db_connect
router = APIRouter(dependencies=[Depends(db_connect)])
@router.post("/cart/add/item")
async def add_cart_item(req:CartReq):
    repo:CartRepository = CartRepository()
    result = await repo.add_item(loads(cart_json))
            "insert cart unsuccessful"}, status_code=500)
```

可以看到，异步 add_cart_item()服务使用 CartRepository 将购物车账户异步插入数据库中。

另一个可以与 FastAPI 完美集成的异步映射器是 ODMantic。

6.7　使用 ODMantic 为 FastAPI 构建异步存储库

Beanie 和 ODMantic 的依赖项来自 Motor 和 Pydantic。ODMantic 还利用了 Motor 的 AsyncIOMotorClient 类来打开数据库连接。它还使用 Pydantic 的功能进行类属性验证，使用 Python 的类型扩展进行类型提示，以及使用其他 Python 组件进行管理。和 Beanie 相比，它的优势在于它更符合 FastAPI 等 ASGI 框架的要求。

要使用 ODMantic，需要先使用以下 pip 命令安装扩展：

```
pip install odmantic
```

6.7.1　创建数据库连接

在 ODMantic 中设置数据库连接与使用 Beanie 映射器所做的操作相同，区别在于该设置还包括创建一个将处理其所有 CRUD 操作的引擎。这个引擎是来自 odmantic 模块的

AIOEngine，它需要 Motor 客户端对象和数据库名称才能创建成功。

以下是 ODMantic 映射器所需的数据库连接的完整实现：

```
from odmantic import AIOEngine
from motor.motor_asyncio import AsyncIOMotorClient

def create_db_connection():
    global client_od
    client_od =
        AsyncIOMotorClient(f"mongodb://localhost:27017/")

def create_db_engine():
    engine = AIOEngine(motor_client=client_od, database="obrs")
    return engine

def close_db_connection():
    client_od.close()
```

请注意，我们需要在 APIRouter 中创建事件处理程序来运行 create_db_connection() 和 close_db_connection()以使我们的存储库事务正常工作。

接下来，让我们实现该 ODM 的模型层。

6.7.2 创建模型层

ODMantic 有一个 Model API 类，它在子类化时可以为模型类提供属性。它依赖 Python 类型和 BSON 规范来定义类属性。在转换字段类型时（例如将 BSON datetime 值转换为 Python datetime.date 值时），映射器允许你将自定义@validator 方法添加到模型类中以实现适当的对象序列化程序。一般来说，ODMantic 在数据验证方面依赖于 pydantic 模块，这与 Beanie 映射器是不一样的。

以下是一个标准的 ODMantic 模型类定义：

```
from odmantic import Model
from bson import datetime

class Purchase(Model):
    purchase_id: int
    buyer_id: int
    book_id: int
    items: int
    price: float
```

```
    date_purchased: datetime.datetime

    class Config:
        collection = "purchase"
```

对于高级配置，可以在模型类中添加一个嵌套的 Config 类来设置这些额外的选项（例如 collection 选项）它可以将集合的默认名称替换为自定义名称。我们还可以配置一些熟悉的选项，例如 json_encoders，它可以将一种字段类型转换为另一种支持的字段类型。

6.7.3　建立文档关联

在创建关联时，典型的 Python 方法（声明字段以使其引用嵌入文档）在此 ODM 中仍然适用。当然，该 ODM 映射器有一个 EmbeddedModel API 类来创建一个没有_id 字段的模型；这样做也可以链接到另一个文档。

另外，Model 类还可以定义一个字段属性，引用 EmbeddedModel 类来建立一对一关联，或者引用 EmbeddedModel 实例列表来建立多对一关联。

6.7.4　实现 CRUD 事务

使用 ODMantic 创建存储库层始终需要在启动事件中创建的引擎对象。这是因为所有需要的 CRUD 操作都来自这个引擎。

以下 PurchaseRepository 显示了创建 CRUD 事务所需的 AIOEngine 对象的操作：

```
from typing import List, Dict, Any
from models.data.odmantic import Purchase

class PurchaseRepository:

    def __init__(self, engine):
        self.engine = engine

    async def insert_purchase(self, details:Dict[str, Any]) -> bool:
        try:
            purchase = Purchase(**details)
            await self.engine.save(purchase)

        except Exception as e:
            print(e)
            return False
        return True
```

上述示例中的 insert_purchase()方法显示了使用 ODMantic 将记录插入数据库的标准方法。通过引擎的 save()方法，我们可以使用模型类一次持久化一个文档。AIOEngine 还提供了 save_all()方法，用于将多个文档的列表插入关联的 MongoDB 集合中。

现在，没有特定的方法来更新事务，但是 ODMantic 允许你获取需要更新的记录。以下代码可用于使用 ODMantic 来更新记录：

```
async def update_purchase(self, id:int,
        details:Dict[str, Any]) -> bool:
    try:
        purchase = await self.engine.find_one(
            Purchase, Purchase.purchase_id == id)

        for key,value in details.items():
            setattr(purchase,key,value)

        await self.engine.save(purchase)
    except Exception as e:
        print(e)
        return False
    return True
```

在访问和更改字段值后，接下来要做的就是使用 save()方法重新保存获取的文档对象，以反映物理存储中的更改。完整的流程已在上述 update_purchase()事务中实现。

在删除文档时，必须先获取要删除的文档，然后将获取的文档对象传递给引擎的 delete()方法以执行删除过程。此实现显示在 delete_purchase()方法中，如下所示：

```
async def delete_purchase(self, id:int) -> bool:
    try:
        purchase = await self.engine.find_one(
            Purchase, Purchase.purchase_id == id)
        await self.engine.delete(purchase)
    except:
        return False
    return True
```

可以看到，在获取单个文档以便可以更新或删除它时，AIOEngine 有一个 find_one()方法，它需要两个参数：模型类名称和条件表达式，它涉及 id 主键或一些非唯一字段。所有字段都可以像类变量一样访问。

以下 get_purchase()方法将检索具有指定 id 的 Purchase 文档：

```
async def get_all_purchase(self):
```

```
    purchases = await self.engine.find(Purchase)
    return purchases

async def get_purchase(self, id:int):
    purchase = await self.engine.find_one(
        Purchase, Purchase.purchase_id == id)
    return purchase
```

该引擎有一个 find()操作来检索所有 Purchase 文档，例如，从数据库中检索。它只需要一个参数——模型类的名称。

接下来，让我们将存储库层应用于 API 服务。

6.7.5 运行 CRUD 事务

要运行存储库类，所有路由器服务必须是异步的。如前文所述，我们还需要分别为 create_db_connection()和 close_db_connection()创建启动和关闭事件处理程序，以打开存储库事务的连接。最后，要使存储库类正常工作，必须将 create_db_engine()注入每个 API 服务以派生引擎对象：

```
from fastapi import APIRouter, Depends
from fastapi.responses import JSONResponse

from models.request.purchase import PurchaseReq
from repository.odmantic.purchase import PurchaseRepository
from db_config.odmantic_config import create_db_engine,
    create_db_connection, close_db_connection

from datetime import date, datetime
from json import dumps, loads

router = APIRouter()

router.add_event_handler("startup", create_db_connection)
router.add_event_handler("shutdown", close_db_connection)

@router.post("/purchase/add")
async def add_purchase(req: PurchaseReq,
            engine=Depends(create_db_engine)):
    purchase_dict = req.dict(exclude_unset=True)
    purchase_json = dumps(purchase_dict, default=json_serial)
    repo:PurchaseRepository = PurchaseRepository(engine)
```

```
    result = await
        repo.insert_purchase(loads(purchase_json))
    if result == True:
        return req
    else:
        return JSONResponse(content={"message":
            "insert purchase unsuccessful"}, status_code=500)
    return req
```

到目前这个阶段，你应该知道在管理 MongoDB 文档所需的设置和过程方面如何比较这些映射器和驱动程序。根据它们生成的代码及其解决方案的性能、流行度、支持和复杂性，无疑每一个各有其优缺点。有些可能会满足其他要求，而有些则可能不会。本章将要介绍的最后一个 ODM 则侧重于成为一个最轻量的和最不显眼的映射器。它旨在适应现有应用程序，而不会产生语法和性能问题。

6.8 使用 MongoFrames 创建 CRUD 事务

如果你厌倦了使用复杂的 ODM，那么 MongoFrames 非常适合你的要求。MongoFrames 是最新的 ODM 之一，使用起来非常方便，尤其是在为已经存在的复杂的 FastAPI 微服务应用程序构建新的存储库层时。但是，这个映射器也有缺点，那就是它只能创建同步和标准类型的 CRUD 事务。

在继续讨论之前，需要先使用以下 pip 命令安装扩展模块：

```
pip install MongoFrames
```

6.8.1 创建数据库连接

MongoFrames 平台运行在 PyMongo 之上，这就是它无法构建异步存储库层的原因。为了创建数据库连接，它将使用 pymongo 模块中的 MongoClient API 类，以及字符串格式的数据库 URL。与在其他 ODM 中创建客户端变量不同，在此映射器中，可以从 Frame API 类中访问 variable_client 类以引用客户端连接对象。

以下代码显示了 create_db_client()方法，它将为应用程序打开数据库连接，相应地，disconnect_db_client()方法将关闭此连接：

```
from pymongo import MongoClient
from mongoframes import Frame

```

```
def create_db_client():
    Frame._client = MongoClient('mongodb://localhost:27017/obrs')

def disconnect_db_client():
    Frame._client.close()
```

就像之前的 ODM 一样，我们需要事件处理程序来执行这些核心方法以开始构建模型和存储库层。

6.8.2　构建模型层

在 MongoFrames 中创建模型类的过程称为构造（framing），因为它将使用 Frame API 类来定义模型类。一旦继承，Frame 不需要模型类来定义其属性。它使用_fields 属性来包含文档的所有必要字段，而不指示任何元数据。

以下模型类由 Frame API 类定义：

```
from mongoframes import Frame, SubFrame

class Book(Frame):

    _fields = {
        'id ',
        'isbn',
        'author',
        'date_published',
        'title',
        'edition',
        'price',
        'category'
    }

    _collection = "book"

class Category(SubFrame):

    _fields = {
        'id',
        'name',
        'description',
        'date_added'
    }
```

```
    _collection = "category"

class Reference(Frame):

    _fields = {
        'id',
        'name',
        'description',
        'categories'
    }

    _collection = "reference"
```

Frame 模型类可以将文档包装为字典形式或包含文档结构的键值详细信息的 kwargs。它还可以提供有助于执行 CRUD 事务的属性和辅助方法。模型类的所有字段都可以通过点（.）表示法访问，就像典型的类变量一样。

6.8.3　创建文档关联

在为文档创建关联之前，需要先定义 SubFrame 模型。SubFrame 模型类将映射到嵌入文档结构，并且没有自己的集合表。MongoFrames 映射器提供允许你追加、更新、删除和查询 Frame 实例的 SubFrame 类的操作。这些操作将确定文档之间的关联类型，因为 Frame 的字段引用没有特定的字段类型。例如，Reference 文档将有一个类别列表链接到其 categories 字段，因为我们的事务将按照设计建立该关联。另外，Book 文档将通过其 category 字段引用 Category 子文档，因为事务将在运行时建立该关联。所以，当涉及定义这些文档之间的关联类型时，MongoFrames 既是受限的又是不严格的。

6.8.4　创建存储库层

Frame API 类可以提供模型类和必要的辅助方法来实现异步存储库事务。以下代码显示了使用 MongoFrames 创建 CRUD 事务的存储库类的实现：

```
from mongoframes.factory.makers import Q
from models.data.mongoframe import Book, Category
from typing import List, Dict, Any

class BookRepository:
    def insert_book(self, details:Dict[str, Any]) -> bool:
```

```
    try:
        book = Book(**details)
        book.insert()

    except Exception as e:
        return False
    return True
```

在上述示例中，insert_book()事务将书籍实例插入其映射集合中。Frame API 提供了一个 insert()方法，可以将给定的模型对象保存到数据库中。它还具有 insert_many()方法，可以插入多个 BSON 文档的列表或模型实例的列表。

以下脚本显示了如何在 MongoFrames 中创建 UPDATE 事务：

```
def update_book(self, id:int, details:Dict[str, Any]) -> bool:
    try:
        book = Book.one(Q.id == id)
        for key,value in details.items():
            setattr(book,key,value)
        book.update()

    except:
        return False
    return True
```

在上述示例中，update_book()事务显示该 Frame 模型类也有一个 update()方法，该方法在从集合中获取文档对象的字段值后，立即识别并保存以反映在这些文档对象的字段值中的更改。类似的过程也可以应用于 delete_book()过程，它在从集合中获取文档对象后将立即调用其 delete()操作，具体如下所示：

```
def delete_book(self, id:int) -> bool:
    try:
        book = Book.one(Q.id == id)
        book.delete()
    except:
        return False
    return True
```

在创建查询事务时，Frame API 提供了以下两个类方法：

- many()方法：它将提取所有 BSON 文档。
- one()方法：它将返回单个文档对象。

如果有任何约束条件，则这两个操作都可以接受查询表达式作为参数。

此外，MongoFrames 还有一个 Q 查询生成器类，用于在查询表达式中构建条件。该表达式以 Q 开头，后跟小点（.）表示法来定义字段名称或路径（如 Q.categories.fiction），后跟一个运算符（例如==、!=、>、>=、<或<=），最后是一个值。

以下代码显示了使用 MongoFrames ODM 语法转换的查询事务的示例：

```
def get_all_book(self):
    books = [b.to_json_type() for b in Book.many()]
    return books

def get_book(self, id:int):
    book = Book.one(Q.id == id).to_json_type()
    return book
```

上述 get_book()方法展示了如何使用过滤正确 id 的 Q 表达式来提取单个 Book 文档，而 get_all_book()则可以检索所有 Book 文档而没有任何约束条件。

many()运算符可以返回 Frame 对象的列表，而 one()运算符则返回单个 Frame 实例。要将结果转换为支持 JSON 的组件，需要在每个 Frame 实例中调用 to_json_type()方法。

如前文所述，是否添加嵌入文档是由操作决定的，而不是由模型属性决定的。在下面的 add_category()事务中，很明显 Category 对象已分配给 Book 实例的 category 字段，即使该字段未定义为引用 Category 类型的嵌入文档。MongoFrame 不会抛出异常，而是在 update()调用之后立即更新 Book 文档：

```
def add_category(self, id:int, category:Category) -> bool:
    try:
        book = Book.one(Q.id == id)
        book.category = category
        book.update()
    except:
        return False
    return True
```

接下来，可以将这些 CRUD 事务应用到我们的 API 服务。

6.8.5 应用存储库层

如果不将 create_db_client()可注入项注入路由器，则存储库类将无法工作。因此，以下解决方案将该组件注入 APIRouter，即使将其注入每个 API 服务实现也是可以接受的：

```
from fastapi import APIRouter, Depends
from fastapi.responses import JSONResponse
```

```
from models.request.category import BookReq
from repository.mongoframe.book import BookRepository
from db_config.mongoframe_config import create_db_client

from datetime import date, datetime
from json import dumps, loads

router =    APIRouter(
            dependencies=[Depends(create_db_client)])

@router.post("/book/create")
def create_book(req:BookReq):
    book_dict = req.dict(exclude_unset=True)
    book_json = dumps(book_dict, default=json_serial)
    repo:BookRepository = BookRepository()
    result = repo.insert_book(loads(book_json))
    if result == True:
        return req
    else:
        return JSONResponse(content={"message":
            "insert book unsuccessful"}, status_code=500)
```

可以看到，上述 create_book() 服务可以使用 BookRepository 将书籍详细信息插入 MongoDB 数据库。

一般来说，MongoFrames 的设置很简单，因为它仅需要较少的配置细节来创建数据库连接、构建模型层和实现存储库事务。它的平台可以适应现有应用程序的需求，并且如果需要对其映射机制进行修改，则它可以很容易地反映这种变化。

6.9　小　　结

本章深入研究了使用 MongoDB 管理数据的各种方法。我们使用了 MongoDB 为在线图书转售系统示例应用程序存储非关系数据，因为我们预计当图书买家和经销商之间交换信息时，数据会变得很大。此外，这些事务中涉及的细节主要是字符串、浮点数和整数，它们都是订单和购买值，如果它们存储在无模式存储中，则将更容易挖掘和分析。

本章采用了非关系型数据管理方式，这些数据可用于销售预测、图书读者需求的回归分析，以及其他描述性数据分析等。

本章首先介绍了 PyMongo 和 Motor 驱动程序如何将 FastAPI 应用程序连接到 MongoDB 数据库。在了解了使用这些驱动程序创建 CRUD 事务的具体细节之后，了解到 ODM 是追求 MongoDB 连接性的更好选择。我们详细探索了 MongoEngine、Beanie、ODMantic 和 MongoFrames 的功能，并研究了它们作为 ODM 映射器的优缺点。所有这些 ODM 都可以与 FastAPI 平台很好地集成，并为应用程序提供标准化的数据备份方式。

我们已经用了两章的篇幅来介绍数据管理，在第 7 章中将学习如何保护 FastAPI 微服务应用程序。

第 7 章　保护 REST API 的安全

构建微服务意味着向万维网公开整个应用程序。对于每一个请求-响应事务，客户端都会公开访问 API 的端点，这会给应用程序带来潜在的风险。与基于 Web 的应用程序不同，API 服务使用登录控件管理用户访问的机制较弱。因此，本章将提供若干种方法来保护使用 FastAPI 框架创建的 API 服务。

开发人员应该理解，没有任何安全机制是完美的。本章的主要目标是建立与这些服务的机密性（confidentiality）、完整性（integrity）和可用性（availability）相关的策略和解决方案。具体而言就是：

- 机密性策略需要令牌、加密和解密以及证书作为使某些 API 私有化的机制。
- 完整性策略涉及通过在身份验证和授权过程中使用“状态”和哈希码（散列码）来维护数据交换是真实、准确和可靠的。
- 可用性策略意味着使用可靠的工具和 Python 模块保护端点访问免受 DoS 攻击、网络钓鱼和定时攻击等。

总体而言，安全模型的这 3 个方面是为微服务构建安全解决方案时开发人员需要考虑的基本要素。

FastAPI 虽然没有内置安全框架，但支持 Basic、Digest 等不同的身份验证方式。它还具有实现安全规范的内置模块，例如 OAuth2、OpenID 和 OpenAPI。本章将详细讨论这些组件，以解释和说明保护 FastAPI 服务的概念和解决方案。

本章包含以下主题：

- 实现 Basic 和 Digest 身份验证
- 实现基于密码的身份验证
- 应用 JWT
- 创建基于作用域的授权
- 构建授权码流
- 应用 OpenID Connect 规范
- 使用内置中间件进行身份验证

7.1 技术要求

本章的示例应用程序是一个安全的在线拍卖系统，旨在管理其注册用户拍卖的各种物品的在线投标。该系统可以对价格范围内的任何物品进行投标，甚至可以宣布中标者。系统需要保护一些敏感事务，以避免数据泄露和有偏见的结果。

应用程序原型将使用 SQLAlchemy 作为管理数据的 ORM。原型程序将有 10 个版本，每个版本都将演示不同的身份验证方案。所有 10 个项目（ch07a 到 ch07j）都可以在以下网址中找到：

https://github.com/PacktPublishing/Building-Python-Microservices-with-FastAPI

7.2 实现 Basic 和 Digest 身份验证

Basic 和 Digest 身份验证方案是开发人员可以用来保护 API 端点的最简单的身份验证解决方案。这两种方案都是可选的身份验证机制，可以应用于小型和低风险应用程序，而不需要复杂的配置和编码。本节将使用这些方案来保护我们的原型程序。

7.2.1 使用 Basic 身份验证

保护 API 端点最直接的方法是 Basic 身份验证（Basic authentication）方法。但是，这种身份验证机制不得应用于高风险应用程序，因为从客户端发送到安全方案提供程序的凭据（通常是用户名和密码）采用 Base64 编码格式，容易受到如暴力破解（brute force）、定时攻击（timing attack）和嗅探（sniffing）等多种方式的攻击。Base64 不是一种加密算法，而只是一种以密文（ciphertext）格式表示凭据的方式。

7.2.2 应用 HTTPBasic 和 HTTPBasicCredentials

本书配套 GitHub 存储库 ch07a 文件夹中的原型应用程序使用了 Basic 身份验证模式来保护其管理和投标以及拍卖事务。它在/security/secure.py 模块中的实现如以下代码所示：

```
from passlib.context import CryptContext
from fastapi.security import HTTPBasicCredentials
from fastapi.security import HTTPBasic
```

```
from secrets import compare_digest
from models.data.sqlalchemy_models import Login

crypt_context = CryptContext(schemes=["sha256_crypt", "md5_crypt"])

http_basic = HTTPBasic()
```

FastAPI 框架通过其 fastapi.security 模块支持不同的身份验证模式和规范。要实现 Basic 身份验证方案，需要实例化模块的 HTTPBasic 类并将其注入每个 API 服务以保护端点访问。

http_basic 实例一旦注入 API 服务，就会使浏览器弹出一个登录表单，用户通过该表单输入 username 和 password 凭据。

登录将触发浏览器向应用程序发送带有凭据的标头。如果应用程序在接收它时遇到问题，HTTPBasic 方案将抛出 HTTP 状态代码 401，并带有"Unauthorized"（未经许可的访问）消息。如果在表单处理中没有错误，则该应用程序必然接收到带有 Basic 值和可选 realm 参数的 WWW-Authenticate 标头。

另外，/ch07/login 服务将调用 authentication()方法来验证浏览器凭据是否真实和正确。我们需要非常小心地接受来自浏览器的用户凭据，因为它们很容易受到各种攻击。

首先，可以要求端点用户使用电子邮件地址作为他们的用户名，并要求使用不同字符、数字和符号组合的长密码。所有存储的密码都必须使用最可靠的加密工具进行编码，例如 passlib 模块中的 CryptContext 类。passlib 扩展提供了比任何 Python 加密模块更安全的哈希算法。我们的示例应用程序使用的是 SHA256 和 MD5 哈希算法，而不是推荐的 bcrypt，后者速度较慢且容易受到攻击。

其次，应该避免将凭据存储在源代码中，而是使用数据库存储或.env 文件。authenticate()方法可以根据 API 服务提供的 Login 数据库记录来检查凭据的正确性。

最后，在将来自浏览器的凭据与存储在数据库中的 Login 凭据进行比较时，应始终使用 secret 模块中的 compare_digest()函数。该函数可以随机比较两个字符串，同时保护操作免受定时攻击。定时攻击是一种可以危害加密算法执行的攻击方式，当系统中存在字符串的线性比较时常会发生这种攻击：

```
def verify_password(plain_password, hashed_password):
    return crypt_context.verify(plain_password, hashed_password)

def authenticate(credentials: HTTPBasicCredentials, account:Login):
    try:
        is_username = compare_digest(credentials.username,
```

```
            account.username)
        is_password = compare_digest(credentials.password,
            account.username)
        verified_password =
            verify_password(credentials.password, account.passphrase)
        return (verified_password and is_username and is_password)
    except Exception as e:
        return False
```

上述示例中的 authenticate()方法能够满足帮助减少来自外部因素的攻击的所有要求。但保护 Basic 身份验证的最终解决方案是为应用程序安装和配置传输层安全性（transport layer security，TLS）、HTTPS 或 SSL 连接。

现在需要实现一个/ch07/login 端点来应用这个 Basic 身份验证方案。http_basic 实例将被注入此 API 服务以提取 HTTPBasicCredentials，这是包含来自浏览器的用户名和密码详细信息的对象。该服务也是调用 authenticate()方法来检查用户凭据的服务。如果该方法返回 False 值，则服务将抛出 HTTP 状态代码 400，并带有"Incorrect credentials"（不正确的凭据）错误消息：

```
from fastapi import APIRouter, Depends, HTTPException

from fastapi.security import HTTPBasicCredentials
from security.secure import authenticate, get_password_hash, http_basic

router = APIRouter()

@router.get("/login")
def login(credentials: HTTPBasicCredentials =
    Depends(http_basic), sess:Session = Depends(sess_db)):

    loginrepo = LoginRepository(sess)
    account = loginrepo.get_all_login_username(credentials.username)
    if authenticate(credentials, account) and
            not account == None:
        return account
    else:
        raise HTTPException(
            status_code=400,
                detail="Incorrect credentials")

@router.get("/login/users/list")
def list_all_login(credentials: HTTPBasicCredentials =
```

```
        Depends(http_basic), sess:Session = Depends(sess_db)):
    loginrepo = LoginRepository(sess)
    users = loginrepo.get_all_login()
    return jsonable_encoder(users)
```

该在线拍卖系统的每个端点都必须具有注入的 http_basic 实例，以保护其免受公共访问。例如，上述示例中的 list_all_login()服务只能在经过身份验证的用户时才返回所有用户的列表。

值得一提的是，没有使用 Basic 身份验证进行注销的可靠程序。如果 WWW-Authenticate 标头已经发出并被浏览器识别，则很少会看到浏览器弹出的登录表单。

7.2.3　执行登录事务

可以使用 curl 命令或浏览器来执行/ch07/login 事务。但是，为了突出对 FastAPI 的支持，我们将使用它的 OpenAPI 仪表板来运行/ch07/login。

在浏览器上访问以下网址：

http://localhost:8000/docs

找到/ch07/login GET 事务并单击 Try it out（试一试）按钮。单击该按钮后会弹出浏览器的登录表单，如图 7.1 所示。

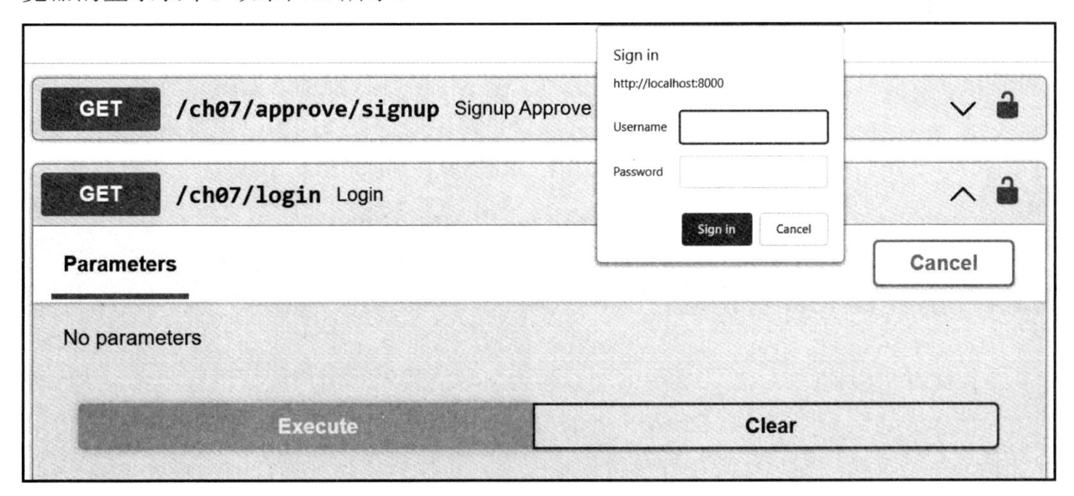

图 7.1　浏览器的登录表单

在输入 Username（用户名）和 Password（密码）后，单击登录表单上的 Sign in（登录）按钮以检查你的凭据是否在数据库中。如果不在，则该应用程序会有/ch07/signup/add 和/ch07/approve/signup 来添加你要测试的用户凭据。

请记住，所有存储的密码都是加密的。图 7.2 显示了在身份验证过程发现用户凭据有效后，/ch07/login 将如何输出用户的登录记录。

```
http://localhost:8000/ch07/login
```

Server response

Code　Details

200

Response body

```
{
  "approved_date": "2022-02-10",
  "username": "sjctrags",
  "password": "sjctrags",
  "passphrase": "$5$rounds=535000$rDtiI8SD1zxOnpny$SfcE/fxQejdAAnngCY7XdkOW9QYzBGdU/54VM6JrES8",
  "id": 1
}
```

Download

Response headers

```
content-length: 174
content-type: application/json
date: Wed,16 Feb 2022 23:57:07 GMT
server: uvicorn
```

图 7.2　/login 响应

现在用户已通过身份验证，通过 OpenAPI 仪表板运行/ch07/login/users/list 即可检索登录详细信息列表。uvicorn 服务器日志将显示以下日志消息：

```
INFO: 127.0.0.1:53150 - "GET /ch07/login/users/list HTTP/1.1"
200 OK
```

这意味着该用户有权运行此端点。

接下来，让我们看看如何将 Digest 身份验证方案应用于原型程序。

7.2.4　使用 Digest 身份验证

Digest 身份验证比 Basic 方案更安全，因为前者需要先对用户凭据进行哈希，然后再将哈希版本发送到应用程序。FastAPI 中的 Digest 身份验证不包括使用默认 MD5 加密用户凭据的自动加密过程。它是一种身份验证方案，可以将凭据存储在.env 或.config 属性文件中，并在身份验证之前为这些凭据创建哈希字符串值。

ch07b 项目即应用了 Digest 身份验证方案来保护投标和拍卖事务。

7.2.5 生成哈希凭据

在开始该实现之前，首先需要创建一个自定义实用程序脚本 generate_hash.py，它使用 Base64 编码生成二进制形式的摘要（digest）。该脚本必须有以下代码：

```
from base64 import urlsafe_b64encode
h = urlsafe_b64encode(b"sjctrags:sjctrags")
```

base64 模块中的 urlsafe_b64encode()函数将从 username:password 凭据格式中创建二进制格式的摘要。运行脚本后，可以将摘要值保存在任何安全的地方，但不能保存在源代码中。

7.2.6 传递用户凭据

除了摘要，还需要为稍后的 Digest 方案提供程序（Digest scheme provider）保存用户凭据。与用户和浏览器协商的标准 Digest 身份验证过程不同，FastAPI 需要将用户凭据存储在应用程序的.env 或.config 文件中，以供身份验证过程检索。

在 ch07b 项目中，我们将用户名和密码保存在.config 文件中，方式如下：

```
[CREDENTIALS]
USERNAME=sjctrags
PASSWORD=sjctrags
```

然后，可以通过 ConfigParser 实用程序创建一个解析器，以便从.config 文件中提取以下详细信息，并根据序列化的用户详细信息构建一个 dict。以下 build_map()方法是该解析器实现的示例：

```
import os
from configparser import ConfigParser

def build_map():
    env = os.getenv("ENV", ".config")
    if env == ".config":
        config = ConfigParser()
        config.read(".config")
        config = config["CREDENTIALS"]
    else:
        config = {
            "USERNAME": os.getenv("USERNAME", "guest"),
            "PASSWORD": os.getenv("PASSWORD", "guest"),
```

```
    }

    return config
```

7.2.7　使用 HTTPDigest 和 HTTPAuthorizationCredentials

FastAPI 框架有一个来自其 fastapi.security 模块的 HTTPDigest，它可以实现一个 Digest 身份验证方案，使用不同的方法来管理用户凭据并生成摘要。与 Basic 身份验证不同，HTTPDigest 身份验证过程发生在 APIRouter 级别上。

可以通过 HTTP 运算符将以下 authenticate()可依赖项注入 API 服务中，包括/login，这是身份验证开始的地方：

```
from fastapi import Security, HTTPException, status
from fastapi.security import HTTPAuthorizationCredentials
from fastapi.security import HTTPDigest
from secrets import compare_digest
from base64 import standard_b64encode

http_digest = HTTPDigest()

def authenticate(credentials:
    HTTPAuthorizationCredentials = Security(http_digest)):

    hashed_credentials = credentials.credentials
    config = build_map()
    expected_credentials = standard_b64encode(
        bytes(f"{config['USERNAME']}:{config['PASSWORD']}",
            encoding="UTF-8")
    )
    is_credentials = compare_digest(
        bytes(hashed_credentials, encoding="UTF-8"),
            expected_credentials)

    if not is_credentials:
        raise HTTPException(
            status_code=status.HTTP_401_UNAUTHORIZED,
            detail="Incorrect digest token",
            headers={"WWW-Authenticate": "Digest"},
        )
```

在上述代码中可以看到，authenticate()方法就是注入 http_digest 以提取包含摘要字节值的 HTTPAuthorizationCredentials 的地方。提取之后，它会检查该摘要是否与.config 文件中保存的凭据匹配。我们还将使用compare_digest来比较标头中的 hashed_credentials 凭据和.config 文件中的 Base64 编码凭据。

7.2.8　执行登录事务

在实现了 authenticate()方法之后，即可将它注入 API 服务中，不是在方法参数中，而是在其 HTTP 运算符中。请注意，与 Basic 身份验证方案不同，http_digest 对象并不是直接注入 API 服务。

以下实现显示了如何应用 authenticate()可依赖项来保护应用程序的所有关键端点：

```
from security.secure import authenticate

@router.get("/login", dependencies=[Depends(authenticate)])
def login(sess:Session = Depends(sess_db)):
    return {"success": "true"}

@router.get("/login/users/list", dependencies=[Depends(authenticate)])
def list_all_login(sess:Session = Depends(sess_db)):
    loginrepo = LoginRepository(sess)
    users = loginrepo.get_all_login()
    return jsonable_encoder(users)
```

由于 Digest 身份验证方案的行为类似于 OpenID 身份验证，我们将使用 curl 命令运行 /ch07/login。该命令的关键部分是发布 Authorization 标头，其值包含我们预先执行的 generate_hash.py 脚本生成的 Base64 编码的 username:password 摘要。

以下 curl 命令是登录到使用 Digest 身份验证方案的 FastAPI 应用程序的正确方法：

```
curl --request GET --url http://localhost:8000/ch07/login
--header "accept: application/json" --header
"Authorization: Digest c2pjdHJhZ3M6c2pjdHJhZ3M=" --header
"Content-Type: application/json"
```

还可以使用相同的命令来运行其余的安全 API 服务。

现在的企业应用程序很少使用 Basic 和 Digest 身份验证方案，因为它们很容易受到许多攻击。不仅如此，这两种身份验证方案都需要向安全 API 服务发送凭据，这也是另一个风险。此外，在撰写本书时，FastAPI 尚未完全支持标准的 Digest 身份验证，这对于其他需要标准身份验证的应用程序来说也是一个劣势。因此，接下来，让我们探索一下使用 OAuth 2.0 规范保护 API 端点的解决方案。

7.3 实现基于密码的身份验证

OAuth 2.0 规范（OAuth 2.0 specification，OAuth2）是验证 API 端点访问的首选解决方案。在 OAuth 2.0 规范中定义了以下角色：

- ❑ 资源所有者（resource owner）：可以理解为用户。
- ❑ 资源服务器（resource server）：存储用户或其他资源。
- ❑ 客户端（client）：资源所有者及其授权发出受保护资源请求的应用程序。
- ❑ 授权服务器（authorization server）：负责认证资源所有者的身份，为资源所有者提供授权审批流程，并最终颁发访问令牌（access token）。

OAuth2 授权框架定义了 4 种授权流程，分别是隐式（implicit）授权、客户端凭据（client credential）授权、授权码（authorization code）和资源密码流程（resource password flow）。其中前 3 个可以与第三方身份验证提供程序一起使用，这将授权 API 端点的访问权限。在 FastAPI 平台中，可以在应用程序中自定义和实现资源密码流程，以执行身份验证过程。

本节将讨论 FastAPI 如何支持 OAuth2 规范。

7.3.1 安装 python-multipart 模块

由于没有表单处理程序就无法进行 OAuth2 身份验证，因此我们需要在执行实现部分之前先安装 python-multipart 模块。可以运行以下命令来安装该扩展：

```
pip install python-multipart
```

7.3.2 使用 OAuth2PasswordBearer 和 OAuth2PasswordRequestForm

FastAPI 框架完全支持 OAuth2，尤其是 OAuth2 规范的密码流程类型。其 fastapi.security 模块有一个 OAuth2PasswordBearer，可以作为基于密码的身份验证的提供者。它还有 OAuth2PasswordRequestForm，后者可以声明一个表单主体，其中包含必需的参数、username 和 password，以及一些可选的参数（如 scope、grant_type、client_id 和 client_secret）该类可以直接注入/ch07/login API 端点，以从浏览器的登录表单中提取所有参数值。当然，开发人员始终可以选择使用 Form(...)来捕获所有单独的参数。

在了解了上述基础知识之后，现在不妨通过创建 OAuth2PasswordBearer 来启动该解决方案，OAuth2PasswordBearer 将被注入一个自定义函数依赖项中，而该函数依赖项将负责验证用户凭据。

以下实现显示，get_currcnt_user()是我们的新应用程序 ch07c 中的可注入函数，它利用 oath2_scheme 可注入函数来提取 token：

```
from fastapi.security import OAuth2PasswordBearer
from sqlalchemy.orm import Session
from repository.login import LoginRepository
from db_config.sqlalchemy_connect import sess_db
oauth2_scheme = OAuth2PasswordBearer(tokenUrl="ch07/login/token")

def get_current_user(token: str = Depends(oauth2_scheme),
            sess:Session = Depends(sess_db) ):
    loginrepo = LoginRepository(sess)
    user = loginrepo.get_all_login_username(token)
    if user == None:
        raise HTTPException(
            status_code=status.HTTP_401_UNAUTHORIZED,
            detail="Invalid authentication credentials",
            headers={"WWW-Authenticate": "Bearer"},
        )
    return user
```

对于资源密码流程，注入 oauth2_scheme 将返回 username 作为令牌。get_current_user()将检查该用户名是否属于存储在数据库中的有效用户账户。

7.3.3　执行登录事务

在这个身份验证方案中，/ch07/login/token 也是 OAuth2PasswordBearer 的 tokenUrl 参数。基于密码的 OAuth2 身份验证需要 tokenUrl 参数，因为这是将从浏览器的登录表单中捕获用户凭据的端点服务。

OAuth2PasswordRequestForm 被注入/cho07/login/token 中以检索未经身份验证用户的 username、password 和 grant_type 参数。这 3 个参数是调用/ch07/login/token 生成令牌的基本要求。此依赖关系显示在登录 API 服务的以下实现中：

```
from sqlalchemy.orm import Session
from db_config.sqlalchemy_connect import sess_db
from repository.login import LoginRepository
from fastapi.security import OAuth2PasswordRequestForm
from security.secure import get_current_user, authenticate

@router.post("/login/token")
```

```
def login(form_data: OAuth2PasswordRequestForm = Depends(),
          sess:Session = Depends(sess_db)):
    username = form_data.username
    password = form_data.password
    loginrepo = LoginRepository(sess)
    account = loginrepo.get_all_login_username(username)
    if authenticate(username, password, account) and
          not account == None:
        return{ "access_token": form_data.username,
              "token_type": "bearer"}
    else:
        raise HTTPException(
            status_code=400,
              detail="Incorrect username or password")
```

除了从数据库中进行验证，login()服务还将检查 password 值是否与来自查询 account 的已加密的密码相匹配。如果所有验证成功，则/ch07/login/token 必须返回一个 JSON 对象，其中包含所需的属性 access_token 和 token_type。access_token 属性必须具有 username 值，而 token_type 则必须具有"bearer"值。

我们将使用框架中 OpenAPI 提供的 OAuth2 表单，而不是为登录表单创建自定义前端。因此，只需单击 OpenAPI 仪表板右上角的 Authorize（授权）按钮即可，如图 7.3 所示。

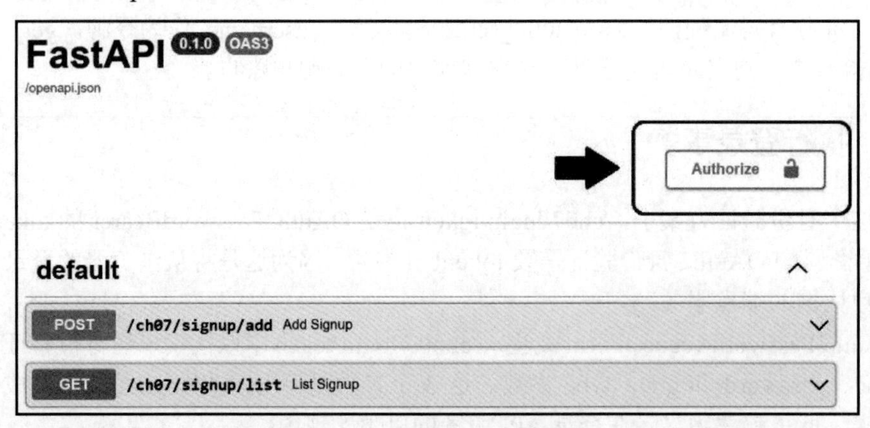

图 7.3　单击 Authorize 按钮

该按钮将触发一个内置的登录表单弹出，如图 7.4 所示，可以使用它来测试我们的解决方案。

如果 OAuth2 登录表单检测到 OAuth2PasswordBearer 实例中指定的正确 Token Url，则表明一切都很好。登录表单中指示的 OAuth2 流或 grant_type 必须是 "password"。在登录验证凭据后，表单的 Authorize（授权）按钮会将用户重定向到授权表单，如图 7.5 所示，这将提示用户注销（Logout）或继续进行已验证身份的访问。

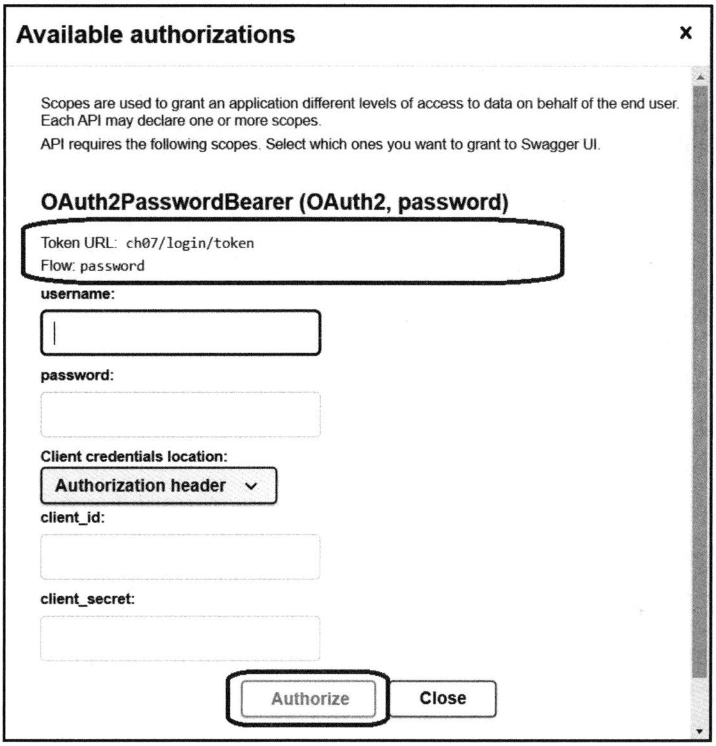

Available authorizations ×

Scopes are used to grant an application different levels of access to data on behalf of the end user. Each API may declare one or more scopes.

API requires the following scopes. Select which ones you want to grant to Swagger UI.

OAuth2PasswordBearer (OAuth2, password)

Token URL: ch07/login/token

Flow: password

username:

password:

Client credentials location:

Authorization header

client_id:

client_secret:

Authorize　Close

图 7.4　内置的 OAuth2 登录表单

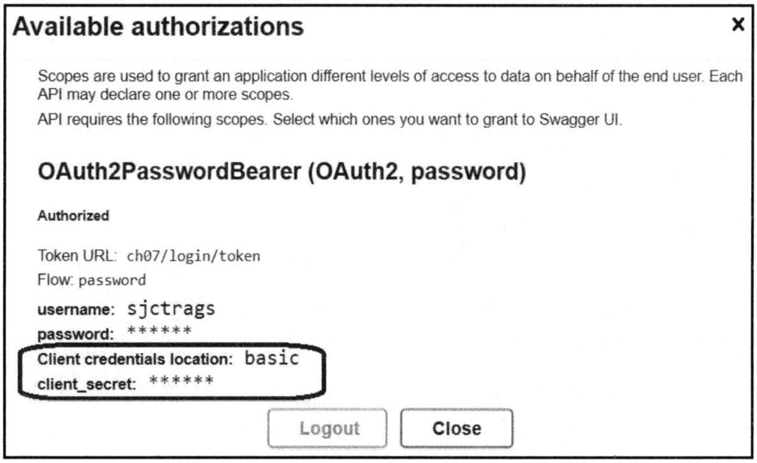

Available authorizations ×

Scopes are used to grant an application different levels of access to data on behalf of the end user. Each API may declare one or more scopes.

API requires the following scopes. Select which ones you want to grant to Swagger UI.

OAuth2PasswordBearer (OAuth2, password)

Authorized

Token URL: ch07/login/token

Flow: password

username: sjctrags

password: ******

Client credentials location: basic

client_secret: ******

Logout　Close

图 7.5　授权表单

一般来说，OAuth2 规范可以识别两种客户端或应用程序类型：机密（confidential）客户端和公共（public）客户端。

- 机密客户端使用身份验证服务器来确保安全，例如，在我们的在线拍卖系统中，即通过 OpenAPI 平台使用了 FastAPI 服务器。在其设置中，不必向登录表单提供 client_id 和 client_secret 值，因为服务器将在身份验证过程中生成这些参数。但是，这些值并没有透露给客户端，如图 7.5 所示。
- 另外，公共客户端无法像典型的基于 Web 的应用程序和移动应用程序那样生成和使用客户端机密。因此，这些应用程序在登录时必须包含 client_id、client_secret 和其他必需的参数。

7.3.4　保护端点的安全

为了保护 API 端点，需要将 get_current_user()方法注入每个 API 服务方法中。

以下是使用 get_current_user()方法的安全的 add_auction()服务的实现：

```
@router.post("/auctions/add")
def add_auction(req: AuctionsReq,
        current_user: Login = Depends(get_current_user),
        sess:Session = Depends(sess_db)):
    auc_dict = req.dict(exclude_unset=True)
    repo:AuctionsRepository = AuctionsRepository(sess)
    auction = Auctions(**auc_dict)
    result = repo.insert_auction(auction)
    if result == True:
        return auction
    else:
        return JSONResponse(content=
            {'message':'create auction problem encountered'},
                status_code=500)
```

如果允许访问，则 get_current_user()可注入项将返回一个有效的 Login 账户。

此外，你会注意到安全 API 端点的所有挂锁图标（包括/ch07/auctions/add，如图 7.6 所示）都已关闭。这表明它们已经可以执行了，因为用户已经是经过身份验证的用户。

此解决方案对于开放网络设置来说是一个问题，因为使用的令牌是密码。此设置允许攻击者在令牌从颁发者传输到客户端期间轻松伪造或修改令牌。保护该令牌的方法之一是使用 JSON Web 令牌（JSON Web token，JWT），这也是接下来我们将要讨论的主题。

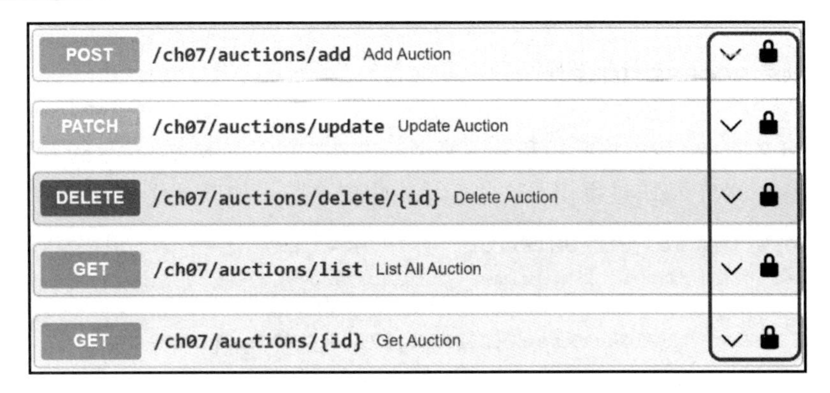

图 7.6　显示安全 API 的 OpenAPI 仪表板

7.4　应用 JWT

JWT 是一种开源标准，用于定义一种解决方案，以便在身份验证和授权期间在颁发者和客户端之间发送任何信息。其目标是生成经过数字签名、URL 安全且始终可由客户端验证的 access_token 属性。但是，它并不是完全安全的，因为任何人都可以在需要时解码令牌。因此，建议不要在令牌字符串中包含任何有价值和机密的信息。JWT 是一种为 OAuth2 和 OpenID 规范提供比密码更可靠的令牌的有效方法。

7.4.1　生成密钥

在开始构建身份验证方案之前，首先需要生成一个密钥（secret key），这是创建签名（signature）的基本要素。JWT 有一个 JSON 对象签名和加密（JSON object signing and encryption，JOSE）标头，它是描述用于纯文本编码的算法的元数据，而有效负载（payload）则是需要编码到令牌中的数据。

当客户端请求登录时，授权服务器使用签名对 JWT 进行签名。但签名将仅由标头中指示的算法生成，该算法将标头、有效负载和密钥作为输入。此密钥是在服务器外部手动创建的 Base64 编码字符串，应单独存储在授权服务器中。ssh 或 openssl 是生成此较长的随机密钥的适当实用程序。

在 ch07d 中，运行了来自 GIT 工具或任何 SSL 生成器的 openssl 命令来创建密钥：

```
openssl rand -hex 32
```

7.4.2　创建 access_token

在 ch07d 项目中，我们将密钥和算法类型存储在它的/security/secure.py 模块脚本的一些引用变量中。JWT 编码过程使用这些变量来生成令牌，如以下代码所示：

```
from jose import jwt, JWTError
from datetime import datetime, timedelta

SECRET_KEY = "tbWivbkVxfsuTxCP8A+Xg67LcmjXXl/sszHXwH+TX9w="
ALGORITHM = "HS256"
ACCESS_TOKEN_EXPIRE_MINUTES = 30

def create_access_token(data: dict,
            expires_after: timedelta):
    plain_text = data.copy()
    expire = datetime.utcnow() + expires_after
    plain_text.update({"exp": expire})
    encoded_jwt = jwt.encode(plain_text, SECRET_KEY,
        algorithm=ALGORITHM)
    return encoded_jwt
```

在 JWT Python 扩展中，我们选择了 python-jose 模块来生成令牌，因为它较为可靠并且具有可以签署复杂数据内容的附加加密函数。请注意，在使用它之前需要先使用 pip 命令安装这个模块。

现在/ch07/login/token 端点将调用 create_access_token()方法来请求 JWT。登录服务将提供数据（通常是 username），以构成令牌的有效负载部分。

由于 JWT 必须是短暂存在的，因此该进程必须将有效负载的 expire 部分更新为适合该应用程序的某个 datetime 值（以分钟或秒为单位）。

7.4.3　创建登录事务

登录服务的实现与之前基于密码的 OAuth2 身份验证类似，不同之处在于此版本有一个 create_access_token()调用，可用于 JWT 生成以替换密码凭据。

以下脚本显示了 ch07d 项目的/ch07/login/token 服务：

```
@router.post("/login/token")
def login(form_data: OAuth2PasswordRequestForm = Depends(),
          sess:Session = Depends(sess_db)):
```

```
    username = form_data.username
    password = form_data.password
    loginrepo = LoginRepository(sess)
    account = loginrepo.get_all_login_username(username)
    if authenticate(username, password, account):
        access_token = create_access_token(
            data={"sub": username},
                expires_after=timedelta(
                    minutes=ACCESS_TOKEN_EXPIRE_MINUTES))
        return {"access_token": access_token,
                    "token_type": "bearer"}
    else:
        raise HTTPException(
                status_code=400,
                detail="Incorrect username or password")
```

该端点仍应返回 access_token 和 token_type，因为这仍然是基于密码的 OAuth2 身份验证，后者从 OAuth2PasswordRequestForm 中检索用户凭据。

7.4.4　访问安全端点

与之前的 OAuth2 方案一样，我们需要将 get_current_user()注入每个 API 服务中以实现安全性并限制访问。注入的 OAuth2PasswordBearer 实例将返回 JWT 以使用具有指定解码算法的 JOSE 解码器进行有效负载提取。

如果令牌被篡改、修改，或者是过期的，则该方法将抛出一个异常。否则，我们需要继续提取有效负载数据，检索用户名，并将其存储在一个@dataclass 实例（例如 TokenData）中。

然后，该用户名将进行进一步验证，例如检查数据库中包含该用户名的 Login 账户。以下代码片段显示了这个解码过程，可以在 ch07d 项目的/security/secure.py 模块中找到它：

```
from models.request.tokens import TokenData
from fastapi.security import OAuth2PasswordBearer
from jose import jwt, JWTError

from models.data.sqlalchemy_models import Login
from sqlalchemy.orm import Session
from db_config.sqlalchemy_connect import sess_db
from repository.login import LoginRepository

from datetime import datetime, timedelta
```

```
oauth2_scheme =
    OAuth2PasswordBearer(tokenUrl="ch07/login/token")

def get_current_user(token: str = Depends(oauth2_scheme),
    sess:Session = Depends(sess_db)):
    credentials_exception = HTTPException(
        status_code=status.HTTP_401_UNAUTHORIZED,
        detail="Could not validate credentials",
        headers={"WWW-Authenticate": "Bearer"}
    )
    try:
        payload = jwt.decode(token, SECRET_KEY,
            algorithms=[ALGORITHM])
        username: str = payload.get("sub")
        if username is None:
            raise credentials_exception
        token_data = TokenData(username=username)
    except JWTError:
        raise credentials_exception

    loginrepo = LoginRepository(sess)
    user =
        loginrepo.get_all_login_username(token_data.username)
    if user is None:
        raise credentials_exception
    return user
```

必须将 get_current_user()注入每个服务实现以限制用户访问。但这一次，该方法不仅会验证凭据，还会执行 JWT 有效负载解码。

接下来，让我们看看如何向 OAuth2 解决方案添加用户授权。

7.5 创建基于作用域的授权

FastAPI 完全支持基于作用域的授权（scope-based authentication），它使用 OAuth2 协议的 scopes 参数来指定一组用户可以访问哪些端点。scopes 参数是一种放置在令牌中的权限，用于为用户提供额外的细粒度限制。本节的项目版本是 ch07e，我们将在该版本中展示基于 OAuth2 密码的身份验证和用户授权。

7.5.1　自定义 OAuth2 类

首先，我们需要创建一个自定义类，该类从 fastapi.security 模块中继承 OAuth2 API 类的属性，以在用户凭据中包含 scopes 参数或角色（role）选项。

以下是 OAuth2PasswordBearerScopes 类的代码，这是一个自定义 OAuth2 类，它将通过授权实现身份验证流程：

```
class OAuth2PasswordBearerScopes(OAuth2):
    def __init__(
        self,
        tokenUrl: str,
        scheme_name: str = None,
        scopes: dict = None,
        auto_error: bool = True,
    ):
    if not scopes:
        scopes = {}
    flows = OAuthFlowsModel(
        password={"tokenUrl": tokenUrl, "scopes": scopes})
    super().__init__(flows=flows,
        scheme_name=scheme_name, auto_error=auto_error)

    async def __call__(self, request: Request) ->
            Optional[str]:
        header_authorization: str =
            request.headers.get("Authorization")
        … … … … …
        return param
```

上述 OAuth2PasswordBearerScopes 类需要两个构造函数参数——tokenUrl 和 scopes，以执行身份验证流程。OAuthFlowsModel 将 scopes 参数定义为使用 Authorization 标头进行身份验证的用户凭据的一部分。

7.5.2　构建权限字典

在继续进行身份验证实现之前，还需要先构建 OAuth2 方案在身份验证期间将应用的 scopes 参数。此设置是 OAuth2PasswordBearerScopes 实例化的一部分，我们会将这些参数分配给其 scopes 参数。

以下脚本显示了如何将所有自定义的用户作用域保存在字典中，键是作用域名称，而值则是其对应的描述：

```
oauth2_scheme = OAuth2PasswordBearerScopes(
    tokenUrl="/ch07/login/token",
    scopes={"admin_read":
        "admin role that has read only role",
        "admin_write":
        "admin role that has write only role",
        "bidder_read":
        "customer role that has read only role",
        "bidder_write":
        "customer role that has write only role",
        "auction_read":
        "buyer role that has read only role",
        "auction_write":
        "buyer role that has write only role",
        "user":"valid user of the application",
        "guest":"visitor of the site"
    },
)
```

在本项目的实现过程中，没有可行的办法直接将 OAuth2PasswordBearerScopes 类连接到数据库，以用于动态查找权限集。唯一的解决方案是将所有这些授权“角色”直接静态存储到 OAuth2PasswordBearerScopes 的构造函数中。

7.5.3 实现登录事务

所有作用域都将作为一个选项添加到 OAuth2 表单登录中，并将成为用户登录凭据的一部分。以下实现显示了如何从 OAuth2PasswordRequestForm 中检索作用域参数和凭据，该实现在新 ch07e 项目的/ch07/login/token 中：

```
@router.post("/login/token")
def login(form_data: OAuth2PasswordRequestForm = Depends(),
        sess:Session = Depends(sess_db)):
    username = form_data.username
    password = form_data.password
    loginrepo = LoginRepository(sess)
    account = loginrepo.get_all_login_username(username)
    if authenticate(username, password, account):
        access_token = create_access_token(
```

```
            data={"sub": username, "scopes":
                form_data.scopes},
                    expires_delta=timedelta(
                        minutes=ACCESS_TOKEN_EXPIRE_MINUTES))
        return{ "access_token": access_token,
                "token_type": "bearer"}
    else:
        raise HTTPException(
            status_code=400,
            detail="Incorrect username or password")
```

这些选定的作用域存储在一个列表中，如：

```
['user', 'admin_read', 'admin_write', 'bidder_write']
```

这表示某个用户有用户、管理员（读）、管理员（写）和出价者（写）权限。

create_access_token()将包含这个作用域或“角色”列表作为有效负载的一部分，它将由 get_current_valid_user()通过 get_current_user()可注入项进行解码和提取。

这里需要说明的是，get_current_valid_user()将通过应用身份验证方案来保护每个 API 免受用户访问。

7.5.4　将作用域应用于端点

fastapi 模块中的 Security API 在注入 get_current_valid_user()时替换了 Depends 类，因为它除了执行依赖注入的能力，还能够为每个 API 服务分配作用域。它具有 scopes 属性，其中定义了限制用户访问的有效作用域参数列表。

例如，以下 update_profile()服务仅适用于作用域包含 bidder_write 和 buyer_write 角色的用户：

```
from fastapi.security import SecurityScopes
@router.patch("/profile/update")
def update_profile(id:int, req: ProfileReq,
    current_user: Login = Security(get_current_valid_user,
        scopes=["bidder_write", "buyer_write"]),
    sess:Session = Depends(sess_db)):
    … … … … …
    if result:
        return JSONResponse(content=
            {'message':'profile updated successfully'},
                status_code=201)
    else:
```

```
        return JSONResponse(content=
            {'message':'update profile error'},
                status_code=500)
```

现在，以下代码片段显示了 get_current_valid_user()的实现被 Security 注入每个 API 服务中：

```
def get_current_valid_user(current_user:
    Login = Security(get_current_user, scopes=["user"])):
        if current_user == None:
            raise HTTPException(status_code=400,
                detail="Invalid user")
        return current_user
```

当涉及 JWT 有效负载解码、凭据验证和用户作用域验证时，此方法依赖于 get_current_user()。用户必须至少具有 user 作用域才能继续进行授权过程。Security 类负责将 get_current_user()与默认 user 作用域一起注入 get_current_valid_user()中。

以下是 get_current_user()方法的实现：

```
def get_current_user(security_scopes: SecurityScopes,
    token: str = Depends(oauth2_scheme),
        sess:Session = Depends(sess_db)):
    if security_scopes.scopes:
        authenticate_value =
            f'Bearer scope="{security_scopes.scope_str}"'
    else:
        authenticate_value = f"Bearer"
    … … … … …
    try:
        payload = jwt.decode(token, SECRET_KEY, algorithms=[ALGORITHM])
        username: str = payload.get("sub")
        if username is None:
            raise credentials_exception
        token_scopes = payload.get("scopes", [])
        token_data = TokenData(scopes=token_scopes, username=username)
    except JWTError:
        raise credentials_exception
    … … … … …
    for scope in security_scopes.scopes:
        if scope not in token_data.scopes:
            raise HTTPException(
                status_code=status.HTTP_401_UNAUTHORIZED,
                detail="Not enough permissions",
```

```
                headers={"WWW-Authenticate": authenticate_value},
            )
    return user
```

在上述示例中，get_current_user()的 SecurityScopes 类将提取分配给用户尝试访问的 API 服务的作用域。它有一个 scope 实例变量，其中包含该 API 的所有这些作用域参数。

另外，token_scopes 携带从已解码的 JWT 有效负载中提取的用户的所有作用域或“角色”。get_current_user()将遍历 SecurityScopes 中的 API 作用域，检查它们是否都出现在用户的 token_scopes 中。如果为 True，则 get_current_user()将验证并授权用户访问该 API 服务。否则，它会抛出异常。

TokenData 的目的是管理来自 token_scopes 有效负载值和用户名的作用域参数。

FastAPI 可以支持的另一种 OAuth2 身份验证方案是授权码流方法，这也是接下来我们将要讨论的主题。

7.6　构建授权码流

如果应用程序是公开类型，并且没有授权服务器来处理 client_id 参数、client_secret 参数以及其他相关参数，则这种 OAuth2 授权码流方式比较合适。在该方案中，客户端从一个 authorizationUrl 创建一个短期授权码（authorization code）的授权请求。然后，客户端将从 tokenUrl 请求令牌以换取生成的代码。

在本节讨论中，我们将展示在线拍卖系统的另一个版本，该系统将使用 OAuth2 授权码流方案。

7.6.1　应用 OAuth2AuthorizationCodeBearer

OAuth2AuthorizationCodeBearer 类是 fastapi.security 模块中的一个类，可用于构建授权码流。其构造函数在实例化之前需要 authorizationUrl、tokenUrl 和可选 scopes。

以下代码显示了在注入 get_current_user()方法之前如何创建 API 类：

```
from fastapi.security import OAuth2AuthorizationCodeBearer

oauth2_scheme = OAuth2AuthorizationCodeBearer(
    authorizationUrl='ch07/oauth2/authorize',
    tokenUrl="ch07/login/token",
    scopes={"admin_read": "admin … read only role",
            "admin_write":"admin … write only role",
```

```
        ... ... ... ... ...
        "guest":"visitor of the site"},
)
```

上述示例中的两个端点 authorizationUrl 和 tokenUrl，是该方案的身份验证和授权过程中的关键参数。与之前的方案不同的是，我们在生成 access_token 时不会依赖授权服务器。相反，我们将实现一个 authorizationUrl 端点，它将从客户端捕获一些基本参数，这些参数将构成 access_token 生成的授权请求。client_secret 参数将始终不向客户端公开。

7.6.2 实现授权请求

在之前的方案中，/ch07/login/令牌或 tokenUrl 端点始终是登录事务后的重定向点。但是这一次，用户将被转发到自定义/ch07/oauth2/authorize 或 authorizationUrl 端点以进行授权码生成。response_type、client_id、redirect_uri、scope 和 state 之类的查询参数是 authorizationUrl 服务的基本输入。

以下来自 ch07f 项目的/security/secure.py 模块中的代码即显示了 authorizationUrl 事务的具体实现：

```
@router.get("/oauth2/authorize")
def authorizationUrl(state:str, client_id: str,
        redirect_uri: str, scope: str, response_type: str,
        sess:Session = Depends(sess_db)):

    global state_server
    state_server = state

    loginrepo = LoginRepository(sess)
    account = loginrepo.get_all_login_username(client_id)
    auth_code = f"{account.username}:{account.password}:{scope}"
    if authenticate(account.username, account.password, account):
        return RedirectResponse(url=redirect_uri
            + "?code=" + auth_code
            + "&grant_type=" + response_type
            + "&redirect_uri=" + redirect_uri
            + "&state=" + state)
    else:
        raise HTTPException(status_code=400, detail="Invalid account")
```

以下是 authorizationUrl 事务所需的查询参数：

- response_type：自定义生成的授权码。

- client_id：应用程序的公开标识，如 username。
- redirect_uri：服务器默认 URI 或旨在将用户重定向回应用程序的自定义端点。
- scope：作用域参数字符串，如果涉及至少两个参数，则以空格分隔。
- state：确定请求状态的任意字符串值。

redirect_uri 参数是身份验证和授权过程与这些查询参数一起发生的目标点。

auth_code 的生成是 authorizationUrl 事务的关键任务之一，包括身份验证过程。授权码表示身份验证过程的 ID，通常与所有其他身份验证不同。生成代码的方法有很多，但在我们的应用程序中，它只是用户凭据的组合。

一般来说，auth_code 需要加密，因为它包含用户凭据、作用域和其他与请求相关的详细信息。

如果用户是合法有效的，则 authorizationUrl 事务会将用户重定向到 redirect_uri 参数，返回到 FastAPI 层，并且带有 auth_code、grant_type 和 state 参数，以及 redirect_uri 参数本身。仅当应用程序不需要 grant_type 和 redirect_uri 参数时，它们才是可选的。

此响应将调用 tokenUrl 端点——它恰好是 redirectURL 参数，以继续使用基于作用域的授权进行身份验证过程。

7.6.3　实现授权码响应

/ch07/login/token 服务或 tokenUrl 必须具有 Form(...)参数以从 authorizationUrl 事务中而不是从 OAuth2PasswordRequestForm 中捕获 code、grant_type 和 redirect_uri 参数。

以下代码片段展示了其实现：

```
@router.post("/login/token")
def access_token(code: str = Form(...),
    grant_type:str = Form(...), redirect_uri:str = Form(...),
    sess:Session = Depends(sess_db)):
        access_token_expires =
            timedelta(minutes=ACCESS_TOKEN_EXPIRE_MINUTES)

        code_data = code.split(':')
        scopes = code_data[2].split("+")
        password = code_data[1]
        username = code_data[0]

        loginrepo = LoginRepository(sess)
        account = loginrepo.get_all_login_username(username)
        if authenticate(username, password, account):
            access_token = create_access_token(
```

```
            data={"sub": username, "scopes": scopes},
            expires_delta=access_token_expires,
        )

        global state_server
        state = state_server
        return {
            "access_token": access_token,
            "expires_in": access_token_expires,
            "token_type": "Bearer",
            "userid": username,
            "state": state,
            "scope": "SCOPE"
        }
    else:
        raise HTTPException(
            status_code=400,
                detail="Incorrect credentials")
```

唯一不能被 tokenUrl 访问的由 authorizationUrl 发送的响应数据是 state 参数。一种解决方法是将 authorizationUrl 中的 state 变量声明为 global 变量，以使其可在任何地方访问。state 变量是 API 身份验证所需服务的 JSON 响应的一部分。

同样，tokenUrl 无法访问用户凭据，但解析 auth_code 是派生出用户名、密码和作用域的一种可能方式。

如果用户合法有效，则 tokenUrl 必须提交包含 access_token、expires_in、token_type、userid 和 state 的 JSON 数据才能继续执行身份验证方案。

此授权码流方案为 OpenID Connect 身份验证提供了基线协议。各种身份和访问管理解决方案——例如 Okta、Auth0 和 Keycloak，都会应用涉及 response_type 代码的授权请求和响应。接下来，我们将重点介绍 FastAPI 对 OpenID Connect 规范的支持。

7.7　应用 OpenID Connect 规范

本节将创建 3 个在线拍卖项目来实现 OAuth2 OpenID Connect 身份验证方案。所有这些项目都使用第三方工具来执行身份验证和授权程序。

ch07g 项目使用 Auth0，ch07h 项目使用 Okta，而 ch07i 项目则使用 Keycloak 策略来验证客户端对 API 服务的访问。

让我们先来看看 Keycloak 对 OpenID Connect 协议的支持。

7.7.1　使用 HTTPBearer

HTTPBearer 类是 fastapi.security 模块中的一个实用程序类，它提供了一个授权方案，该方案直接依赖于带有 Bearer 令牌的授权标头。与其他 OAuth2 方案不同，这需要在运行身份验证服务器之前在 Keycloak 端生成 access_token。目前该框架还没有方法直接访问 Keycloak 身份提供者的凭据和 access_token。要使用该类，只需要在没有任何构造函数参数的情况下实例化它。

7.7.2　安装和配置 Keycloak 环境

Keycloak 是一个基于 Java 的应用程序，可从以下链接下载它：

https://www.keycloak.org/downloads

下载后，可以将其内容解压到任意目录。但在运行它之前，需要在我们的开发机器上安装 Java 12 SDK。完成设置后，在控制台上运行其 bin\standalone.bat 或 bin\standalone.sh，然后在浏览器上打开以下网址：

http://localhost:8080

然后，可以创建一个管理账户来设置领域、客户端、用户和作用域。

7.7.3　设置 Keycloak 领域和客户端

Keycloak 领域（realm）是一个包含所有客户端及其凭据、作用域和角色的对象。创建用户配置文件之前的第一步是创建一个领域，如图 7.7 所示。

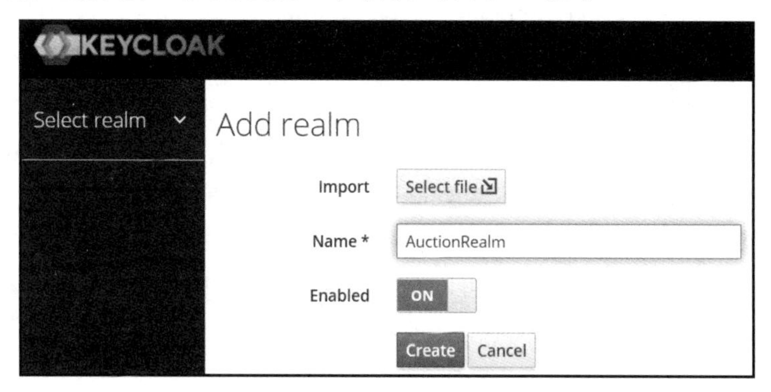

图 7.7　创建 Keycloak 领域

在创建领域之后，即可创建 Keycloak 客户端，它将管理用户配置文件和凭据。它是在 Configure（配置）| Clients（客户端）面板上创建的，如图 7.8 所示。

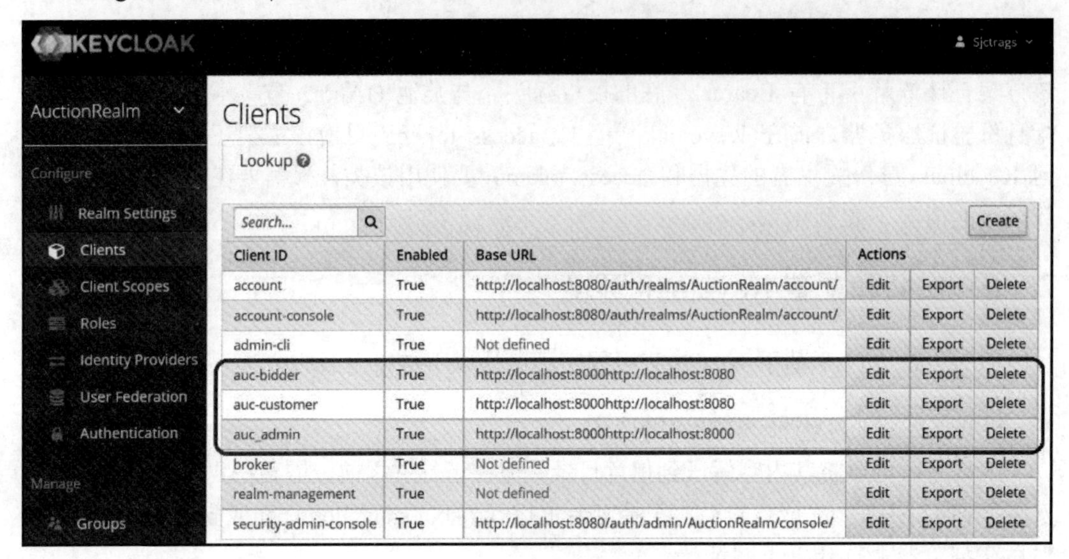

图 7.8　创建 Keycloak 客户端

在创建客户端后，需要编辑每个客户端配置文件以输入以下详细信息：

- 其访问类型必须是 confidential（机密的）。
- 将 Authorization Enabled（启用授权）设置为 ON。
- 为 Root URL（根 URL）、Base URL（基础 URL）和 Admin URL（管理 URL）提供值，它们都引用 API 服务应用程序的 http://localhost:8000。
- 指定一个 Valid Redirect URI（有效的重定向 URI）端点，或者如果没有特定的自定义端点，可以只分配 http://localhost:8080/*。
- 在 Advanced Settings（高级设置）中，设置 Access Token Lifespan（访问令牌寿命），例如：15 分钟。
- 在 Authentication Flow Overrides（授权流覆盖）下，将 Browser Flow（浏览器流）设置为 browser（浏览器），将 Direct Grant Flow（直接授权流）设置为 direct grant（直接授权）。

在 Credentials（凭据）面板中，可以找到自动生成的 client_secret 值所在的客户端凭据。设置完成后，可以将用户分配给客户端。

7.7.4 创建用户和用户角色

首先，可以在 Configure（配置）| Roles（角色）面板创建角色，为以后的用户分配做准备。图 7.9 显示了将处理应用程序的管理、拍卖和投标任务的 3 个用户角色。

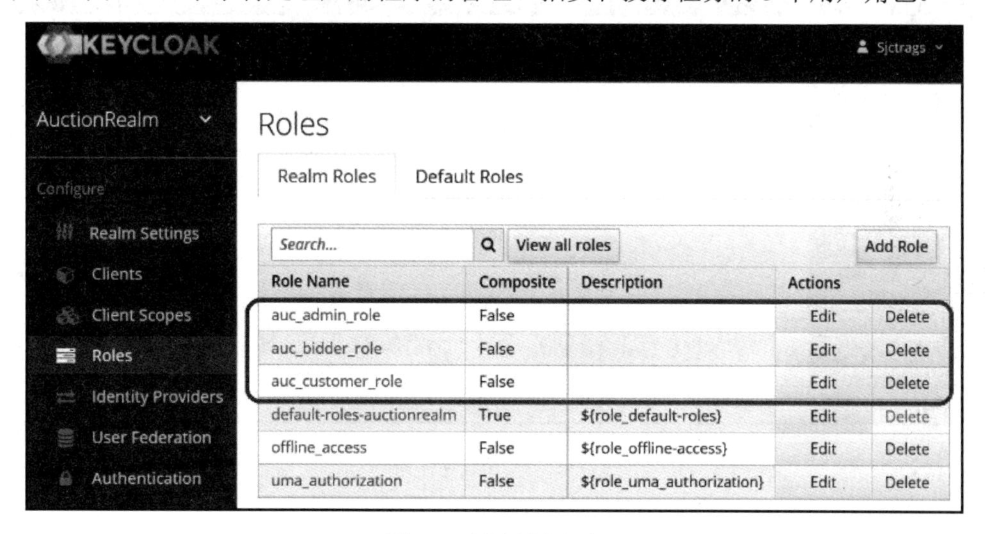

图 7.9　创建用户角色

在创建角色后，还需要在 Manage（管理）| Users（用户）面板上建立用户列表。图 7.10 显示了 3 个已创建的用户，每个用户都有映射的角色。

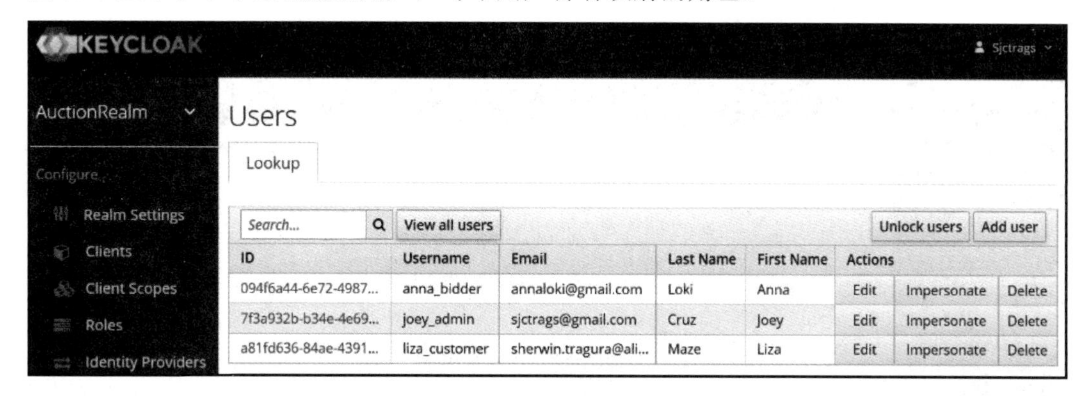

图 7.10　创建客户端用户

要为用户提供他们的角色，需要单击每个用户的 Edit（编辑）链接并分配适当的 Realm

Roles（领域角色）。图 7.11 显示用户 joey_admin 具有 auc_admin_role 角色，这授权用户可以执行该应用程序的管理任务。顺便说一句，不要忘记在 Credentials（凭据）面板上为每个用户创建一个密码。

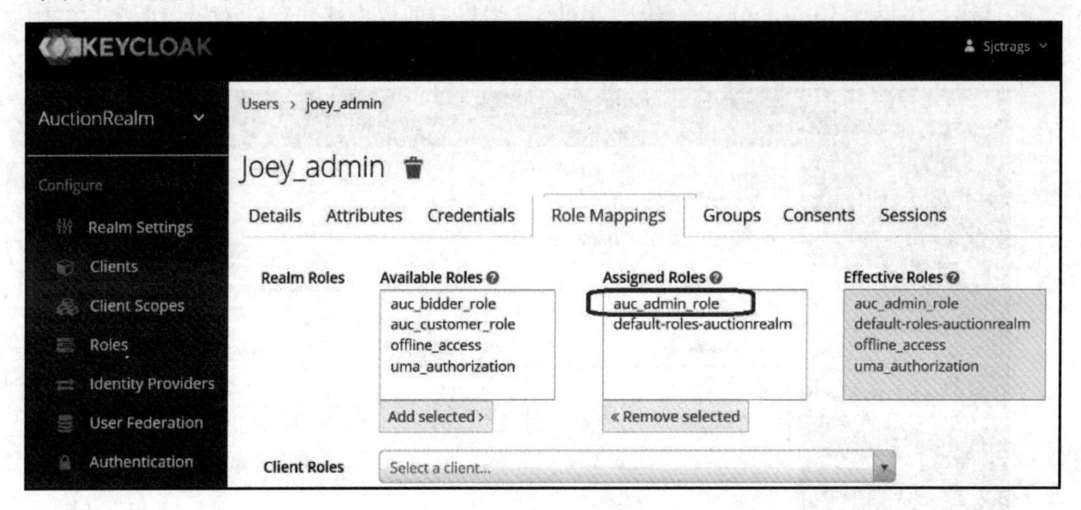

图 7.11　给用户分配角色

7.7.5　为客户端分配角色

除用户可以有分配的角色之外，客户端也可以有分配的角色。客户端角色（client role）定义了客户端必须在其涵盖范围内拥有的用户类型。在访问 API 服务时，它还提供了客户端的边界。图 7.12 显示了具有 admin 角色的 auc_admin。

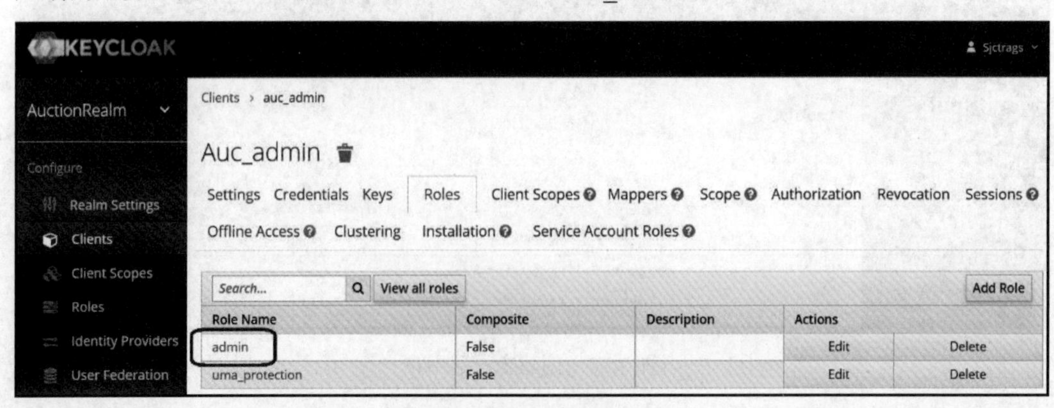

图 7.12　创建客户端角色

然后，我们需要返回到 Manage（管理）| Users（用户）面板并通过客户端为用户分配其角色。例如，图 7.13 显示 joey_admin 具有 admin（管理员）角色，因为 auc_admin 角色已添加到其配置文件中。如果将 auc_admin 客户端添加到用户的设置中，那么这些用户（包括 joey_admin）都具有对该应用程序的管理员访问权限。

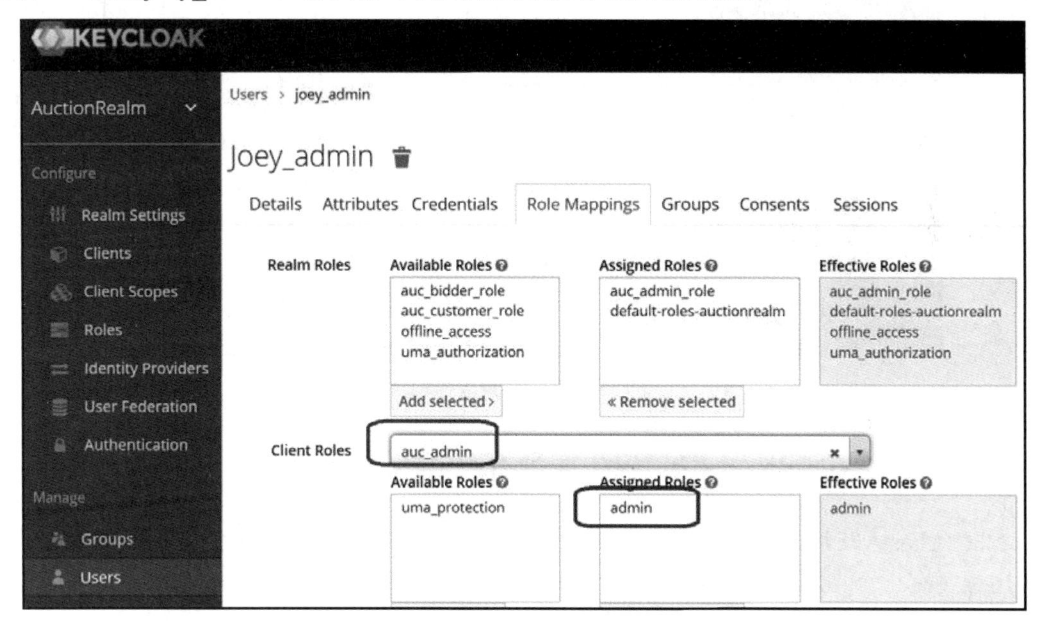

图 7.13　将客户端角色映射到用户

7.7.6　通过作用域创建用户权限

要为每个客户端分配权限，需要在 Configure（配置）| Client Scopes（客户端作用域）面板上创建客户端作用域。

每个客户端作用域都必须有一个 Audience（观众）类型的令牌映射器。图 7.14 显示了 auc_admin 客户端的 admin:read 和 admin:write 作用域，auc_customer 的 auction:read 和 auction:write 作用域以及 auc_bidder 的 bidder:write 和 bidder:read 作用域。

如果基于作用域的授权是方案的一部分，则这些客户端作用域就是每个 API 服务的 Security 注入中的基本细节。

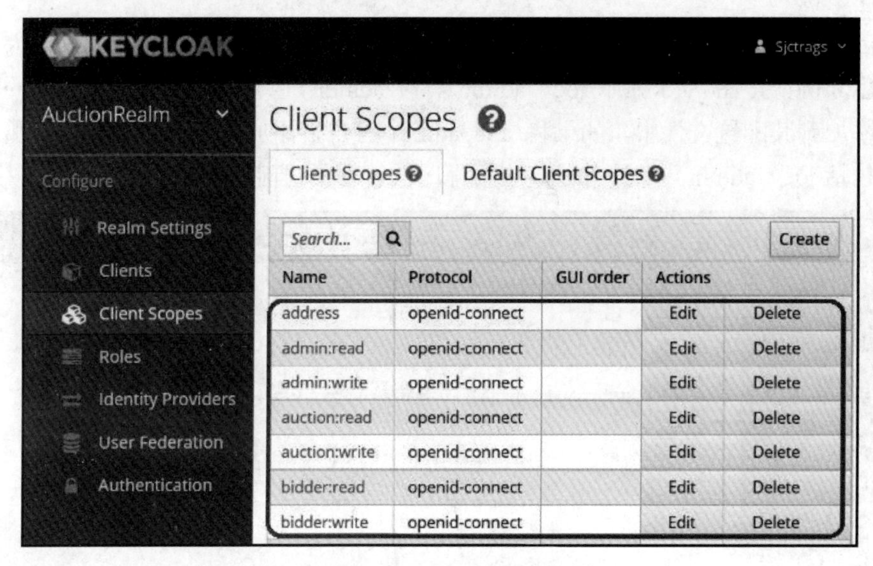

图 7.14　创建客户端作用域

7.7.7　将 Keycloak 与 FastAPI 集成在一起

由于 FastAPI 应用程序无法直接访问 Keycloak 客户端凭据以进行身份验证，因此该应用程序有一个 login_keycloak()服务来将用户重定向到 AuctionRealm URI，即我们在 Keycloak 中的自定义 authorizationUrl。该 URI 是：

/auth/realms/AuctionRealm/protocol/openid-connect/auth

在调用 login_keycloak()服务之前，应先访问以下地址以使用已获得授权的用户凭据（如 joey_admin）登录：

http://localhost:8080/auth/realms/AuctionRealm/account/

现在，和 auc_admin 客户端一样，重定向必须包括 client_id 以及名为 redirect_uri 的自定义回调处理程序。所有 Keycloak 领域的详细信息都必须包含在.config 属性文件中。

以下代码显示了 login_keycloak()服务的实现：

```
import hashlib
import os
import urllib.parse as parse

@router.get("/auth/login")
```

```
def login_keycloak() -> RedirectResponse:
    config = set_up()
    state = hashlib.sha256(os.urandom(32)).hexdigest()

    AUTH_BASE_URL = f"{config['KEYCLOAK_BASE_URL']}
    /auth/realms/AuctionRealm/protocol/
        openid-connect/auth"
    AUTH_URL = AUTH_BASE_URL +
        '?{}'.format(parse.urlencode({
            'client_id': config["CLIENT_ID"],
            'redirect_uri': config["REDIRECT_URI"],
            'state': state,
            'response_type': 'code'
    }))

    response = RedirectResponse(AUTH_URL)
    response.set_cookie(key="AUTH_STATE", value=state)
    return response
```

在上述代码中可以看到，state 是 login_keycloak()对用于验证身份验证的回调方法的响应的一部分，这与我们在使用 OAuth2AuthorizationCodeBearer 时的方法类似。该服务使用 hashlib 模块通过 SHA256 加密算法为 state 生成随机哈希字符串值。

另外，Keycloak 的 AuctionRealm URI 必须返回 JSON 结果，如下所示：


```
{"access_token":"eyJhbGciOiJSUzI1NiIsInR5cCIgOiAiSldUIiwia2lkI
iA6ICJJMFR3YVhiZnh0MVNQSnNzVTByQ09hMzVDaTdZNDkzUnJIeDJTM3paa0V
VIn0.eyJleHAiOjE2NDU0MTgzNTAsImlhdCI6MTY0NTQxNzQ1MCwiYXV0aF90a
W1lIjoxNjQ1NDE3NDM3LCJqdGkiOiI4YTQzMjBmYi0xMzg5LTQ2NzU........................
·········2YTU2In0.UktwOX7H2ZdoyP1VZ5V2MXUX2Gj41D2cuusvwEZXBtVMvnoTDh
KJgN8XWL7P3ozv4A1ZlBmy4NX1HHjPbSGsp2cvkAWwlyXmhyUzfQslf8Su00-4
e9FR4i4rOQtNQfqHM7cLhrzr3-od-uyj1m9KsrpbqdLvPEl3KZnmOfFbTwUXfE
9YclBFa8zwytEWb4qvLvKrA6nPv7maF2_MagMD_0Mh9t95N9_aY9dfquS9tcEV
Whr3d9B3ZxyOtjO8WiQSJyjLCT7IW1hesa8RL3WsiG3QQQ4nUKVHhnciK8efRm
XeaY6iZ_-8jm-mqMBxw00-jchJE8hMtLUPQTMIK0eopA","expires_in":900,
"refresh_expires_in":1800,"refresh_token":"eyJhbGciOiJIUzI1NiIs
InR5cCIgOiAiSldUIiwia2lkIiA6ICJhNmVmZGQ0OS0yZDIxLTQ0NjQtOGUyOC0
4ZWJkMjdiZjFmOTkifQ.eyJleHAiOjE2NDU0MTkyNTAsImlhdCI6MTY0NTQxNzQ
1MCwianRpIjoiMzRiZmMzMmYtYjAzYi00MDM3LTk5YzMt..........................zc2lvbl9z
dGF0ZSI6ImM1NTE3ZDIwLTMzMTgtNDFlMi1hNTlkLWU2MGRiOWM1NmE1NiIsIn
Njb3BlIjoiYWRtaW46d3JpdGUgYWRtaW46cmVhZCB1c2VyIiwic2lkIjoiYzU1
MTdkMjAtMzMxOC00MWUyLWE1OWQtZTYwZGI5YzU2YTU2In0.xYYQPr8dm7_o1G
KplnS5cWmLbpJTCBDfm1WwZLBhM6k","token_type":"Bearer","not-
```

```
before-policy":0,"session_state":"c5517d20-3318-41e2-a59d-e60d
b9c56a56","scope":"admin:write admin:read user"}
```

可以看到，其中包含一些基本凭据，如 access_token、expires_in、session_state 和 scope。

7.7.8 实现令牌验证

应用程序的 HTTPBearer 需要 access_token 来进行客户端身份验证。在 OpenAPI 仪表板上，可以单击 Authorize（授权）按钮并粘贴 Keycloak 的 authorizationUrl 提供的 access_token 值。在身份验证成功后，get_current_user()将根据从 access_token 中提取的凭据来验证对每个 API 端点的访问。

以下代码突出显示了 get_current_user()的一部分，它使用了 PyJWT 实用程序和 RSAAlgorithm 之类的算法从 Keycloak 的令牌构建用户凭据：

```
from jwt.algorithms import RSAAlgorithm
from urllib.request import urlopen
import jwt

def get_current_user(security_scopes: SecurityScopes,
            token: str = Depends(token_auth_scheme)):
    token = token.credentials
    config = set_up()
    jsonurl = urlopen(f'{config["KEYCLOAK_BASE_URL"]}
        /auth/realms/AuctionRealm/protocol
        /openid-connect/certs')
    jwks = json.loads(jsonurl.read())
    unverified_header = jwt.get_unverified_header(token)

    rsa_key = {}
    for key in jwks["keys"]:
        if key["kid"] == unverified_header["kid"]:
            rsa_key = {
                "kty": key["kty"],
                "kid": key["kid"],
                "use": key["use"],
                "n": key["n"],
                "e": key["e"]
            }

        if rsa_key:
            try:
```

```
            public_key = RSAAlgorithm.from_jwk(rsa_key)
            payload = jwt.decode(
                token,
                public_key,
                algorithms=config["ALGORITHMS"],
                options=dict(
                    verify_aud=False,
                    verify_sub=False,
                    verify_exp=False,
                )
            )
... ... ... ... ...
token_scopes = payload.get("scope", "").split()

for scope in security_scopes.scopes:
    if scope not in token_scopes:
        raise AuthError(
            {
                "code": "Unauthorized",
                "description": Invalid Keycloak details,
            },403,
        )
return payload
```

请注意，你需要先安装 PyJWT 模块以利用所需的编码器和解码器功能。jwt 模块具有 RSAAlgorithm，它可以帮助从令牌中解码 rsa_key，同时禁用某些选项，例如客户端 audience 的验证。

7.7.9 将 Auth0 与 FastAPI 集成在一起

Auth0 也可以作为第三方身份验证提供程序，对应用程序的 API 端点进行身份验证和授权访问。但首先，你需要在以下网址注册一个账户：

https://auth0.com/

在注册账户后，即可创建一个 Auth0 应用程序以派生 Domain（领域）、Client ID（客户端 ID）和 Client Secret（客户端秘密），并配置一些与 URI 和令牌相关的详细信息。图 7.15 显示了创建 Auth0 应用程序的仪表板。

Auth0 应用程序还具有客户端身份验证所需的已生成的 Audience API URI。另外，它的身份验证参数还有一部分是 issuer（颁发者），这可以从 Auth0 应用程序的 Domain（领域）值中得出。该颁发者是/oauth/token 服务的基本 URI，一旦请求就会生成 auth_token，类似于 Keycloak 的领域。

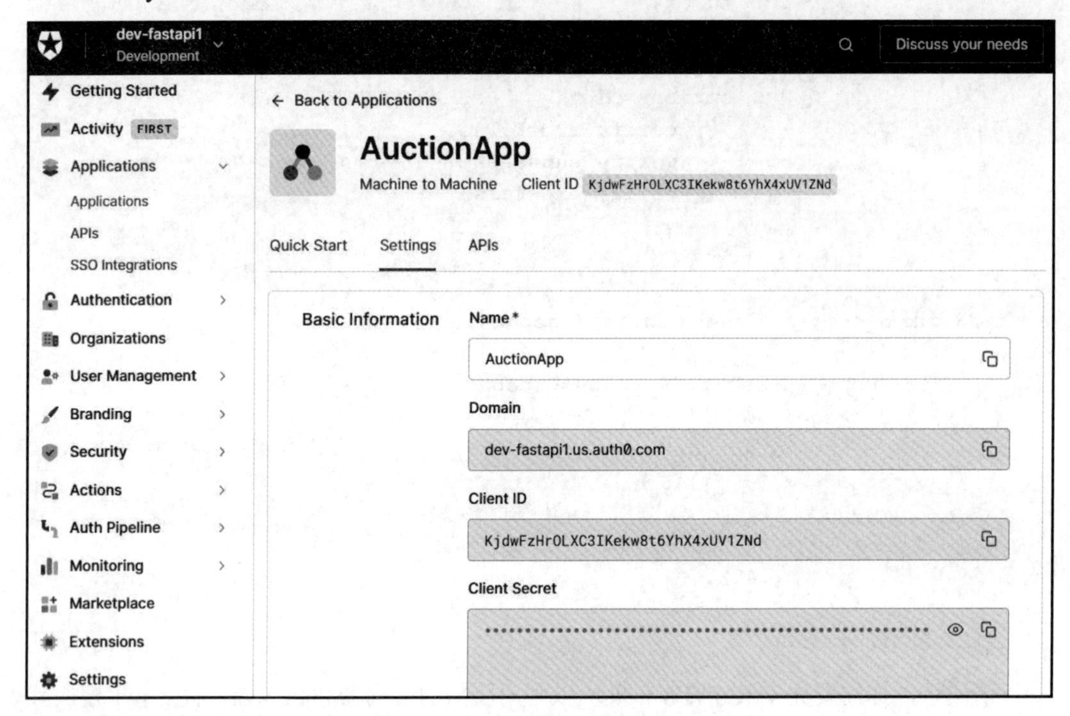

图 7.15　创建 Auth0 应用程序

可以将所有这些 Auth0 详细信息放在.config 文件中，包括用于解码 auth_token 令牌的 PyJWT 算法。

ch07g 项目有自己的 get_current_user()版本，它将处理来自.config 文件中 Auth0 详细信息的 API 身份验证和授权的有效负载。但首先，HTTPBearer 类需要 auth_token 值，并将通过运行我们的 Auth0 应用程序 AuctionApp 的以下 tokenUrl 来获取它：

```
curl --request POST --url
https://dev-fastapi1.us.auth0.com/oauth/token --header
'content-type: application/json' --data "{"client_
id":"KjdwFzHrOLXC3IKe
kw8t6YhX4xUV1ZNd", "client_secret":"_
KyPEUOB7DA5Z3mmRXpnqWA3EXfrjLw2R5SoUW7m1wLMj7
KoElMyDLiZU8SgMQYr","audience":"https://fastapi.auction.com/",
"grant_type":"client_credentials"}"
```

7.7.10　将 Okta 与 FastAPI 集成在一起

在从 Okta 账户中提取 Client ID（客户端 ID）、Client Secret（客户端秘密）、Domain（领域）、issuer（颁发者）和 Audience（观众）API 信息时，也可以在 Okta 的过程中找到在 Auth0 中执行的一些过程。

ch07h 项目将这些详细信息存储在 app.env 文件中，以便由其 get_current_user()检索以生成有效负载。但是和以前一样，HTTPBearer 类需要一个 auth_token 来执行以下 Okta 的 tokenUrl——它是基于账户的颁发者的：

```
curl --location --request POST "https://dev-5180227.
okta.com/oauth2/default/v1/token?grant_type=client_
credentials&client_id=0oa3tvejee5UPt7QZ5d7&client_
secret=LA4WP8lACWKu4Ke9fReol0fNSUvxsxTvGLZdDS5-" --header
"Content-Type: application/x-www-form-urlencoded"
```

除了 Basic、Digest、OAuth2 和 OpenID Connect 身份验证方案，FastAPI 还可以利用一些内置的中间件来帮助保护 API 端点。接下来，就让我们看看这些中间件是否可以提供自定义身份验证过程。

7.8　使用内置中间件进行身份验证

FastAPI 可以使用 AuthenticationMiddleware 等 Starlette 中间件来实现任何自定义身份验证。它需要 AuthenticationBackend 来实现我们的应用程序安全模型的方案。

以下自定义 AuthenticationBackend 将检查 Authorization 凭据是否为 Bearer 类，并验证 username 令牌是否等效于中间件提供的固定用户名凭据：

```
class UsernameAuthBackend(AuthenticationBackend):
    def __init__(self, username):
        self.username = username

    async def authenticate(self, request):
        if "Authorization" not in request.headers:
            return
        auth = request.headers["Authorization"]
        try:
            scheme, username = auth.split()
            if scheme.lower().strip() != 'bearer'.strip():
                return
```

```
        except:
            raise AuthenticationError(
                'Invalid basic auth credentials')
        if not username == self.username:
            return

        return AuthCredentials(["authenticated"]), SimpleUser(username)
```

激活这个 UsernameAuthBackend 意味着使用 AuthenticationMiddleware 将它注入 main.py 的 FastAPI 构造函数中。它还需要指定的 username 才能进行身份验证过程。

以下代码片段显示了如何在 main.py 文件中激活整个身份验证方案：

```
from security.secure import UsernameAuthBackend
from starlette.middleware import Middleware
from starlette.middleware.authentication import
    AuthenticationMiddleware

middleware = [Middleware(AuthenticationMiddleware,
    backend=UsernameAuthBackend("sjctrags"))]
app = FastAPI(middleware=middleware)
```

注入 FastAPI 的 Request 是应用身份验证方案的第一步。然后，我们在@router 装饰器之后用@requires("authenticated")装饰每个 API。事实上，开发人员还可以通过添加 JWT 编码和解码、加密或者自定义的基于角色的授权来进一步扩展 UsernameAuthBackend 流程。

7.9 小　　结

保护任何应用程序的安全始终是生产高质量软件的主要优先事项。我们总是选择支持可靠和可信的安全解决方案的框架，并且至少可以防止来自外部环境的恶意攻击。众所周知，完美的安全模型是一个神话，但开发人员始终应该追求创建能够应对各种已知威胁的安全解决方案。

FastAPI 是 API 框架之一，它内置对许多流行的身份验证过程的支持，从 Basic 到 OpenID Connect 规范，都在其支持范围内。它完全支持所有有效的 OAuth2 身份验证方案，甚至可以进一步定制其安全 API。

尽管它没有直接支持 OpenID Connect 规范，但它仍然可以与各种流行的身份和用户管理系统（如 Auth0、Okta 和 Keycloak）无缝集成。未来，该框架可能仍然会为我们提供许多安全实用程序和类，开发人员可以应用它们来构建可扩展的微服务应用程序。

第 8 章将关注与非阻塞 API 服务、事件和消息驱动事务相关的主题。

第 8 章　创建协程、事件和消息驱动的事务

FastAPI 框架是一个在 asyncio 平台上运行的异步框架，它利用了 ASGI 协议。它以 100%支持异步端点和非阻塞任务而闻名。本章将重点介绍如何使用异步任务以及事件驱动和消息驱动事务创建高度可扩展的应用程序。

在第 2 章“探索核心功能”中已经解释过，Async/Await 或异步编程是一种设计模式，它使其他服务或事务能够在主线程之外运行。FastAPI 框架使用 async 关键字来创建将在其他线程池之上运行并等待的异步进程，而不是直接调用它们。在 Uvicorn 服务器启动期间将通过--worker 选项定义外部线程的数量。

本章将深入研究框架并仔细讨论可以使用多线程异步运行的FastAPI 框架的各种组件，以帮助开发人员了解异步 FastAPI 是如何实现的。

本章包含以下主题：

- 实现协程
- 创建异步后台任务
- 了解 Celery 任务
- 使用 RabbitMQ 构建消息驱动的事务
- 使用 Kafka 构建发布/订阅消息
- 实现异步服务器发送事件
- 构建异步 WebSocket
- 在任务中应用反应式编程
- 自定义事件

8.1　技 术 要 求

本章将介绍异步特性、软件规范和报纸管理系统原型的组件。我们将使用这个在线报纸管理系统原型作为样本来理解、探索和实现异步事务，这些事务将管理报纸内容、订阅、计费、用户资料、客户和其他与业务相关的事务。本章示例程序代码已经全部上传到了本书 GitHub 存储库的 ch08 项目中。其网址如下：

https://github.com/PacktPublishing/Building-Python-Microservices-with-FastAPI

8.2 实现协程

在 FastAPI 框架中，总是存在一个线程池（thread pool）来为每个请求执行同步 API 和非 API 事务。对于受到 CPU 和输入/输出（I/O）限制的任务来说，这两种事务即使在性能开销最小的理想情况下，使用 FastAPI 框架的整体性能仍然优于那些使用非基于 ASGI 的平台的框架。但是，当由于 CPU 密集型流量或繁重的 CPU 工作负载而发生争用时，FastAPI 的性能就会因为线程切换而开始下降。

线程切换（thread switch）是在同一进程中从一个线程到另一个线程的上下文切换。因此，如果我们在后台和浏览器中运行具有不同工作负载的多个事务，则 FastAPI 将在线程池中运行这些事务，并且具有多个上下文切换。这种情况将导致对较轻工作负载的争用和降级。为了避免性能问题，我们将应用协程切换而不是线程切换。

8.2.1 应用协程切换

FastAPI 框架可通过一种称为协程切换（coroutine switch）的机制以最佳速度运行。这种方法允许事务调整的任务通过允许其他正在运行的进程暂停来协同工作，以便线程可以执行和完成更紧急的任务，并在不抢占线程的情况下恢复“等待”的事务。这些协程切换是程序员定义的组件，而不是与内核相关或与内存相关的功能。

在 FastAPI 中，有以下两种实现协程的方式：

- 应用@asyncio.coroutine 装饰器。
- 使用 async/await 构造。

8.2.2 应用@asyncio.coroutine

asyncio 是一个 Python 扩展，它使用单线程和单进程模型实现了 Python 并发范式，并提供了用于运行和管理协程的 API 类和方法。此扩展提供了一个@asyncio.coroutine 装饰器，可将 API 和原生服务转换为基于生成器的协程。但是，这是一种比较陈旧的方法，只能在使用 Python 3.9 及以下版本的 FastAPI 中使用。

以下是我们的报纸管理系统原型的登录服务事务，已经实现为协程：

```
@asyncio.coroutine
def build_user_list(query_list):
    user_list = []
    for record in query_list:
```

```
        yield from asyncio.sleep(2)
        user_list.append(" ".join([str(record.id),
            record.username, record.password]))
    return user_list
```

在上述示例中，build_user_list()是一个将所有登录记录转换为 str 格式的原生服务。它使用@asyncio.coroutine 装饰器进行装饰，以将事务转换为异步任务或协程。

协程可以仅使用 yield from 子句来调用另一个协程函数或方法。此构造可以暂停协程并将线程的控制权传递给调用的协程函数。

值得一提的是，asyncio.sleep()方法是 asyncio 模块中使用最广泛的异步实用程序之一，它可以暂停进程几秒，但这并不是理想的方法。

另外，以下代码是作为协程实现的 API 服务，可以最大限度地减少客户端执行中的争用和性能下降：

```
@router.get("/login/list/all")
@asyncio.coroutine
def list_login():
    repo = LoginRepository()
    result = yield from repo.get_all_login()
    data = jsonable_encoder(result)
    return data
```

上述 list_login() API 服务通过在 GINO ORM 中实现的协程 CRUD 事务检索应用程序用户的所有登录详细信息。可以看到，该 API 服务同样使用了 yield from 子句来运行和执行 get_all_login()协程函数。

协程函数可以使用 asyncio.gather()实用程序并发调用和等待多个协程。此 asyncio 方法将管理协程列表并等待其所有协程完成任务。然后，它将返回相应协程的结果列表。

以下示例是一个 API 的代码，它通过异步 CRUD 事务检索登录记录，然后同时调用 count_login()和 build_user_list()来处理这些记录：

```
@router.get("/login/list/records")
@asyncio.coroutine
def list_login_records():
    repo = LoginRepository()
    login_data = yield from repo.get_all_login()
    result = yield from
        asyncio.gather(count_login(login_data),
            build_user_list(login_data))
    data = jsonable_encoder(result[1])
    return {'num_rec': result[0], 'user_list': data}
```

可以看到，list_login_records()使用 asyncio.gather()运行 count_login()和 build_user_list()这两个任务，然后提取它们相应的返回值进行处理。

8.2.3 使用 async/await 结构

实现协程的另一种方法是使用 async/await 结构。与前面的方法一样，此语法创建了一个任务，该任务可以在其运行期间可在到达结束之前随时暂停。但是这种方法产生的协程称为原生协程（native coroutine），它不像生成器类型那样可迭代。

此外，async/await 语法还允许创建其他异步组件，例如 async with 上下文管理器和 async for 迭代器。

以下示例是 count_login()任务的代码，该任务在之前的基于生成器的协程服务 list_login_records()中曾被调用：

```
async def count_login(query_list):
    await asyncio.sleep(2)
    return len(query_list)
```

该 count_login()原生服务是原生协程，因为在其方法定义之前放置了 async 关键字。它仅使用了 await 来调用其他协程。

await 关键字可以暂停当前协程的执行，并将线程的控制权传递给调用的协程函数。在调用的协程完成其进程后，线程控制将返回给调用者协程。使用 yield from 构造而不是 await 将会引发错误，因为我们这里的协程不是基于生成器的。

以下是作为原生协程实现的 API 服务，用于管理新管理员配置文件的数据输入：

```
@router.post("/admin/add")
async def add_admin(req: AdminReq):
    admin_dict = req.dict(exclude_unset=True)
    repo = AdminRepository()
    result = await repo.insert_admin(admin_dict)
    if result == True:
        return req
    else:
        return JSONResponse(content={'message':'update
            trainer profile problem encountered'},
                status_code=500)
```

基于生成器的协程和原生协程都由事件循环（event loop）监控和管理，事件循环表示线程内的无限循环。从技术上讲，它是在线程中找到的一个对象，线程池中的每个线程只能有一个事件循环，其中包含一个称为任务（task）的辅助对象列表。

每个预先生成或手动创建的任务都将执行一个协程。例如，当之前的 add_admin() API 服务调用 insert_admin()协程事务时，事件循环将暂停 add_admin()并将其任务标记为等待任务。之后，事件循环将分配一个任务来运行 insert_admin()事务。一旦该任务完成执行，则它将把控制权交还给 add_admin()。

管理 FastAPI 应用程序的线程在这些执行转移期间不会被中断，因为它是事件循环，并且其任务参与协程切换机制。

接下来，让我们使用这些协程来构建应用程序。

8.2.4　设计异步事务

在为应用程序创建协程时，我们可以遵循一些编程范式。例如，在进程中使用更多的协程切换有助于提高软件性能。对于我们的报纸应用程序来说，在 admin.py 路由器中有一个端点/admin/login/list/enc，它将返回加密的用户详细信息的列表。在其 API 服务中，每条记录都由 extract_enc_admin_profile()事务调用来管理，而不是将整个数据记录传递给单个调用，从而允许并发执行任务。这种策略比在没有上下文切换的线程中运行大量事务要好，具体代码示例如下：

```
@router.get("/admin/login/list/enc")
async def generate_encypted_profile():
    repo = AdminLoginRepository()
    result = await repo.join_login_admin()
    encoded_data = await asyncio.gather(
        *(extract_enc_admin_profile(rec) for rec in result))
    return encoded_data
```

现在，extract_enc_admin_profile()协程（如以下代码所示）实现了链式设计模式，它可以通过链来调用其他较小的协程：

```
async def extract_enc_admin_profile(admin_rec):
    p = await extract_profile(admin_rec)
    pinfo = await extract_condensed(p)
    encp = await decrypt_profile(pinfo)
    return encp
```

将单一和复杂的进程简化并分解为更小但更稳定可靠的协程，能够通过利用更多的上下文切换来提高应用程序的性能。上述 extract_enc_admin_profile()在链中创建了 3 个上下文切换，这是优于线程切换的。

以下 3 个方法的示例实现就是在等待的较小的子例程，它们将通过上面的 extract_enc_admin_profile()执行：

```
async def extract_profile(admin_details):
    profile = {}
    login = admin_details.parent
    profile['firstname'] = admin_details.firstname
    … … … … …
    profile['password'] = login.password
    await asyncio.sleep(1)
    return profile

async def extract_condensed(profiles):
    profile_info = " ".join([profiles['firstname'],
        profiles['lastname'], profiles['username'],
        profiles['password']])
    await asyncio.sleep(1)
    return profile_info

async def decrypt_profile(profile_info):
    key = Fernet.generate_key()
    fernet = Fernet(key)
    encoded_profile = fernet.encrypt(profile_info.encode())
    return encoded_profile
```

这 3 个子例程将为主协程提供加密的 str，其中包含管理员配置文件的详细信息。API 服务将使用 asyncio.gather()实用程序整理所有这些加密字符串。

另一种利用协程切换的编程方法是使用由 asyncio.Queue 创建的管道。在这个编程设计中，队列结构是两个任务之间的共同点：

- 将值放入队列的任务称为生产者（producer）。
- 从队列中获取项目的任务称为使用者（consumer）。

可以使用这种方法实现一个生产者/一个使用者交互或多个生产者/多个使用者设置。

以下代码突出显示了构建生产者/使用者事务流的 process_billing()原生服务。其中，extract_billing()协程是一个生产者，其任务是从数据库中检索计费记录并以一次一条的方式将记录传递到队列；另外，build_billing_sheet()则是一个使用者，它将从队列结构中获取记录并生成账单：

```
async def process_billing(query_list):
    billing_list = []

    async def extract_billing(qlist, q: Queue):
        assigned_billing = {}
        for record in qlist:
            await asyncio.sleep(2)
```

```
            assigned_billing['admin_name'] = "{} {}"
                .format(record.firstname, record.lastname)
            if not len(record.children) == 0:
                assigned_billing['billing_items'] = record.children
            else:
                assigned_billing['billing_items'] = None

            await q.put(assigned_billing)

    async def build_billing_sheet(q: Queue):
        while True:
            await asyncio.sleep(2)
            assigned_billing = await q.get()
            name = assigned_billing['admin_name']
            billing_items = assigned_billing['billing_items']
            if not billing_items == None:
                for item in billing_items:
                    billing_list.append(
                    {'admin_name': name, 'billing': item})
            else:
                billing_list.append(
                    {'admin_name': name, 'billing': None})
            q.task_done()
```

在此编程设计中，build_billing_sheet()协程将显式等待由 extract_billing()排队的记录。由于 asyncio.create_task()实用程序的存在，这样的设置是可能的，因为该实用程序将直接为每个协程分配和安排任务。

队列（queue）是协程唯一通用的方法参数，因为它是协程的共同点。asyncio.Queue 的 join()方法确保通过 extract_billing()传递到管道的所有项目都由 build_billing_sheet()获取和处理。它还阻止了会影响协程交互的外部控件。

以下代码显示了如何创建 asyncio.Queue 并安排任务执行：

```
q = asyncio.Queue()
build_sheet = asyncio.create_task(
            build_billing_sheet(q))
await asyncio.gather(asyncio.create_task(
        extract_billing(query_list, q)))

    await q.join()
    build_sheet.cancel()
    return billing_list
```

可以看到，在协程完成进程后总是会立即将 cancel()传递给任务。

接下来，让我们看看如何通过其他方式提高协程的性能。

8.2.5　使用 HTTP/2 协议

当应用程序在 HTTP/2 协议上运行时，其中的协程执行可以更快。因此，可以考虑用 Hypercorn 替换 Uvicorn 服务器，前者现在支持基于 ASGI 的框架，例如 FastAPI。

要使用 Hypercorn，首先需要使用以下 pip 命令安装它：

```
pip install hypercorn
```

要使 HTTP/2 正常工作，需要创建一个 SSL 证书。使用 OpenSSL 时，我们的应用程序有以下两个用于报纸原型的 PEM 文件：

- 私有加密（key.pem）。
- 证书信息（cert.pem）。

请注意先将这两个文件放在主项目文件夹中，然后执行以下 hypercorn 命令运行我们的 FastAPI 应用程序：

```
hypercorn --keyfile key.pem --certfile cert.pem main:app
--bind 'localhost:8000' --reload
```

接下来，让我们探索一下其他也可以使用协程的 FastAPI 任务。

8.3　创建异步后台任务

在第 2 章“探索核心功能”中，我们曾经介绍过 BackgroundTasks 可注入 API 类，但是并没有提到如何创建异步后台任务。因此，本节就让我们看看如何使用 asyncio 模块和协程来创建异步后台任务。

8.3.1　使用协程

FastAPI 框架支持使用 async/await 结构创建和执行异步后台进程。以下原生服务是一个异步事务，它将在后台生成 CSV 格式的账单：

```
async def generate_billing_sheet(billing_date, query_list):
    filepath = os.getcwd() + '/data/billing-' +
               str(billing_date) +'.csv'
```

```
    with open(filepath, mode="a") as sheet:
        for vendor in query_list:
            billing = vendor.children
            for record in billing:
                if billing_date == record.date_billed:
                    entry = ";".join(
                        [str(record.date_billed), vendor.account_name,
                        vendor.account_number, str(record.payable),
                        str(record.total_issues) ]
                    )
                    sheet.write(entry)
                await asyncio.sleep(1)
```

上述 generate_billing_sheet()协程服务将在以下 API 服务 save_vendor_billing()中作为后台任务执行：

```
@router.post("/billing/save/csv")
async def save_vendor_billing(billing_date:date,tasks: BackgroundTasks):
    repo = BillingVendorRepository()
    result = await repo.join_vendor_billing()
    tasks.add_task(generate_billing_sheet, billing_date, result)
    tasks.add_task(create_total_payables_year, billing_date, result)
    return {"message" : "done"}
```

现在，在定义后台进程方面没有任何改变。我们通常将 BackgroundTasks 注入 API 服务方法并应用 add_task()来为特定进程提供任务调度、分配和执行。但是由于现在的方法是利用协程，因此后台任务将使用事件循环而不是等待当前线程完成其作业。

如果后台进程需要参数，则可以将这些参数传递给 add_task()（就在它的第一个参数之后）。例如，generate_billing_sheet()的 billing_date 和 query_list 参数应该放在 generate_billing_sheet 注入 add_task()之后。

此外，billing_date 值应该在 result 参数之前传递，因为 add_task()仍然遵循 generate_billing_sheet()中参数声明的顺序，以避免类型不匹配。

所有的异步后台任务都会持续执行，即使它们的协程 API 服务已经向客户端返回了响应，也不会等待。

8.3.2　创建多个任务

BackgroundTasks 允许创建将在后台并发执行的多个异步事务。在 save_vendor_billing()服务中，为新事务创建了另一个任务，称为 create_total_payables_year()事务，它需要与

generate_billing_sheet()相同的参数。同样，这个新创建的任务将使用事件循环而不是线程。

当后台进程具有高 CPU 工作负载时，应用程序总是会遇到性能问题。此外，BackgroundTasks 生成的任务不能从事务中返回值。因此，让我们寻找另一种解决方案，使得任务可以管理高工作负载并执行有返回值的进程。

8.4　了解 Celery 任务

Celery 是一个运行在分布式系统上的非阻塞任务队列。它可以管理 CPU 工作负载巨大且繁重的异步后台进程。它是第三方工具，所以需要先通过以下 pip 命令安装它：

```
pip install celery
```

Celery 可以在单个服务器或分布式环境中同时调度和运行任务，但它需要通过消息传输来发送和接收消息。以 Redis 为例，这是一个内存数据库（in-memory database，IMDB），可用作字符串、字典、列表、集合、位图和流类型等消息的消息代理。

我们可以在 Linux、macOS 和 Windows 系统上安装 Redis。安装完成之后，运行其 redis-server.exe 命令即可启动服务器。

在 Windows 中，Redis 服务设置为安装后默认运行，这会导致 TCP 绑定侦听器错误。因此，我们需要在运行启动命令之前停止它。图 8.1 显示了 Redis 服务处于 Stopped（停止）状态的 Windows Task Manager（任务管理器）。

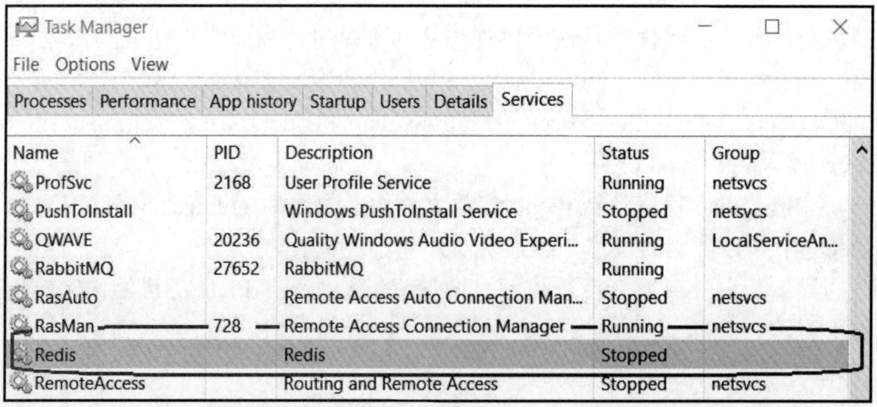

Task Manager

File　Options　View

Processes　Performance　App history　Startup　Users　Details　Services

Name	PID	Description	Status	Group
ProfSvc	2168	User Profile Service	Running	netsvcs
PushToInstall		Windows PushToInstall Service	Stopped	netsvcs
QWAVE	20236	Quality Windows Audio Video Experi...	Running	LocalServiceAn...
RabbitMQ	27652	RabbitMQ	Running	
RasAuto		Remote Access Auto Connection Man...	Stopped	netsvcs
RasMan	728	Remote Access Connection Manager	Running	netsvcs
Redis		Redis	Stopped	
RemoteAccess		Routing and Remote Access	Stopped	netsvcs

图 8.1　停止 Redis 服务

停止该服务后，应该可以看到 Redis 正在运行，如图 8.2 所示。

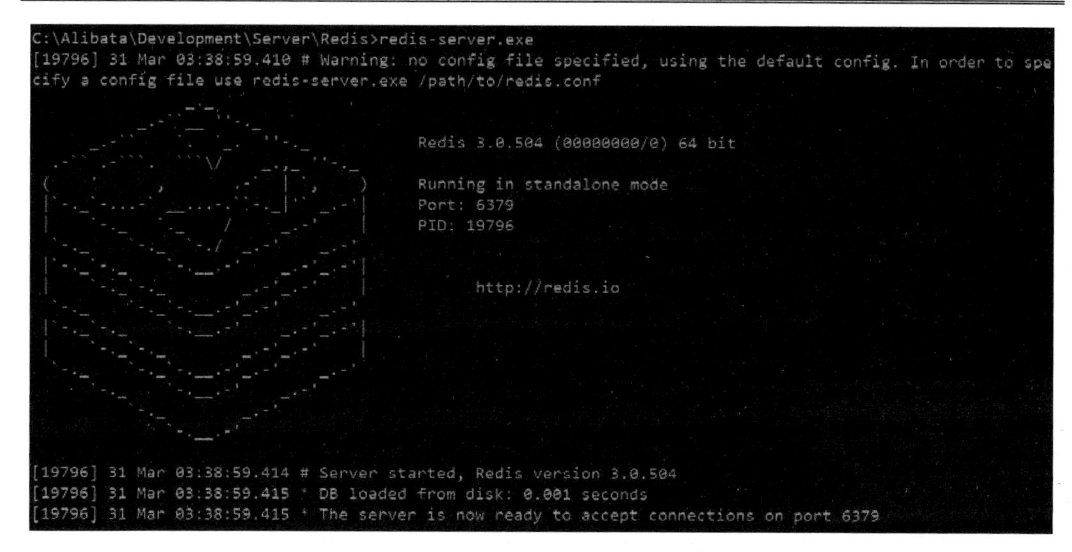

图 8.2　正在运行的 Redis 服务器

8.4.1　创建和配置 Celery 实例

在创建 Celery 任务之前，需要将 Celery 实例放置在应用程序的专用模块中。我们的报纸原型程序在/services/billing.py 模块中有 Celery 实例，以下是显示 Celery 实例化过程的部分代码：

```
from celery import Celery
from celery.utils.log import get_task_logger

celery = Celery("services.billing",
    broker='redis://localhost:6379/0',
    backend='redis://localhost',
    include=["services.billing", "models", "config"])

class CeleryConfig:
    task_create_missing_queues = True
    celery_store_errors_even_if_ignored = True
    task_store_errors_even_if_ignored = True
    task_ignore_result = False
    task_serializer = "pickle"
    result_serializer = "pickle"
    event_serializer = "json"
    accept_content = ["pickle", "application/json",
```

```
        "application/x-python-serialize"]
    result_accept_content = ["pickle", "application/json",
        "application/x-python-serialize"]
celery.config_from_object(CeleryConfig)

celery_log = get_task_logger(__name__)
```

可以看到，要创建 Celery 实例，需要以下详细信息：

- 包含 Celery 实例的当前模块的名称（第一个参数）。
- 作为消息代理的 Redis 的 URL（broker 参数）。
- 存储和监控任务结果的后端（backend 参数）。
- 消息正文或 Celery 任务使用的其他模块列表（include 参数）。

在实例化之后，需要设置适当的序列化器（serializer）和内容类型来处理所涉及的任务传入和传出的消息正文（如果有的话）。为了允许传递具有非 JSON 值的完整 Python 对象，需要包含 pickle 作为支持的内容类型，然后向对象流声明一个默认任务和结果序列化器。

但是，使用 pickle 序列化器也会带来一些安全问题，因为它往往会暴露一些事务数据。因此，为避免损害应用程序，有必要在执行消息传递操作之前对消息对象进行清理，例如删除敏感值或凭据。

除了序列化选项，其他重要的属性，例如 task_create_missing_queues、task_ignore_result 和与错误相关的配置也应该是 CeleryConfig 类的一部分。

现在，可以在一个自定义类中声明所有这些细节，然后将它注入 Celery 实例的 config_from_object()方法中。

此外，还可以通过它的 get_task_logger()方法使用当前任务的名称创建一个 Celery 日志记录器。

8.4.2 创建任务

Celery 实例的主要目标是将 Python 方法注解为任务。Celery 实例有一个 task()装饰器，我们可以将它应用于想要定义为异步任务的所有可调用过程。

task()装饰器的组成部分包括任务的 name，这是一个可选的唯一名称，由包、模块名称和事务的方法名称组成。它还有其他属性可以为任务定义添加更多细节，例如 auto_retry 列表，它注册在抛出时可能导致执行重试的 Exception 类，另外还有 max_tries，它限制任务的重试执行次数。

需要注意的是，Celery 5.2.3 及以下版本只能从非协程方法中定义任务。

以下显示的services.billing.tasks.create_total_payables_year_celery任务可以将每个日期的所有应付金额相加并返回总金额：

```
@celery.task(
    name="services.billing.tasks
          .create_total_payables_year_celery",
              auto_retry=[ValueError, TypeError],
                max_tries=5)
def create_total_payables_year_celery(billing_date, query_list):
    total = 0.0
    for vendor in query_list:
        billing = vendor.children
        for record in billing:
            if billing_date == record.date_billed:
                total += record.payable
    celery_log.info('computed result: ' + str(total))
    return total
```

上述任务在运行时如遇到 ValueError 或 TypeError，则只有 5 次重试来恢复。此外，它是一个返回计算量的函数，因此使用 BackgroundTasks 时将无法创建。

所有功能任务都使用 Redis 数据库作为其返回值的临时存储，这就是 Celery 构造函数中有一个后端参数的原因。

8.4.3 调用任务

FastAPI 服务可以使用 apply_async()或 delay()函数调用这些任务。后者是更简单的选择，因为它是预先配置的，并且只需要事务的参数即可获得结果。apply_async()函数则是一个更好的选择，因为它接受更多可以优化任务执行的细节。这些细节包括 queue、time_limit、retry、ignore_result、expires 和一些参数的 kwargs。

这两个函数都返回一个 AsyncResult 对象，后者将返回任务 state 之类的资源，wait()函数可以帮助任务完成其操作，get()函数可以返回其计算值或异常。

以下代码就是一个协程 API 服务的示例，可以看到，它使用了 apply_async 方法调用 services.billing.tasks.create_total_payables_year_celery 任务：

```
@router.post("/billing/total/payable")
async def compute_payables_yearly(billing_date:date):
    repo = BillingVendorRepository()
    result = await repo.join_vendor_billing()
    total_result = create_total_payables_year_celery
```

```
        .apply_async(queue='default',
            args=(billing_date, result))
    total_payable = total_result.get(timeout=1)
    return {"total_payable": total_payable }
```

建议在 CeleryConfig 设置中始终将 task_create_missing_queues 设置为 True，因为它会在工作服务器启动后自动创建任务 queue，无论是否默认。

工作服务器会将所有已加载的任务放在一个任务 queue 中，用于执行、监控和结果检索。因此，在提取 AsyncResult 之前，开发人员应该始终在 apply_async()函数的参数中定义一个任务 queue。

AsyncResult 对象有一个 get()方法，可以从 AsyncResult 实例中释放任务的返回值，无论是否超时。在 compute_payables_yearly()服务中，AsyncResult 中的应付金额由 get()函数检索，超时时间为 5 秒。

接下来，让我们看看如何使用 Celery 服务器部署和运行任务。

8.4.4 启动工作服务器

运行 Celery 工作服务器会创建一个处理和管理所有排队任务的进程。工作服务器需要知道 Celery 实例是在哪个模块中创建的，还需要知道建立服务器进程的任务。在我们的原型程序中，services.billing 模块就是放置 Celery 应用程序的地方。因此，启动工作服务器的完整命令如下：

```
celery -A services.billing worker -Q default -P solo -c 2 -l
info
```

在上述示例中：

- -A 选项指定了 Celery 对象和任务的模块。
- -Q 选项表示该工作服务器将使用 low（低）、normal（正常）或 high（高）优先级队列。但首先，我们需要在 Celery 设置中将 task_create_missing_queues 设置为 True。
- -c 选项指示工作服务器执行任务所需的线程数。
- -P 选项指定工作服务器将使用的线程池类型。默认情况下，Celery 工作服务器将使用适用于大多数 CPU 绑定事务的 prefork pool。其他选项还包括 solo、eventlet 和 gevent，上述示例中的设置是使用 solo，这是在微服务环境中运行 CPU 密集型任务的最合适的选择。
- -l 选项将启用我们在设置期间使用 get_task_logger()设置的记录器。

有多种方式可以监控运行中的任务，其中的选择之一就是使用 Flower 工具。

8.4.5　监控任务

Flower 是 Celery 的监控工具，它可以通过在基于 Web 的平台上生成实时审计来观察和监控所有任务的执行。首先，我们需要使用以下 pip 命令安装它：

```
pip install flower
```

然后使用 flower 选项运行以下 celery 命令：

```
celery -A services.billing flower
```

要查看生成的审计结果，可以在浏览器中访问以下地址：

http://localhost:5555/tasks

图 8.3 显示了 services.billing.tasks.create_total_payables_year_celery 任务产生的执行日志的 Flower 快照。

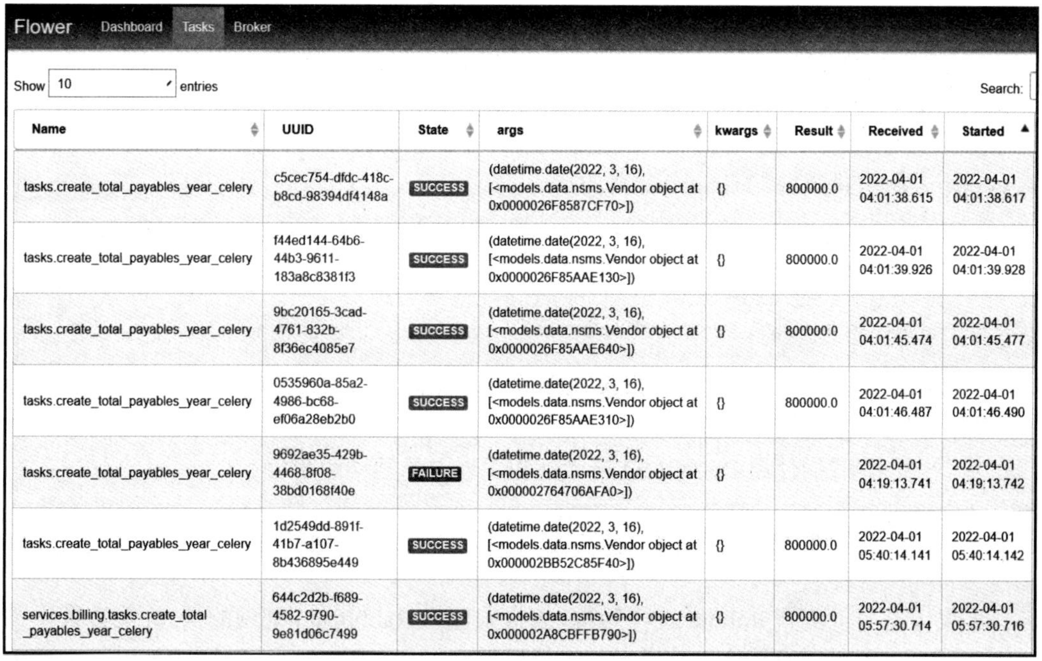

Flower　Dashboard　Tasks　Broker

Show 10 entries　　Search:

Name	UUID	State	args	kwargs	Result	Received	Started
tasks.create_total_payables_year_celery	c5cec754-dfdc-418c-b8cd-98394df4148a	SUCCESS	(datetime.date(2022, 3, 16), [<models.data.nsms.Vendor object at 0x0000026F8587CF70>])	{}	800000.0	2022-04-01 04:01:38.615	2022-04-01 04:01:38.617
tasks.create_total_payables_year_celery	f44ed144-64b6-44b3-9611-183a8c8381f3	SUCCESS	(datetime.date(2022, 3, 16), [<models.data.nsms.Vendor object at 0x0000026F85AAE130>])	{}	800000.0	2022-04-01 04:01:39.926	2022-04-01 04:01:39.928
tasks.create_total_payables_year_celery	9bc20165-3cad-4761-832b-8f36ec4085e7	SUCCESS	(datetime.date(2022, 3, 16), [<models.data.nsms.Vendor object at 0x0000026F85AAE640>])	{}	800000.0	2022-04-01 04:01:45.474	2022-04-01 04:01:45.477
tasks.create_total_payables_year_celery	0535960a-85a2-4986-bc68-ef06a28eb2b0	SUCCESS	(datetime.date(2022, 3, 16), [<models.data.nsms.Vendor object at 0x0000026F85AAE310>])	{}	800000.0	2022-04-01 04:01:46.487	2022-04-01 04:01:46.490
tasks.create_total_payables_year_celery	9692ae35-429b-4468-8f08-38bd0168f40e	FAILURE	(datetime.date(2022, 3, 16), [<models.data.nsms.Vendor object at 0x000002764706AFA0>])	{}		2022-04-01 04:19:13.741	2022-04-01 04:19:13.742
tasks.create_total_payables_year_celery	1d2549dd-891f-41b7-a107-8b436895e449	SUCCESS	(datetime.date(2022, 3, 16), [<models.data.nsms.Vendor object at 0x000002BB52C85F40>])	{}	800000.0	2022-04-01 05:40:14.141	2022-04-01 05:40:14.142
services.billing.tasks.create_total_payables_year_celery	644c2d2b-f689-4582-9790-9e81d06c7499	SUCCESS	(datetime.date(2022, 3, 16), [<models.data.nsms.Vendor object at 0x000002A8CBFFB790>])	{}	800000.0	2022-04-01 05:57:30.714	2022-04-01 05:57:30.716

图 8.3　Flower 监控工具

到目前为止，我们已经成功使用 Redis 作为任务结果的内存后端数据库和消息代理。接下来，让我们来看看另一个可以替代 Redis 的异步消息代理：RabbitMQ。

8.5 使用 RabbitMQ 构建消息驱动的事务

RabbitMQ 是一个轻量级的异步消息代理，支持 AMQP、STOM、WebSocket 和 MQTT 等多种消息协议。它需要 erlang 才能在 Windows、Linux 或 macOS 系统中正常工作。它的安装程序可从以下网址下载：

https://www.rabbitmq.com/download.html

8.5.1 创建 Celery 实例

RabbitMQ 可以取代 Redis，成为更好的消息代理，它将在客户端和 Celery 工作线程之间调解消息。对于多任务，RabbitMQ 可以命令 Celery 工作线程按一次一条的方式处理这些任务。RabbitMQ 代理非常适合处理大量消息，并可将这些消息保存到磁盘存储器中。

要启动 RabbitMQ，需要设置一个新的 Celery 实例，该实例将通过 guest（访客）账户使用 RabbitMQ 消息代理。我们将使用高级消息队列协议（advanced message queuing protocol，AMQP）作为生产者/使用者类型的消息设置机制。

以下是将替换以前的 Celery 配置的代码段：

```
celery = Celery("services.billing",
    broker='amqp://guest:guest@127.0.0.1:5672',
    result_backend='redis://localhost:6379/0',
    include=["services.billing", "models", "config"])
```

Redis 仍将是后端资源，如 Celery 的 backend_result 所示，因为当消息流量增加时，它仍然简单且易于控制和管理。

接下来，让我们使用 RabbitMQ 来创建和管理消息驱动的事务。

8.5.2 监控 AMQP 消息传递

开发人员可以配置 RabbitMQ 管理仪表板来监控 RabbitMQ 处理的消息。在设置完成之后，即可使用账户详细信息来登录仪表板以设置代理。图 8.4 显示了 RabbitMQ 对 API 服务多次调用 services.billing.tasks.create_total_payables_year_celery 任务情况的分析截图。

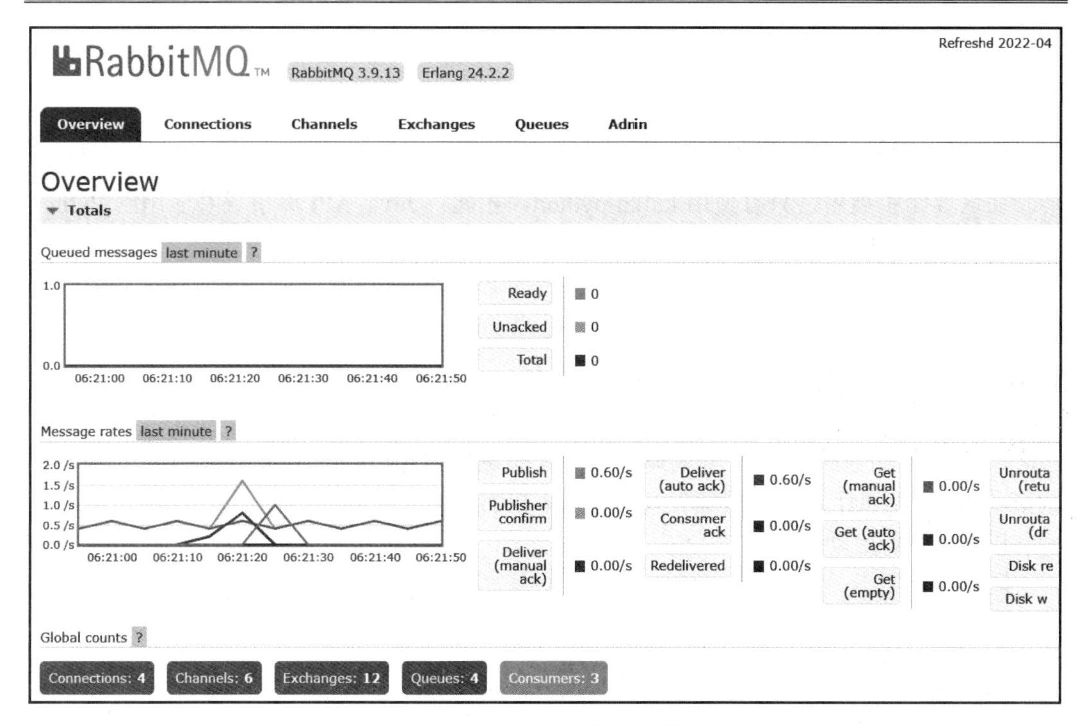

图 8.4　RabbitMQ 管理工具

如果 RabbitMQ 仪表板未能捕获到任务的行为，则 Flower 工具将始终是收集有关任务的参数、kwargs、UUID、状态和处理日期等详细信息的选项。如果 RabbitMQ 不是恰当的消息传递工具，则还可以考虑使用 Apache Kafka。

8.6　使用 Kafka 构建发布/订阅消息

与 RabbitMQ 一样，Apache Kafka 是一种异步消息传递工具，应用程序可以使用它在生产者和使用者之间发送和存储消息。但是，它比 RabbitMQ 更快，因为它将使用带有分区的主题（topic），生产者可以在这些类似于文件夹的微小结构中附加各种类型的消息。在这种架构中，使用者可以按并行模式使用所有这些消息，这与基于队列的消息传递不同，后者允许生产者将多条消息发送到只允许顺序使用消息的队列。在这种发布/订阅架构中，Kafka 可以按连续和实时的方式每秒处理大量数据的交换。

开发人员可以使用 3 个 Python 扩展来将 FastAPI 服务与 Kafka 集成在一起，3 个 Python 扩展是：kafka-python、confluent-kafka 和 pykafka 扩展。

我们的在线报纸管理系统原型程序将使用 kafka-python，因此需要先使用以下 pip 命令安装它：

```
pip install kafka-python
```

在这 3 个扩展中，只有使用 kafka-python，才能将 Java API 库引导并应用到 Python 以实现客户端。Kafka 的下载网址如下：

https://kafka.apache.org/downloads

8.6.1 运行 Kafka 代理和服务器

Kafka 有一个 ZooKeeper 服务器，用于管理和同步 Kafka 分布式系统内的消息交换。ZooKeeper 服务器作为监控和维护 Kafka 节点和主题的代理运行。

以下命令将启动服务器：

```
C:\..\kafka\bin\windows\zookeeper-server-start.bat
C:\..\kafka\config\zookeeper.properties
```

现在可以通过运行以下控制台命令来启动 Kafka 服务器：

```
C:\..\kafka\bin\windows\kafka-server-start.bat
C:\..\kafka\config\server.properties
```

默认情况下，该服务器将在 localhost 的 9092 端口上运行。

8.6.2 创建主题

在上述两个服务器启动后，即可通过以下命令创建一个名为 newstopic 的主题：

```
C:\..\kafka-topics.bat --create --bootstrap-server
localhost:9092 --replication-factor 1 --partitions 3
--topic newstopic
```

该 newstopic 主题有 3 个分区，将保存我们的 FastAPI 服务的所有附加消息。这些也是使用者将同时访问所有已发布消息的点。

8.6.3 实现发布者

在创建主题后，现在可以实现一个生产者，将消息发布到 Kafka 集群。kafka-python

扩展有一个 KafkaProducer 类，该类可以为所有正在运行的 FastAPI 线程实例化一个线程安全的生产者。

以下是一个 API 服务，它可将报纸管理系统的消息记录发送到 Kafka newstopic 主题，供使用者访问和处理：

```
from kafka import KafkaProducer

producer = KafkaProducer(
    bootstrap_servers='localhost:9092')

def json_date_serializer(obj):
    if isinstance(obj, (datetime, date)):
        return obj.isoformat()
    raise TypeError ("Data %s not serializable" % type(obj))

@router.post("/messenger/kafka/send")
async def send_messenger_details(req: MessengerReq):
    messenger_dict = req.dict(exclude_unset=True)
    producer.send("newstopic",
        bytes(str(json.dumps(messenger_dict,
            default=json_date_serializer)), 'utf-8'))
    return {"content": "messenger details sent"}
```

协程 API 服务 send_messenger_details()将询问有关报纸管理系统消息的详细信息并将它们存储在 BaseModel 对象中。然后，它将配置文件详细信息的字典以字节格式发送到集群。现在，使用 Kafka 任务的选项之一是运行其内置的 kafka-console-consumer.bat 命令。

8.6.4　在控制台上运行使用者

在控制台上运行以下命令是使用来自 newstopic 主题的当前消息的一种方法：

```
kafka-console-consumer.bat --bootstrap-server

127.0.0.1:9092 --topic newstopic
```

命令将创建一个使用者，该使用者将连接到 Kafka 集群，以实时读取生产者发送的来自 newstopic 的当前消息。图 8.5 显示了使用者在控制台上运行时捕获的结果。

如果希望使用者从 Kafka 服务器和代理开始运行的点开始读取生产者发送的所有消息，则需要在命令中添加--from-beginning 选项。

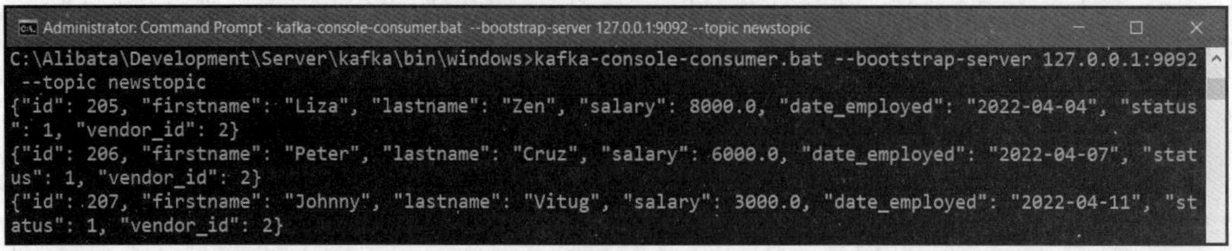

```
Administrator: Command Prompt - kafka-console-consumer.bat --bootstrap-server 127.0.0.1:9092 --topic newstopic
C:\Alibata\Development\Server\kafka\bin\windows>kafka-console-consumer.bat --bootstrap-server 127.0.0.1:9092
 --topic newstopic
{"id": 205, "firstname": "Liza", "lastname": "Zen", "salary": 8000.0, "date_employed": "2022-04-04", "status
": 1, "vendor_id": 2}
{"id": 206, "firstname": "Peter", "lastname": "Cruz", "salary": 6000.0, "date_employed": "2022-04-07", "stat
us": 1, "vendor_id": 2}
{"id": 207, "firstname": "Johnny", "lastname": "Vitug", "salary": 3000.0, "date_employed": "2022-04-11", "st
atus": 1, "vendor_id": 2}
```

图 8.5　Kafka 使用者

以下命令会从 newstopic 中读取所有消息，并持续地实时捕获传入的消息：

```
kafka-console-consumer.bat --bootstrap-server 127.0.0.1:9092
--topic newstopic --from-beginning
```

使用 FastAPI 框架实现使用者的另一种方法是使用服务器发送事件（Server-Sent Event，SSE）。典型的 API 服务实现无法满足 Kafka 使用者的需求，因为我们需要一个持续运行的服务来订阅 newstopic 主题以获取实时数据。因此，接下来让我们探索一下如何在 FastAPI 框架中创建 SSE，以及它将如何使用 Kafka 消息。

8.7　实现异步服务器发送事件

SSE 是一种服务器推送机制，无须重新加载页面即可将数据发送到浏览器。订阅后，它会为各种目的实时生成事件驱动的流。

要在 FastAPI 框架中创建 SSE，仅需以下组件：

- sse_starlette.see 模块中的 EventSourceResponse 类。
- 事件生成器。

最重要的是，FastAPI 框架允许使用协程来完成整个服务器推送机制的非阻塞实现（这些协程甚至还可以在 HTTP/2 上运行）。

以下是使用 SSE 的开放轻量级协议来实现 Kafka 使用者的协程 API 服务：

```
from sse_starlette.sse import EventSourceResponse

@router.get('/messenger/sse/add')
async def send_message_stream(request: Request):

    async def event_provider():
        while True:
            if await request.is_disconnected():
```

```
            break

        message = consumer.poll()
        if not len(message.items()) == 0:
            for tp, records in message.items():
                for rec in records:
                    messenger_dict =
                        json.loads(rec.value.decode('utf-8'),
                        object_hook=date_hook_deserializer )

                    repo = MessengerRepository()
                    result = await
                    repo.insert_messenger(messenger_dict)
                    id = uuid4()
                    yield {
                        "event": "Added … status: {},
                            Received: {}". format(result,
                            datetime.utcfromtimestamp(
                                rec.timestamp // 1000)
                                .strftime("%B %d, %Y
                                    [%I:%M:%S %p]")),
                        "id": str(id),
                        "retry": SSE_RETRY_TIMEOUT,
                        "data": rec.value.decode('utf-8')
                    }

        await asyncio.sleep(SSE_STREAM_DELAY)
    return EventSourceResponse(event_provider())
```

在上述示例中，send_message_stream()是实现整个 SSE 的协程 API 服务。它将返回由 EventSourceResponse 函数生成的特殊响应。当 HTTP 流打开时，它不断地从其源中检索数据并将任何内部事件转换为 SSE 信号，直到连接关闭。

另外，事件生成器函数将创建内部事件，它也可以是异步的。例如，可以看到在 send_message_stream()中有一个嵌套的生成器函数 event_provider()，它通过 consumer.poll()方法使用生产者服务发送的最后一条消息。如果消息有效，则生成器可以将检索到的消息转换为 dict 对象，并通过 MessengerRepository 将其所有详细信息插入数据库。然后，它将为 EventSourceResponse 函数生成所有内部细节以转换为 SSE 信号。

图 8.6 在浏览器中显示了 send_message_stream()生成的数据流。

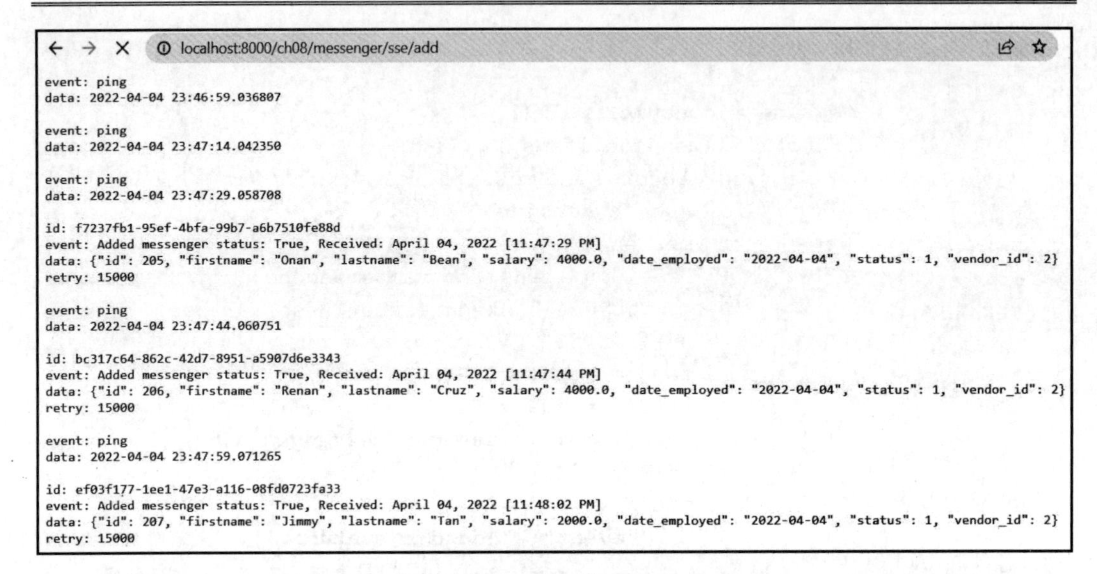

图 8.6　SSE 数据流

实现 Kafka 使用者的另一种方法是使用 WebSocket。但是这一次，我们将重点介绍如何使用 FastAPI 框架创建异步 WebSocket 应用程序的一般性过程。

8.8　构建异步 WebSocket

与 SSE 不同，WebSocket 中的连接始终是双向的，这意味着服务器和客户端将使用长 TCP 套接字连接进行通信。该通信始终是实时的，不需要客户端或服务器回复发送的每个事件。

8.8.1　实现异步 WebSocket 端点

FastAPI 框架允许实现也可以在 HTTP/2 协议上运行的异步 WebSocket。以下是使用协程块创建的异步 WebSocket 示例：

```
import asyncio
from fastapi import WebSocket

@router.websocket("/customer/list/ws")
async def customer_list_ws(websocket: WebSocket):
    await websocket.accept()
```

```
    repo = CustomerRepository()
    result = await repo.get_all_customer()

    for rec in result:
        data = rec.to_dict()
        await websocket.send_json(json.dumps(data,
            default=json_date_serializer))
        await asyncio.sleep(0.01)
        client_resp = await websocket.receive_json()
        print("Acknowledging receipt of record id
            {}.".format(client_resp['rec_id']))
    await websocket.close()
```

首先，我们在使用 APIRouter 时用@router.websocket()装饰了一个协程函数，或者在使用 FastAPI 装饰器时用@api.websocket()，以声明一个 WebSocket 组件。该装饰器还必须为 WebSocket 定义一个唯一的端点 URL。

然后，该 WebSocket 函数必须将注入的 WebSocket 作为其第一个方法参数。它还可以包括其他参数，例如查询和标头参数。

WebSocket 可注入项有 4 种发送消息的方式，分别是 send()、send_text()、send_json()和 send_bytes()。默认情况下，应用 send()会始终以纯文本形式管理每条消息。

上述示例中的 customer_list_ws()协程是一个 WebSocket，它将以 JSON 格式发送每个客户记录。

相应地，WebSocket 可注入项也可以提供 4 种方法，它们是 receive()、receive_text()、receive_json()和 receive_bytes()方法。默认情况下，receive()方法期望消息为纯文本格式。

现在，我们的 customer_list_ws()端点需要来自客户端的 JSON 回复，因为它在发送消息操作后调用了 receive_json()方法。

WebSocket 端点必须在其事务完成后立即关闭连接。

8.8.2　实现 WebSocket 客户端

有很多方法可以创建 WebSocket 客户端，但本章将重点介绍使用协程 API 服务的方法，该服务在浏览器或 curl 命令上被调用后与异步 customer_list_ws()端点执行握手。

以下是使用运行在 asyncio 框架之上的 websockets 库实现的 WebSocket 客户端的代码：

```
import websockets

@router.get("/customer/wsclient/list/")
async def customer_list_ws_client():
```

```
uri = "ws://localhost:8000/ch08/customer/list/ws"
async with websockets.connect(uri) as websocket:
    while True:
        try:
            res = await websocket.recv()
            data_json = json.loads(res,
                object_hook=date_hook_deserializer)

            print("Received record:
                    {}.".format(data_json))

            data_dict = json.loads(data_json)
            client_resp = {"rec_id": data_dict['id'] }
            await websocket.send(json.dumps(client_resp))

        except websockets.ConnectionClosed:
                break
    return {"message": "done"}
```

在 websockets.connect()方法创建了一个成功的握手后，customer_list_ws_client()将有一个循环会持续运行，以从 WebSocket 端点获取所有传入的使用者详细信息。收到的消息将被转换为其他进程所需的字典。

现在，我们的客户端还将向 WebSocket 协程发送确认通知消息，其中还有包含配置文件的客户 ID 的 JSON 数据。一旦 WebSocket 端点关闭其连接，循环将停止。

接下来，让我们看看可以与 FastAPI 框架一起使用的其他异步编程功能。

8.9　在任务中应用反应式编程

反应式编程（reactive programming，Rx）是一种面向数据流和变化传播的编程范式，它涉及流（stream）的生成，这些流经过一系列操作来传播过程中的一些变化。Python 有一个 RxPY 库，它提供了若干种方法，开发人员可以将这些方法异步应用于这些流，以根据订阅者的需要提取终端结果。

在反应式编程范式中，如果事先有一个 Observable 实例和一个订阅该实例的 Observer，则所有沿着流工作的中间运算符都将执行以传播一些更改。这种范式的主要目标是使用函数式编程在传播过程结束时达到预期的结果。

提示：

反应式编程和我们常见的命令式编程是不一样的范式。要理解它们之间的区别，可以打个比方，假设你订了一年的报纸，但是报社却不是每天给你送报纸，而是到年底的时候将一整年的报纸一股脑发给你，这有点类似命令式编程范式，按顺序执行一批代码，下一个任务的执行依赖于上一个任务的成功执行，等到所有代码都执行完毕之后才返回最终结果，这就是你必须等一年才能拿到报纸的原因。

作为订阅用户，你肯定不能接受这种方式，于是报社只能采用反应式编程范式，每天给你送新的报纸，也就是说，订阅者不需要等到所有代码都执行完毕就能取到数据，任务可以是并行处理的，每个任务处理一部分数据，订阅者可以得到中间数据，最后进行汇总。

在上述示例中，报纸就是一个可观察对象（Observable object），而订阅者就是观察者（Observer）。

8.9.1 使用协程创建 Observable 数据

这一切都始于协程函数的实现，该函数将基于业务流程发出数据流。

以下是一个 Observable 函数示例，它将以 str 格式为那些销售得非常好的出版物发送详细信息：

```
import asyncio
from rx.disposable import Disposable

async def process_list(observer):
    repo = SalesRepository()
    result = await repo.get_all_sales()

    for item in result:
        record = " ".join([str(item.publication_id),
            str(item.copies_issued), str(item.date_issued),
            str(item.revenue), str(item.profit),
            str(item.copies_sold)])
        cost = item.copies_issued * 5.0
        projected_profit = cost - item.revenue
        diff_err = projected_profit - item.profit
        if (diff_err <= 0):
            observer.on_next(record)
        else:
            observer.on_error(record)
    observer.on_completed()
```

Observable 函数既可以是同步的，也可以是异步的。我们的目标是创建一个异步的，上述示例中的 process_list()就是一个异步 Observable 函数。协程函数应具有以下回调方法才能成为 Observable 函数：

- 在给定条件下发出项目的 on_next()方法。
- 当函数完成操作时执行一次的 on_completed()方法。
- 当 Observable 发生错误时调用的 on_error()方法。

在上述示例中，process_list()发出了获得一些利润的出版物的详细信息。然后，我们可以为 process_list()协程的调用创建一个异步任务。本示例程序创建的是一个嵌套函数 evaluate_profit()，它将返回 RxPY 的 create()方法所需的 Disposable 任务，用于生产 Observable 流。当 Observable 流被全部使用时，会取消此任务。

以下是异步 Observable 函数的执行以及使用 create()方法从这个 Observable 函数中生成数据流的完整实现：

```
def create_observable(loop):
    def evaluate_profit(observer, scheduler):
        task = asyncio.ensure_future(
            process_list(observer), loop=loop)
        return Disposable(lambda: task.cancel())
    return rx.create(evaluate_profit)
```

create_observable()创建的订阅者是我们的应用程序的 list_sales_by_quota() API 服务。它需要让当前的事件循环运行以生成 Observable 方法。

在此之后，它将调用 subscribe()方法向流发送订阅并提取所需的结果。调用 Observable 的 subscribe()方法将让客户端订阅流并观察发生的传播：

```
@router.get("/sales/list/quota")
async def list_sales_by_quota():
    loop = asyncio.get_event_loop()
    observer = create_observable(loop)

    observer.subscribe(
        on_next=lambda value: print("Received Instruction
            to buy {0}".format(value)),
        on_completed=lambda: print("Completed trades"),
        on_error=lambda e: print(e),
        scheduler = AsyncIOScheduler(loop)
    )
    return {"message": "Notification
            sent to the background"}
```

上述示例中的 list_sales_by_quota()协程服务向我们展示了如何订阅 Observable。订阅者应使用以下回调方法：

- 使用流中的所有项目的 on_next()方法。
- 指示订阅结束的 on_completed()方法。
- 在订阅过程中标记错误的 on_error()方法。

由于 Observable 进程是异步运行的，因此调度程序是一个可选参数，它提供了正确的管理器来调度和运行这些进程。该 API 服务使用了 AsyncIOScheduler 作为订阅的调度程序。

在生成 Observable 时，还有其他一些不使用自定义函数的的快捷方式，接下来就让我们仔细看看。

8.9.2　创建后台进程

当我们创建连续运行的 Observable 时，可以使用 interval()函数而不是使用自定义的 Observable 函数。一些 Observable 被设计为会成功结束，但有些则被创建为在后台连续运行。以下 Observable 将定期在后台运行，以提供有关从报纸订阅中收到的总金额的一些更新：

```
import asyncio
import rx
import rx.operators as ops

async def compute_subscriptions():
    total = 0.0
    repo = SubscriptionCustomerRepository()
    result = await repo.join_customer_subscription_total()

    for customer in result:
        subscription = customer.children
        for item in subscription:
            total = total + (item.price * item.qty)
    await asyncio.sleep(1)
    return total

def fetch_records(rate, loop) -> rx.Observable:
    return rx.interval(rate).pipe(
        ops.map(lambda i: rx.from_future(
            loop.create_task(compute_subscriptions()))),
```

```
        ops.merge_all()
    )
```

interval()方法将以秒为单位定期创建数据流。由于 pipe()方法的执行，这个 Observable 可对其流进行一些传播。该 Observable 的 pipe()方法创建了一个反应式运算符管道，称为中间运算符（intermediate operator）。该管道可以由一系列运算符组成，并且通过一次运行一个来更改流中的项目。

这一系列操作似乎在订阅者上创建了多个订阅，因此，fetch_records()在其管道中有一个 map()运算符，用于从 compute_subscriptions()方法中提取结果。它在管道末端使用 merge_all()将所有创建的子流合并，并展平为一个最终流，即订阅者期望的流。

接下来，让我们看看如何从文件或 API 响应中生成 Observable 数据。

8.9.3 访问 API 资源

创建 Observable 的另一种方法是使用 from_()方法，该方法将从文件、数据库或 API 端点中提取资源。Observable 函数将从我们应用程序的 API 端点生成的 JSON 文档中检索其数据。假设当前运行应用程序的是使用 HTTP/2 的 hypercorn，因此我们还需要通过将 httpx.AsyncClient()的 verify 参数设置为 False 来绕过 TLS 证书。

在下面的代码示例中，突出显示了 fetch_subscription()操作中的 from_()方法，它创建了一个 Observable，将从 https://localhost:8000/ch08/subscription/list/all 端点发出 str 数据流。该 Observable 的反应式运算符——filter()、map()和 merge_all()，将用于沿流传播所需的上下文：

```
async def fetch_subscription(min_date:date,
        max_date:date, loop) -> rx.Observable:
    headers = {
                "Accept": "application/json",
                "Content-Type": "application/json"
        }
    async with httpx.AsyncClient(http2=True,
            verify=False) as client:
        content = await
            client.get('https://localhost:8000/ch08/
                subscription/list/all', headers=headers)
    y = json.loads(content.text)
    source = rx.from_(y)
    observable = source.pipe(
        ops.filter(lambda c: filter_within_dates(
```

```
            c, min_date, max_date)),
        ops.map(lambda a: rx.from_future(loop.create_task(
            convert_str(a)))),
        ops.merge_all(),
    )
    return observable
```

上述 filter()方法是另一个管道运算符，它可以从验证规则中返回布尔值。它将执行以下 filter_within_dates()来验证从 JSON 文档中检索到的记录是否在订阅者指定的日期范围内：

```
def filter_within_dates(rec, min_date:date, max_date:date):
    date_pur = datetime.strptime(
            rec['date_purchased'], '%Y-%m-%d')
    if date_pur.date() >= min_date and
            date_pur.date() <= max_date:
        return True
    else:
        return False
```

另外，以下 convert_str()是通过 map()运算符执行的协程函数，以生成由 JSON 数据派生的报纸订阅者的简明个人资料细节信息：

```
async def convert_str(rec):
    if not rec == None:
        total = rec['qty'] * rec['price']
        record = " ".join([rec['branch'],
            str(total), rec['date_purchased']])
        await asyncio.sleep(1)
        return record
```

运行这两个函数会将原始发出的 JSON 数据流修改为按日期过滤的 str 数据流。

另外，协程 list_dated_subscription()API 服务将订阅 fetch_subscription()以提取 min_date 和 max_date 范围内的报纸订阅：

```
@router.post("/subscription/dated")
async def list_dated_subscription(min_date:date, max_date:date):
    loop = asyncio.get_event_loop()
    observable = await fetch_subscription(min_date, max_date, loop)

    observable.subscribe(
        on_next=lambda item:
            print("Subscription details: {}.".format(item)),
```

```
        scheduler=AsyncIOScheduler(loop)
    )
```

尽管 FastAPI 框架尚未完全支持响应式编程，但开发人员仍然可以通过它创建可与各种 RxPY 实用程序一起使用的协程。

接下来，我们将探讨协程如何不仅适用于后台进程，还适用于 FastAPI 事件处理程序。

8.10 自定义事件

FastAPI 框架具有被称为事件处理程序（event handler）的特殊函数，这些函数将在应用程序启动之前和关闭期间执行。每次 uvicorn 或 hypercorn 服务器重新加载时，这些事件都会被激活。事件处理程序也可以是协程。

8.10.1 定义启动事件

启动事件（startup event）是服务器启动时执行的事件处理程序。开发人员可以使用@app.on_event("startup")装饰器来装饰函数，以创建启动事件。应用程序可能需要启动事件来集中处理某些事务，例如某些组件的初始配置或与数据相关的资源的设置。

以下示例是为 GINO 存储库事务打开数据库连接的应用程序启动事件：

```
app = FastAPI()

@app.on_event("startup")
async def initialize():
    engine = await db.set_bind("postgresql+asyncpg://
        postgres:admin2255@localhost:5433/nsms")
```

上述 initialize()事件在示例应用程序的 main.py 文件中定义，因此 GINO 只能在每次服务器重新加载或重启时创建连接。

8.10.2 定义关闭事件

关闭事件（shutdown event）会清理不需要的内存，销毁不需要的连接，并记录关闭应用程序的原因。以下是关闭 GINO 数据库连接的示例应用程序关闭事件：

```
@app.on_event("shutdown")
async def destroy():
```

```
    engine, db.bind = db.bind, None
    await engine.close()
```

开发人员可以在 APIRouter 中定义启动和关闭事件，但要确保这不会导致事务重叠或与其他路由器发生冲突。此外，事件处理程序在挂载的子应用程序中将无法正常工作。

8.11　小　结

除了基于 ASGI 的服务器的使用，协程的使用也是使 FastAPI 微服务应用程序快速运行的因素之一。本章已经证明，与在线程池中使用更多线程相比，使用协程实现 API 服务能更好地提高性能。由于该框架运行在 asyncio 平台上，因此可以利用 asyncio 实用程序设计各种模式来管理受到 CPU 和输入/输出（I/O）限制的服务。

本章演示了使用 Celery 和 Redis 为后台运行的事务（例如日志记录、系统监控、时间切片计算和批处理作业等）创建和管理异步后台任务。我们已经了解到，RabbitMQ 和 Apache Kafka 可以提供一个集成解决方案，用于在 FastAPI 组件之间构建异步和松散耦合的通信，尤其是对于这些交互的消息传递部分。最重要的是，协程可被用于创建这些异步和非阻塞的后台进程和消息传递解决方案以提高性能。此外，本章还通过 RxPy 扩展模块介绍了响应式编程。

总体来说，本章的结论是，FastAPI 框架已经为构建一个具有可靠、异步、消息驱动、实时消息传递和分布式的核心系统的微服务应用程序做好了准备。

第 9 章将重点介绍其他 FastAPI 功能，包括提供与用户界面相关工具和框架的集成、使用 OpenAPI 规范的 API 文档、会话处理以及规避 CORS 等。

第 3 篇

与基础设施相关的问题、数字和符号计算、测试微服务

本篇将讨论其他重要的微服务特性，如分布式跟踪和日志记录、服务注册表、虚拟环境和 API 指标。我们还将介绍使用 Docker、Docker Compose 以及 NGINX 作为反向代理的无服务器部署。此外，我们还可以将 FastAPI 视为一个框架，以使用来自 numpy、scipy、sympy 和 pandas 模块的数值算法来构建科学应用程序，以对其 API 服务的数学和统计解决方案进行建模、分析和可视化。

本篇包括以下章节:

- 第 9 章，利用其他高级功能
- 第 10 章，解决数值、符号和图形问题
- 第 11 章，添加其他微服务功能

第 9 章　利用其他高级功能

本书前面的章节已经展示了 FastAPI 框架的多个基本核心功能。但是，该框架的一些其他功能虽然不是其主打特色，却也可以帮助提升应用程序的性能并修补我们在实现中的一些缺失。其中就包括会话处理、管理与 CORS 相关的问题以及为应用程序选择适当的再现类型等。

除了内置功能，还有一些被证明可以与 FastAPI 一起使用的变通解决方案，例如，在会话处理机制方面，可以使用 JWT 和 SessionMiddleware，并且运行良好。关于中间件，本章还将探讨自定义请求和响应过滤器的方法，而不是应用@app.middleware 装饰器。

本章将介绍使用自定义 APIRoute 和 Request 等其他问题，以指导开发人员管理传入的字节正文、表单或 JSON 数据。

此外，本章还将重点介绍如何使用 pytest 框架和 fastapi.testclient 库测试 FastAPI 组件，以及如何使用 OpenAPI 3.x 规范记录端点。

总的来说，本章的主要目的是为开发人员提供其他可以帮助完成微服务应用的解决方案。

本章包含以下主题：

- 应用会话管理
- 管理 CORS 机制
- 自定义 APIRoute 和 Request
- 选择适当的响应
- 应用 OpenAPI 3.x 规范
- 测试 API 端点

9.1　技术要求

尽管与数据分析无关，但本章的应用程序原型是在线餐厅评论系统（online restaurant review system），它将收集餐厅的有序和名义评级、反馈。该软件旨在收集顾客评价和反馈，以建立餐厅的用户档案，并对餐厅的食物菜单、设施条件、用餐氛围和服务情况进行调查。该原型程序将使用 MongoDB 作为数据存储，并使用异步 ODMantic 作为其对象关系映射 ORM 框架。

本章所有代码都已上传到本书配套 GitHub 存储库的 ch09 项目下，其网址如下：

https://github.com/PacktPublishing/Building-Python-Microservices-with-FastAPI

9.2 应用会话管理

会话管理是一种用于管理由用户访问应用程序而创建的请求和响应的功能。它还涉及在用户会话中创建和共享数据。许多框架通常在其安全插件中包含会话处理功能，但 FastAPI 框架不在此列。创建用户会话和存储会话数据在 FastAPI 中是两个独立的编程问题。开发人员可以使用 JWT 建立用户会话，使用 Starlette 的 SessionMiddleware 来创建和检索会话数据。

9.2.1 创建用户会话

在第 7 章“保护 REST API 的安全”中，已经证明了 JWT 在保护 FastAPI 微服务应用程序方面的重要性。但是，在本章示例中，JWT 被应用于基于用户凭据来创建会话。

在 api/login.py 路由器中，实现了一个 authenticate() API 服务来为经过身份验证的用户创建用户会话。FastAPI 使用浏览器 cookie 生成用户会话是其固有功能。以下代码片段显示了使用 cookie 值的身份验证过程：

```
from util.auth_session import secret_key
from jose import jwt

@router.post("/login/authenticate")
async def authenticate(username:str, password: str,
    response: Response, engine=Depends(create_db_engine)):
        repo:LoginRepository = LoginRepository(engine)
        login = await repo.get_login_username(username, password)
        if login == None:
            raise HTTPException(
                status_code=status.HTTP_403_FORBIDDEN,
                detail="Invalid authentication"
            )
    token = jwt.encode({"sub": username}, secret_key)
    response.set_cookie("session", token)
    return {"username": username}
```

该服务将通过 LoginRepository 来验证用户是否是使用其 username 和 password 凭据的有效账户。如果该用户是经过认证的用户，则它将使用 JWT 创建一个令牌，该令牌是使用以下命令从某个 secret_key 派生的：

```
openssl rand -hex 32
```

该令牌密钥将用作基于 cookie 的会话的会话 ID。使用 username 凭据作为其有效负载，JWT 将存储为名为 session 的浏览器 cookie。

为确保 session 已被应用，所有后续请求都必须由基于 cookie 的会话通过 APIKeyCookie 类进行身份验证，该类是 fastapi.security 模块的 API 类，实现了基于 cookie 的身份验证。

在 APIKeyCookie 类获取会话之后，会话将被注入可依赖函数。该可依赖函数是 JWT 解码所需的（通过用于生成会话 ID 的 secret_key 值）。

以下可依赖函数位于 util/auth_session.py 中，它将验证对应用程序每个端点的每次访问：

```
from fastapi.security import APIKeyCookie
from jose import jwt

cookie_sec = APIKeyCookie(name="session")
secret_key = "pdCFmblRt4HWKNpWkl52Jnq3emH3zzg4b80f+4AFVC8="

async def get_current_user(session: str =
    Depends(cookie_sec), engine=Depends(create_db_engine)):
        try:
            payload = jwt.decode(session, secret_key)
            repo:LoginRepository = LoginRepository(engine)
            login = await repo.validate_login(payload["sub"])
            if login == None:
                raise HTTPException(
                    status_code=status.HTTP_403_FORBIDDEN,
                    detail="Invalid authentication"
                )
            else:
                return login
        except Exception:
            raise HTTPException(
                status_code=status.HTTP_403_FORBIDDEN,
                detail="Invalid authentication"
            )
```

上述函数被注入每个 API 端点以强制用户会话验证。当请求端点时，此函数将解码令牌并提取用户名凭据以进行账户验证。然后，如果用户是未经身份验证的用户或会话无效，则它将发出状态代码 403 Forbidden（禁止）。

在以下实现中可以找到经过身份验证的服务的示例：

```
from util.auth_session import get_current_user

@router.post("/restaurant/add")
async def add_restaurant(req:RestaurantReq,
        engine=Depends(create_db_engine),
        user: str = Depends(get_current_user)):
    restaurant_dict = req.dict(exclude_unset=True)
    restaurant_json = dumps(restaurant_dict,
            default=json_datetime_serializer)
    repo:RestaurantRepository = RestaurantRepository(engine)
    result = await repo.insert_restaurant(loads(restaurant_json))
    if result == True:
        return req
    else:
        return JSONResponse(content={"message":
        "insert login unsuccessful"}, status_code=500)
```

在上述示例中，add_restaurant()服务是将餐厅 Document 添加到 MongoDB 集合的端点。但在该事务进行之前，它将首先通过注入的 get_current_user()可依赖函数检查是否存在基于 cookie 的会话。

9.2.2 管理会话数据

遗憾的是，添加和检索会话数据不是基于 APIKeyCookie 的会话身份验证的一部分。JWT 有效负载必须仅包含用户名，但不能包含所有凭据和数据的正文。

为了管理会话数据，需要使用 Starlette 的 SessionMiddleware 创建一个单独的会话。虽然 FastAPI 有其自己的 fastapi.middleware 模块，但它仍然支持 Starlette 内置的中间件。

在第 2 章“探索核心功能”中提到了中间件，并使用@app.middleware 装饰器展示了它的实现。我们已经证明它可以作为所有传入请求和对服务的传出响应的过滤器。但这一次，我们不会自定义实现中间件，而是使用内置中间件类。

由于 APIRouter 无法添加中间件，因此中间件将在 FastAPI 实例所在的 main.py 模块中实现、配置和激活。我们将启用 FastAPI 构造函数的 middleware 参数，并使用可注入类 Middleware 将内置的 SessionMiddleware 及其 secret_key 和新会话的名称作为构造函数参数添加到该列表类型参数。

以下 main.py 的代码片段向你展示了如何配置它：

```
from starlette.middleware.sessions import SessionMiddleware

app = FastAPI(middleware=[
        Middleware(SessionMiddleware,
        secret_key= '7UzGQS7woBazLUtVQJG39ywOP7J7lkPkB0UmDhMgBR8=',
        session_cookie="session_vars")])
```

添加中间件的另一种方法是利用 FastAPI 装饰器的 add_middleware()函数。最初，添加 SessionMiddleware 将创建另一个基于 cookie 的会话，该会话将处理会话作用域的数据。这是唯一的方法，因为 FastAPI 没有直接支持兼顾安全和会话对象处理的会话处理机制。

为了将会话数据添加到新创建的会话 session_vars 中，需要将 Request 注入每个端点服务并利用其会话字典来存储会话作用域的对象。

以下 list_restaurants()服务将从数据库中检索餐厅列表，提取所有餐厅名称，并通过 request.session[]跨会话共享该名称列表：

```
@router.get("/restaurant/list/all")
async def list_restaurants(request: Request,
        engine=Depends(create_db_engine),
        user: str = Depends(get_current_user)):
        repo:RestaurantRepository =
                RestaurantRepository(engine)
        result = await repo.get_all_restaurant()
        resto_names = [resto.name for resto in result]
        request.session['resto_names'] = resto_names
        return result

@router.get("/restaurant/list/names")
async def list_restaurant_names(request: Request,
        user: str = Depends(get_current_user)):
    resto_names = request.session['resto_names']
    return resto_names
```

在上述示例中，list_restaurant_names()服务将通过 request.session[]检索 resto_names 会话数据并将其作为响应返回。

值得一提的是，该服务使用了 session[]是由于 SessionMiddleware。否则，使用此字典将引发异常。

9.2.3 删除会话

在完成事务后删除所有创建的会话时，必须从应用程序中注销会话。由于创建会话的最简单和最直接的方法是通过浏览器 cookie，因此删除所有会话可以保护应用程序免受任何损害。以下/ch09/logout 端点删除了会话 session 和 session_vars，从技术上讲，这会从应用程序中注销用户：

```
@router.get("/logout")
async def logout(response: Response,
           user: str = Depends(get_current_user)):
    response.delete_cookie("session")
    response.delete_cookie("session_vars")
    return {"ok": True}
```

Response 类的 delete_cookie()方法将删除应用程序使用的任何现有浏览器会话。

9.2.4 自定义 BaseHTTPMiddleware

管理 FastAPI 会话的默认方法是通过 cookie，它不提供任何其他选项（如数据库支持、缓存和基于文件的会话等）。实现管理用户会话和会话数据的非基于 cookie 的策略的最佳方式是自定义 BaseHTTPMiddleware。

以下自定义中间件是为经过身份验证的用户创建用户会话的原型：

```
from repository.login import LoginRepository
from repository.session import DbSessionRepository
from starlette.middleware.base import BaseHTTPMiddleware
from datetime import date, datetime
import re

from odmantic import AIOEngine
from motor.motor_asyncio import AsyncIOMotorClient

class SessionDbMiddleware(BaseHTTPMiddleware):
    def __init__(self, app, sess_key: str, sess_name:str, expiry:str):
        super().__init__(app)
        self.sess_key = sess_key
        self.sess_name = sess_name
        self.expiry = expiry
        self.client_od =
```

```
            AsyncIOMotorClient(f"mongodb://localhost:27017/")
        self.engine =
            AIOEngine(motor_client=self.client_od, database="orrs")

    async def dispatch(self, request: Request, call_next):
        try:
            if re.search(r'\bauthenticate\b', request.url.path):
                credentials = request.query_params
                username = credentials['username']
                password = credentials['password']
                repo_login:LoginRepository =
                    LoginRepository(self.engine)
                repo_session:DbSessionRepository =
                    DbSessionRepository(self.engine)

                login = await repo_login.
                    get_login_credentials(username, password)

                if login == None:
                    self.client_od.close()
                    return JSONResponse(status_code=403)
                else:
                    token = jwt.encode({"sub": username}, self.sess_key)
                    sess_record = dict()
                    sess_record['session_key'] = self.sess_key
                    sess_record['session_name'] = self.sess_name
                    sess_record['token'] = token
                    sess_record['expiry_date'] =
                        datetime.strptime(self.expiry, '%Y-%m-%d')
                    await repo_session.
                        insert_session(sess_record)
                    self.client_od.close()
                    response = await call_next(request)
                    return response
            else:
                response = await call_next(request)
                return response
        except Exception as e :
            return JSONResponse(status_code=403)
```

正如第 2 章“探索核心功能”中介绍过的，中间件（middleware）是过滤器的低级实现，用于过滤应用程序的所有请求和响应。因此，在上述示例中，SessionDbMiddleware

将首先过滤/ch09/login/authenticate 端点以获取 username 和 password 查询参数，检查该用户是否为注册用户，并通过 JWT 生成数据库支持的会话。之后，端点可以验证来自存储在数据库中的会话的所有请求。/ch09/logout 端点将不包括使用其存储库事务从数据库中删除会话，如以下代码所示：

```
@router.get("/logout")
async def logout(response: Response,
        engine=Depends(create_db_engine),
        user: str = Depends(get_current_user)):
    repo_session:DbSessionRepository = DbSessionRepository(engine)
    await repo_session.delete_session("session_db")
    return {"ok": True}
```

在上述示例中可以看到，DbSessionRepository 是我们应用程序原型的自定义存储库实现，它有一个 delete_session()方法，该方法将通过其名称从 MongoDB 数据库的 db_session 集合中删除会话。

还有另一种中间件也对 FastAPI 应用程序有帮助，那就是能够解决有关 CORS 浏览器机制问题的 CORSMiddleware。

9.3 管理 CORS 机制

在将 API 端点与各种前端框架进行集成时，我们经常会在浏览器中遇到"no ‘accesscontrol-allow-origin’ header present"（没有 'access-control-allow-origin' 标头存在）错误。如今，这种设置是任何浏览器的基于 HTTP 标头的机制，它需要后端服务器向浏览器提供服务器端应用程序的来源（origin）详细信息，包括服务器域、模式和端口。这种机制称为 CORS，当前端应用程序及其 Web 资源与后端应用程序属于不同的域时，就会发生这种情况。出于安全原因，目前的浏览器会禁止服务器端应用程序和前端应用程序之间的跨域请求。

为了解决这个问题，需要 main.py 模块将应用程序的所有来源和原型使用的其他集成资源都放在一个 List 中。然后，我们从 fastapi.middleware.cors 模块中导入内置的 CORSMiddleware 并将其添加到带有来源列表的 FastAPI 构造函数中，该列表不应该太长以避免验证每个 URL 的开销。

以下代码片段显示了将 CORSMiddleware 注入 FastAPI 构造函数的示例：

```
origins = [
    "https://192.168.10.2",
```

```
    "http://192.168.10.2",
    "https://localhost:8080",
    "http://localhost:8080"
]
app = FastAPI(middleware=[
            Middleware(SessionMiddleware, secret_key=
                '7UzGQS7woBazLUtVQJG39ywOP7J7lkPkB0UmDhMgBR8=',
                    session_cookie="session_vars"),
            Middleware(SessionDbMiddleware, sess_key=
                '7UzGQS7woBazLUtVQJG39ywOP7J7lkPkB0UmDhMgBR8=',
                    sess_name='session_db', expiry='2020-10-10')
            ])
app.add_middleware(CORSMiddleware, max_age=3600,
    allow_origins=origins, allow_credentials=True,
    allow_methods= ["POST", "GET", "DELETE",
        "PATCH", "PUT"], allow_headers=[
            "Access-Control-Allow-Origin",
            "Access-Control-Allow-Credentials",
            "Access-Control-Allow-Headers",
            "Access-Control-Max-Age"])
```

在上述示例中可以看到，我们使用了 FastAPI 的 add_middleware()函数为应用程序添加 CORS 支持。

除了 allow_origins，我们还需要在 CORSMiddleware 中添加 allow_credentials 参数，该参数将 Access-Control-Allow-Credentials: true 添加到响应标头中，以便浏览器识别域来源匹配并发送授权 cookie 以允许请求。

此外，我们还必须包含 allow_headers 参数，该参数在浏览器交互期间注册可接受的标头键的列表。可以看到，除了默认包含的 Accept、Accept-Language、Content-Language 和 Content-Type，还需要显式注册 Access-Control-Allow-Origin、Access-Control-Allow-Credentials、Access-Control-Allow-Headers 和 Access-Control-Max-Age，而不是使用星号（*）。

请注意，allow_methods 参数也必须是该中间件的一部分，以指定浏览器需要支持的其他 HTTP 方法。

最后，max_age 参数也必须在配置中，因为我们需要告诉浏览器它将缓存加载到浏览器中的所有资源的时间量。

如果应用程序需要额外的 CORS 支持功能，则自定义 CORSMiddleware 以扩展一些内置的实用程序和功能来管理 CORS 是一个更好的解决方案。

当然，并不是只有中间件才可以子类化并用于创建自定义实现，自定义 Request 数据和 API 路由也可以做到。

9.4 自定义 APIRoute 和 Request

中间件可以处理 FastAPI 应用程序中所有 API 方法的传入 Request 数据和传出 Response 对象，但它不能操作消息正文，从 Request 数据中附加状态对象，或者在客户端使用之前修改响应对象。因此，只有自定义 APIRoute 和 Request 才能让开发人员完全掌握如何控制请求和响应事务。此类控制可能包括：确定传入数据是字节正文、表单还是 JSON，并提供有效的日志记录机制、异常处理、内容转换和提取等。

9.4.1 管理数据正文、表单或 JSON 数据

与中间件不同，自定义 APIRoute 并不适用于所有 API 端点。为某些 APIRouter 实现自定义 APIRoute 只会对那些受影响的端点施加新的路由规则，而其他服务仍可以遵循默认的请求和响应过程。

例如，以下自定义将仅对适用于 api.route_extract.router 端点的数据提取：

```
from fastapi.routing import APIRoute
from typing import Callable
from fastapi import Request, Response

class ExtractContentRoute(APIRoute):
    def get_route_handler(self) -> Callable:
        original_route_handler = super().get_route_handler()

        async def custom_route_handler(request: Request) -> Response:
            request = ExtractionRequest(request.scope, request.receive)
            response: Response = await
                original_route_handler(request)
            return response
        return custom_route_handler
```

自定义 APIRoute 需要创建一个 Python 闭包（closure），该闭包将直接管理来自 APIRoute 的 original_route_handler 的 Request 和 Response 流。

另外，我们的 ExtractContentRoute 过滤器将使用自定义的 ExtractionRequest，它将分别识别和处理每种类型的传入请求数据。

以下是 ExtractionRequest 的实现，它将替换默认的 Request 对象：

```
class ExtractionRequest(Request):
    async def body(self):
        body = await super().body()
        data = ast.literal_eval(body.decode('utf-8'))
        if isinstance(data, list):
            sum = 0
            for rate in data:
                sum += rate
            average = sum / len(data)
            self.state.sum = sum
            self.state.avg = average
        return body

    async def form(self):
        body = await super().form()
        user_details = dict()
        user_details['fname'] = body['firstname']
        user_details['lname'] = body['lastname']
        user_details['age'] = body['age']
        user_details['bday'] = body['birthday']
        self.session["user_details"] = user_details
        return body

    async def json(self):
        body = await super().json()
        if isinstance(body, dict):

            sum = 0
            for rate in body.values():
                sum += rate

            average = sum / len(body.values())
            self.state.sum = sum
            self.state.avg = average
        return body
```

请注意，要激活此 ExtractionRequest，需要将端点的 APIRouter 的 route_class 设置为 ExtractContentRoute，如以下代码段所示：

```
router = APIRouter()
router.route_class = ExtractContentRoute
```

在管理各种请求正文时，可选择以下方法来覆盖：

- body()：管理以字节为单位的传入请求数据。
- form()：处理传入的表单数据。
- json()：管理传入的已解析的 JSON 数据。
- stream()：使用 async for 构造通过一大块字节访问数据正文。

所有这些方法都以字节为单位将原始请求正文返回给服务。

在 ExtractionRequest 中，我们实现了 body()、form()和 json()这 3 个接口方法，可以过滤和处理/api/route_extract.py 模块中定义的 API 端点的所有传入请求。

以下 create_profile()服务可以接受来自客户端的配置文件（个人资料）数据并实现 ExtractContentRoute 过滤器，该过滤器将通过会话处理的方式将所有这些配置文件数据存储在字典中：

```
@router.post("/user/profile")
async def create_profile(req: Request,
        firstname: str = Form(...),
        lastname: str = Form(...), age: int = Form(...),
        birthday: date = Form(...),
        user: str = Depends(get_current_user)):
        user_details = req.session["user_details"]
        return {'profile' : user_details}
```

在 ExtractionRequest 中已经覆盖的 form()方法负责处理包含所有用户详细信息的 user_details 属性。

在以下 set_ratings()方法中，有一个包含各种评级的传入字典，其中已覆盖的 json()将导出一些基本统计信息。所有结果都将作为 Request 的状态对象或请求属性返回：

```
@router.post("/rating/top/three")
async def set_ratings(req: Request, data :
        Dict[str, float], user: str = Depends(get_current_user)):
    stats = dict()
    stats['sum'] = req.state.sum
    stats['average'] = req.state.avg
    return {'stats' : stats }
```

最后，和前面的服务一样，compute_data()服务将有一个传入的评级列表作为一些基本统计数据的来源。在 ExtractionRequest 中已经覆盖的 body()方法将处理计算：

```
@router.post("/rating/data/list")
async def compute_data(req: Request, data: List[float],
        user: str = Depends(get_current_user)):
```

```
    stats = dict()
    stats['sum'] = req.state.sum
    stats['average'] = req.state.avg
    return {'stats' : stats }
```

9.4.2　加密和解密消息正文

另一个需要开发人员自定义端点路由的应用场景是：必须通过加密来保护消息正文。以下自定义请求将使用 Python 的 cryptography 模块和加密正文的密钥解密已加密的正文：

```
from cryptography.fernet import Fernet

class DecryptRequest(Request):
    async def body(self):
        body = await super().body()
        login_dict = ast.literal_eval(body.decode('utf-8'))
        fernet = Fernet(bytes(login_dict['key'], encoding='utf-8'))
        data = fernet.decrypt(
            bytes(login_dict['enc_login'], encoding='utf-8'))
        self.state.dec_data = json.loads(data.decode('utf-8'))
        return body
```

注意：

cryptography 模块需要安装 itsdangerous 扩展以执行本项目中使用的加密/解密过程。

DecryptRequest 将解密消息并将登录记录列表作为请求 state 对象返回。

以下服务将提供加密的消息正文和密钥，并从 DecryptRequest 返回已解密的登录记录列表作为响应：

```
@router.post("/login/decrypt/details")
async def send_decrypt_login(enc_data: EncLoginReq,
        req:Request, user: str = Depends(get_current_user)):
    return {"data" : req.state.dec_data}
```

可以看到，send_decrypt_login()有一个 EncLoginReq 请求模型，其中包含来自客户端的加密消息正文和加密密钥。

自定义路由及其 Request 对象可以帮助优化和简化微服务事务，对于那些需要大量消息正文转换、变换和计算负载的 API 端点来说尤其如此。

接下来，让我们看看如何为 API 服务应用不同的 Response 类型。

9.5　选择适当的响应

FastAPI 框架提供了 JsonResponse 之外的其他选项来显示 API 端点响应。

以下是 FastAPI 支持的一些响应类型的列表以及我们的应用程序中的相应示例：

- 如果 API 端点的响应仅基于文本，则可以使用 PlainTextResponse 类型。以下 intro_list_restaurants()服务将向客户端返回基于文本的消息：

```
@router.get("/restaurant/index")
def intro_list_restaurants():
    return PlainTextResponse(content="The Restaurants")
```

- 如果服务需要导航到另一个完全不同的应用程序或同一应用程序的另一个端点，则可以使用 RedirectResponse。以下端点将跳转到有关一些已知米其林星级餐厅的超文本链接引用：

```
@router.get("/restaurant/michelin")
def redirect_restaurants_rates():
    return RedirectResponse(
        url="https://guide.michelin.com/en/restaurants")
```

- FileResponse 类型可以帮助服务显示文件（最好是基于文本的文件）的某些内容。以下 load_questions()服务显示了保存在应用程序的/file 文件夹中的 questions.txt 文件中的问题列表：

```
@router.get("/question/load/questions")
async def load_questions(user: str = Depends(get_current_user)):
    file_path = os.getcwd() + '\\files\\questions.txt';
    return FileResponse(path=file_path, media_type="text/plain")
```

- StreamingResponse 是另一种响应类型，它可以为开发人员提供另一种实现 SSE 的方法。第 8 章“创建协程、事件和消息驱动的事务”为我们提供了一个使用 EventSourceResponse 类型的 SSE：

```
@router.get("/question/sse/list")
async def list_questions(req:Request,
        engine = Depends(create_db_engine),
            user: str = Depends(get_current_user)):
    async def print_questions():
        repo:QuestionRepository = QuestionRepository(engine)
```

```
        result = await repo.get_all_question()
        for q in result:
            disconnected = await req.is_disconnected()
            if disconnected:
                break
            yield 'data: {}\n\n.format(
                json.dumps(jsonable_encoder(q),
                    cls=MyJSONEncoder))
            await asyncio.sleep(1)
    return StreamingResponse(print_questions(),
            media_type="text/event-stream")
```

- 渲染图像的服务也可以使用 StreamingResponse 类型。以下 logo_upload_png()服务将上传任何 JPEG 或 PNG 文件并在浏览器中显示：

```
@router.post("/restaurant/upload/logo")
async def logo_upload_png(logo: UploadFile = File(...)):
    original_image = Image.open(logo.file)
    original_image = original_image.filter(ImageFilter.SHARPEN)

    filtered_image = BytesIO()
    if logo.content_type == "image/png":
        original_image.save(filtered_image, "PNG")
        filtered_image.seek(0)
        return StreamingResponse(filtered_image,
                media_type="image/png")
    elif logo.content_type == "image/jpeg":
        original_image.save(filtered_image, "JPEG")
        filtered_image.seek(0)
        return StreamingResponse(filtered_image,
                media_type="image/jpeg")
```

- StreamingResponse 类型在以 MP4 等格式呈现视频时也很有效。以下服务可读取应用程序内名为 sample.mp4 的文件并将其发布到浏览器：

```
@router.get("/restaurant/upload/video")
def video_presentation():
    file_path = os.getcwd() + '\\files\\sample.mp4'
    def load_file():
        with open(file_path, mode="rb") as video_file:
            yield from video_file
    return StreamingResponse(load_file(), media_type="video/mp4")
```

- 如果服务想要发布一个简单的 HTML 标记页面而不引用静态 CSS 或 JavaScript 文件，那么 HTMLResponse 是正确的选择。以下服务将使用某些内容分发网络（content delivery network，CDN）库提供的 Bootstrap 框架来呈现 HTML 页面：

```
@router.get("/signup")
async def signup(engine=Depends(create_db_engine),
        user: str = Depends(get_current_user) ):
    signup_content = """
    <html lang='en'>
        <head>
            <meta charset="UTF-8">
            <script src="https://code.jquery.com/jquery-
                  3.4.1.min.js"></script>
            <link rel="stylesheet"
               href="https://stackpath.bootstrapcdn.com/
               bootstrap/4.4.1/css/bootstrap.min.css">

            <script src="https://cdn.jsdelivr.net/npm/
               popper.js@1.16.0/dist/umd/popper.min.js">
            </script>
            <script
               src="https://stackpath.bootstrapcdn.com/
                  bootstrap/4.4.1/js/bootstrap.min.js">
            </script>

        </head>
        <body>
            <div class="container">
               <h2>Sign Up Form</h2>
               <form>
                  <div class="form-group">
                     <label for="firstname">
                        Firstname:</label>
                     <input type='text'
                        class="form-control"
                        name='firstname'
                        id='firstname'/><br/>
                  </div>
                  … … … … …
                  <div class="form-group">
                     <label for="role">Role:</label>
                     <input type='text'
```

```
                                class="form-control"
                                name='role' id='role'/><br/>
                        </div>
                        <button type="submit" class="btn
                            btn-primary">Sign Up</button>
                    </form>
                </div>
            </body>
        </html>
        """
        return HTMLResponse(content=signup_content, status_code=200)
```

- 如果 API 端点有其他需要发布的呈现类型，则 Response 类可以通过其 media_type 属性自定义它们。以下是通过将 Response 的 media_type 属性设置为 application/ xml MIME 类型来把 JSON 数据转换为 XML 内容的服务：

```
@router.get("/keyword/list/all/xml")
async def
    convert_to_xml(engine=Depends(create_db_engine),
        user: str = Depends(get_current_user)):

    repo:KeyRepository = KeyRepository(engine)
    list_of_keywords = await repo.get_all_keyword()
    root = minidom.Document()
    xml = root.createElement('keywords')
    root.appendChild(xml)

    for keyword in list_of_keywords:
        key = root.createElement('keyword')
        word = root.createElement('word')
        key_text = root.createTextNode(keyword.word)
        weight= root.createElement('weight')
        weight_text = root.createTextNode(str(keyword.weight))
        word.appendChild(key_text)
        weight.appendChild(weight_text)
        key.appendChild(word)
        key.appendChild(weight)
        xml.appendChild(key)

    xml_str = root.toprettyxml(indent ="\t")
    return Response(content=xml_str, media_type="application/xml")
```

尽管 FastAPI 不是 Web 框架，但它可以支持 Jinja2 模板，以应对 API 服务需要将其响应呈现为 HTML 页面的罕见情况。接下来，就让我们仔细看看 API 服务如何利用 Jinja2 模板作为响应的一部分。

9.5.1 设置 Jinja2 模板引擎

首先，需要使用 pip 安装 jinja2 模块：

```
pip install jinja2
```

然后，需要创建一个包含所有 Jinja2 模板的文件夹。Jinja2 必须通过在 FastAPI 或任何 APIRouter 中创建 Jinja2Templates 实例来定义这个文件夹，通常命名为 templates。

以下代码片段是 /api/login.py 路由器的一部分，它显示了 Jinja2 模板引擎的设置和配置：

```
from fastapi.templating import Jinja2Templates

router = APIRouter()
templates = Jinja2Templates(directory="templates")
```

9.5.2 设置静态资源

在定义了 templates 文件夹之后，Jinja2 引擎还要求应用程序在项目目录中有一个名为 static 的文件夹，用于保存 Jinja2 模板的 CSS、JavaScript、图像和其他静态文件。然后，需要实例化 StaticFiles 实例来定义 static 文件夹并将其映射到虚拟名称。

此外，还必须通过 FastAPI 的 mount()方法将 StaticFiles 实例挂载到特定路径。我们还需要将 StaticFiles 实例的 html 属性设置为 True 以将文件夹设置为 HTML 模式。

以下配置展示了如何在 main.py 模块中设置静态资源文件夹：

```
from fastapi.staticfiles import StaticFiles

app.mount("/static", StaticFiles(directory="static",
        html=True), name="static")
```

为了让 FastAPI 组件访问这些静态文件，引擎需要安装 aiofiles 扩展：

```
pip install aiofiles
```

9.5.3 创建模板布局

以下模板是应用程序的基础模板或父模板，由于模板引擎和 aiofiles 模块的存在，现在可以从 static 文件夹中访问 Bootstrap 资源：

```
<!DOCTYPE html>
<html lang="en">
    <head>
        <meta charset="UTF-8">
        <meta http-equiv="X-UA-Compatible" content="IE=edge">
        <meta name="viewport" content="width=device-width,
            initial-scale=1.0, shrink-to-fit=no">
        <meta name="apple-mobile-web-app-capable" content="yes">

        <link rel="stylesheet" type="text/css"
            href="{{url_for('static',
                path='/css/bootstrap.min.css')}}">
        <script src="{{url_for('static', path='/js/
            jquery-3.6.0.js')}}"></script>
        <script src="{{url_for('static',
            path='/js/bootstrap.min.js')}}"></script>
    </head>
    <body>
        {% block content %}
        {% endblock content %}
    </body>
</html>
```

其他模板可以使用{% extends %}标签来继承这个 layout.html 的结构和设计。

Jinja2 基础模板和上述 layout.html 一样，有一些 Jinja2 标签，即{% block content %}和{% endblock %}标签，用来指示子模板在转换阶段可以在哪里插入其内容。但要使所有这些模板正常工作，它们必须保存在/templates 目录中。

以下是一个名为 users.html 的示例子模板，它可以根据上下文数据生成配置文件表：

```
{% extends "layout.html" %}

{% block content %}
<div class="container">
<h2>List of users </h2>
<p>This is a Boostrap 4 table applied to JinjaTemplate.</p>
<table class="table">
    <thead>
        <tr>
            <th>Login ID</th>
            <th>Username</th>
            <th>Password</th>
```

```
            <th>Passphrase</th>
        </tr>
    </thead>
    <tbody>
        {% for login in data %}
        <tr>
            <td>{{ login.login_id}}</td>
            <td>{{ login.username}}</td>
            <td>{{ login.password}}</td>
            <td>{{ login.passphrase}}</td>
        </tr>
        {% endfor%}
    </tbody>
</table>
</div>
{% endblock %}
```

可以看到，子 Jinja2 模板也有 block 标签来标记要合并到父模板中的内容。

为了让 API 呈现模板，服务必须使用 Jinja2 引擎的 TemplateResponse 类型作为响应类型。TemplateResponse 需要模板的文件名、Request 对象和上下文数据（如果有的话）。

以下是呈现之前 users.html 模板的 API 服务：

```
@router.get("/login/html/list")
async def list_login_html(req: Request,
        engine=Depends(create_db_engine),
        user: str = Depends(get_current_user)):
    repo:LoginRepository = LoginRepository(engine)
    result = await repo.get_all_login()
    return templates.TemplateResponse("users.html",
            {"request": req, "data": result})
```

9.5.4 使用 ORJSONResponse 和 UJSONResponse

当涉及产生大量字典或支持 JSON 格式的组件时，使用 ORJSONResponse 或 UJSONResponse 是合适的。

ORJSONResponse 可以使用 orjson 将庞大的字典对象列表序列化为 JSON 字符串作为响应。所以，在使用 ORJSONResponse 之前，需要使用 pip 命令安装 orjson。

ORJSONResponse 可以比常见的 JSONResponse 更快地序列化 UUID、numpy、数据类和日期时间对象。

但是，UJSONResponse 比 ORJSONResponse 快，因为它使用的是 ujson 序列化器。

在使用 UJSONResponse 之前，必须先安装 ujson 序列化器。

以下是使用这两种快速 JSON 序列化器的两种 API 服务：

```
@router.get("/login/list/all")
async def list_all_login(engine=Depends(create_db_engine),
        user: str = Depends(get_current_user)):
    repo:LoginRepository = LoginRepository(engine)
    result = await repo.get_all_login()
    return ORJSONResponse(content=jsonable_encoder(result),
            status_code=201)

@router.get("/login/account")
async def get_login(id:int,
        engine=Depends(create_db_engine),
        user: str = Depends(get_current_user) ):
    repo:LoginRepository = LoginRepository(engine)
    result = await repo.get_login_id(id)
    return UJSONResponse(content=jsonable_encoder(result),
            status_code=201)
```

请注意，在这两个响应执行序列化过程之前，仍然需要应用 jsonable_encoder()组件将结果的 BSON 格式 ObjectId 转换为 str。

接下来，让我们看看如何使用 OpenAPI 3.0 规范来提供内部 API 文档。

9.6　应用 OpenAPI 3.x 规范

OpenAPI 3.0 规范是一个标准的 API 文档和与语言无关的规范，可以在不知道其来源、未阅读其文档和不了解其业务逻辑的情况下描述 API 服务。此外，FastAPI 支持 OpenAPI，甚至可以自动生成基于 OpenAPI 标准的 API 默认内部文档。

使用 OpenAPI 3.0 规范为 API 服务编写文档的方式有以下 3 种：

- 通过扩展 OpenAPI 模式定义。
- 通过使用内部代码库属性。
- 通过使用 Query、Body、Form 和 Path 函数。

9.6.1　扩展 OpenAPI 模式定义

FastAPI 有一个来自 fastapi.openapi.utils 扩展的 get_openapi()方法，可以覆盖一些模

式描述。我们可以通过 get_openapi()函数修改模式定义的 info、servers 和 paths 详细信息。该函数将返回应用程序的 OpenAPI 模式定义的所有详细信息的 dict。

默认的 OpenAPI 模式文档总是在 main.py 模块中设置，因为它始终与 FastAPI 实例相关联。生成模式详细信息 dict 的函数必须至少接受 title、version 和 routes 参数值。

以下自定义函数将提取用于更新的默认 OpenAPI 模式：

```
def update_api_schema():
    DOC_TITLE = "The Online Restaurant Rating System API"
    DOC_VERSION = "1.0"
    openapi_schema = get_openapi(
        title=DOC_TITLE,
        version=DOC_VERSION,
        routes=app.routes,
    )

app.openapi_schema = openapi_schema
return openapi_schema
```

在上述示例中，title 参数值就是文档标题，version 参数值是 API 实现的版本，routes 包含已注册的 API 服务的列表。

请注意，return 语句之前的最后一行更新了 FastAPI 的内置 openapi_schema 默认值。

现在，为了更新一般信息细节，可以使用上述模式定义的 info 键来更改一些值，具体示例如下：

```
openapi_schema["info"] = {
    "title": DOC_TITLE,
    "version": DOC_VERSION,
    "description": "This application is a prototype.",
    "contact": {
        "name": "Sherwin John Tragura",
        "url": "https://ph.linkedin.com/in/sjct",
        "email": "cowsky@aol.com"
    },
    "license": {
        "name": "Apache 2.0",
        "url": "https://www.apache.org/
                licenses/LICENSE-2.0.html"
    },
}
```

上述信息模式更新也必须是 update_api_schema()函数的一部分，同时也是每个注册

API 服务的文档更新的一部分。这些详细信息可以包括 API 服务的描述和摘要、对其 requestBody 的 POST 端点的描述、关于其参数的 GET 端点的详细信息，以及 API 标记等。

现在可以添加以下 paths 更新：

```
openapi_schema["paths"]["/ch09/login/authenticate"]["post"]
["description"] = "User Authentication Session"
openapi_schema["paths"]["/ch09/login/authenticate"]["post"]
["summary"] = "This is an API that stores credentials in session."
openapi_schema["paths"]["/ch09/login/authenticate"]["post"]
["tags"] = ["auth"]

openapi_schema["paths"]["/ch09/login/add"]["post"]
["description"] = "Adding Login User"
openapi_schema["paths"]["/ch09/login/add"]["post"]
["summary"] = "This is an API adds new user."
openapi_schema["paths"]["/ch09/login/add"]["post"]
["tags"] = ["operation"]
openapi_schema["paths"]["/ch09/login/add"]["post"]
["requestBody"]["description"]="Data for LoginReq"

openapi_schema["paths"]["/ch09/login/profile/add"]
["description"] = "Updating Login User"
openapi_schema["paths"]["/ch09/login/profile/add"]
["post"]["summary"] = "This is an API updating existing user record."
openapi_schema["paths"]["/ch09/login/profile/add"]
["post"]["tags"] = ["operation"]
openapi_schema["paths"]["/ch09/login/profile/add"]
["post"]["requestBody"]["description"]="Data for LoginReq"

openapi_schema["paths"]["/ch09/login/html/list"]["get"]
["description"] = "Renders Jinja2Template with context data."
openapi_schema["paths"]["/ch09/login/html/list"]["get"]
["summary"] = "Uses Jinja2 template engine for rendition."
openapi_schema["paths"]["/ch09/login/html/list"]["get"]["tags"]
= ["rendition"]

openapi_schema["paths"]["/ch09/login/list/all"]["get"]
["description"] = "List all the login records."
openapi_schema["paths"]["/ch09/login/list/all"]["get"]
["summary"] = "Uses JsonResponse for rendition."
openapi_schema["paths"]["/ch09/login/list/all"]["get"]["tags"]
= ["rendition"]
```

上述操作将为我们提供一个新的 OpenAPI 文档仪表板，如图 9.1 所示。

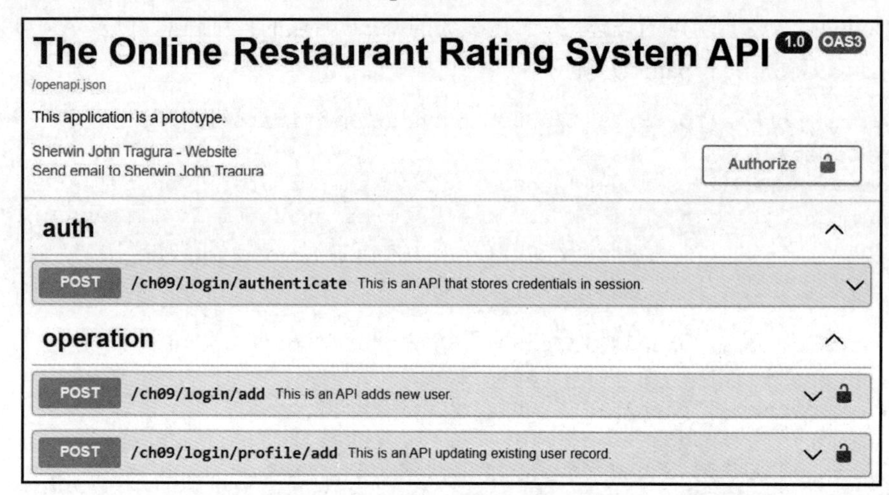

图 9.1　自定义的 OpenAPI 仪表板

在图 9.1 中看到的标签是 OpenAPI 文档的基本变量，因为它们会根据路由器、业务流程、需求和模块来组织 API 端点。使用标签是最佳实践。

在设置完所有更新后，即可将 FastAPI 的 openapi()函数替换为新的 update_api_schema()函数。

9.6.2　使用内部代码库属性

FastAPI 的构造函数有一些参数可以在不使用 get_openapi()函数的情况下替换默认的 info 文档详细信息。

以下代码片段展示了有关 OpenAPI 文档的 title、description、version 和 servers 详细信息的示例文档更新：

```
app = FastAPI(… … … …,
            title="The Online Restaurant Rating System API",
            description="This a software prototype.",
            version="1.0.0",
            servers= [
                {
                    "url": "http://localhost:8000",
                    "description": "Development Server"
                },
                {
```

```
                "url": "https://localhost:8002",
                "description": "Testing Server",
            }
        ])
```

在向 API 端点添加文档时，FastAPI 和 APIRouter 的路径运算符还具有一些参数，允许更改可视为每个端点属性的默认 OpenAPI 变量。

以下是一个示例服务，它可以通过 post()路径运算符更新其 summary、description、response_description 和其他响应详细信息：

```
@router.post("/restaurant/add",
    summary="This API adds new restaurant details.",
    description="This operation adds new record to the database. ",
    response_description="The message body.",
    responses={
        200: {
            "content": {
                "application/json": {
                    "example": {
                        "restaurant_id": 100,
                        "name": "La Playa",
                        "branch": "Manila",
                        "address": "Orosa St.",
                        "province": "NCR",
                        "date_signed": "2022-05-23",
                        "city": "Manila",
                        "country": "Philippines",
                        "zipcode": 1603
                    }
                }
            },
        },
        404: {
            "description": "An error was encountered during saving.",
            "content": {
                "application/json": {
                    "example": {"message": "insert login unsuccessful"}
                }
            },
        },
    },
    tags=["operation"])
```

```
async def add_restaurant(req:RestaurantReq,
        engine=Depends(create_db_engine),
            user: str = Depends(get_current_user)):
    restaurant_dict = req.dict(exclude_unset=True)
    restaurant_json = dumps(restaurant_dict,
        default=json_datetime_serializer)
    repo:RestaurantRepository = RestaurantRepository(engine)
    result = await repo.insert_restaurant(
        loads(restaurant_json))
    if result == True:
        return req
    else:
        return JSONResponse(content={"message":
            "insert login unsuccessful"}, status_code=500)
```

9.6.3 使用 Query、Form、Body 和 Path 函数

除了声明和其他验证，Query、Path、Form 和 Body 参数函数也可用于向 API 端点添加一些元数据。

以下 authenticate()端点即通过 Query()函数添加了一些描述和验证：

```
@router.post("/login/authenticate")
async def authenticate(response: Response,
    username:str = Query(...,
        description='The username of the credentials.',
        max_length=50),
    password: str = Query(...,
        description='The password of the of the credentials.',
        max_length=20),
    engine=Depends(create_db_engine)):
    repo:LoginRepository = LoginRepository(engine)
    … … … … …
    response.set_cookie("session", token)
    return {"username": username}
```

以下 get_login()使用了 Path()指令插入对 id 参数的描述：

```
@router.get("/login/account/{id}")
async def get_login(id:int = Path(...,
        description="The user ID of the user."),
    engine=Depends(create_db_engine),
```

```
    user: str = Depends(get_current_user) ):
    … … … … …
    return UJSONResponse(content=jsonable_encoder(result),
        status_code=201)
```

Query()函数的 description 和 max_length 元数据将成为 authenticate()的 OpenAPI 文档的一部分，如图 9.2 所示。

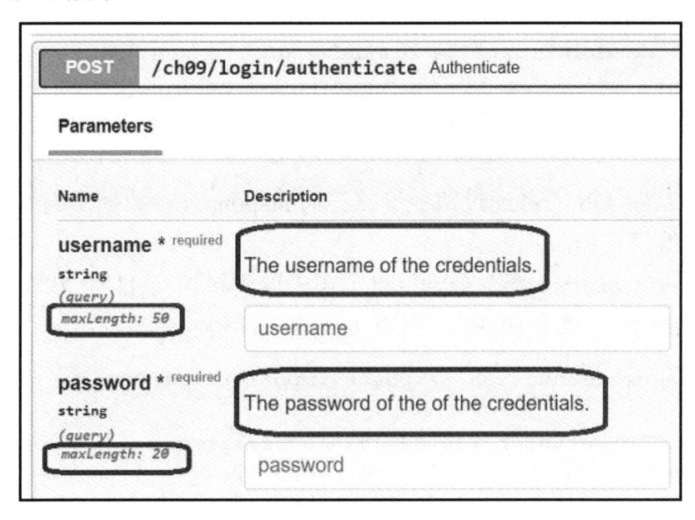

图 9.2　Query 元数据

此外，Path()指令的 description 元数据也将出现在 get_login()文档中，如图 9.3 所示。

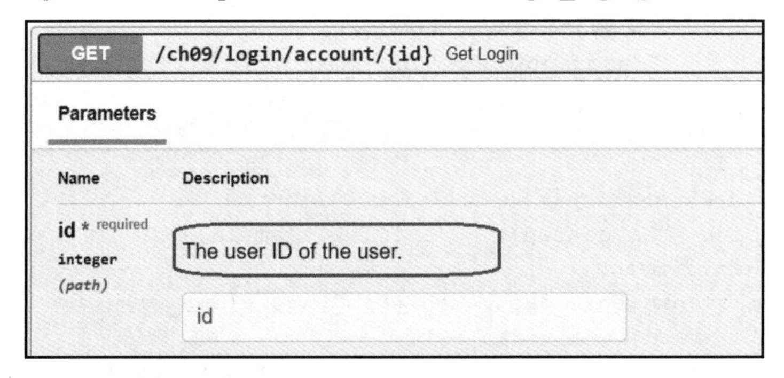

图 9.3　Path 元数据

类似地，也可以使用 Form 指令为表单参数添加描述。以下服务向你展示了如何通过 Form 指令插入文档：

```
@router.post("/user/profile")
```

```
async def create_profile(req: Request,
        firstname: str = Form(...,
            description='The first name of the user.'),
        lastname: str = Form(...,
            description='The last name of the user.'),
        age: int = Form(...,
            description='The age of the user.'),
        birthday: date = Form(...,
            description='The birthday of the user.'),
        user: str = Depends(get_current_user)):
    user_details = req.session["user_details"]
    return {'profile' : user_details}
```

此外，还可以为 API 服务通过路径运算符的 responses 参数抛出的所有类型的 HTTP 响应或状态代码编写文档。

以下 video_presentation()服务分别提供了在未遇到错误（HTTP 状态代码 200）和遇到运行时错误（HTTP 状态代码 500）时有关其响应性质的元数据：

```
from models.documentation.response import Error500Model
… … … … …
@router.get("/restaurant/upload/video",responses={
        200: {
                "content": {"video/mp4": {}},
                "description": "Return an MP4 encoded video.",
        },
        500:{
                "model": Error500Model,
                "description": "The item was not found"
        }
    },)

def video_presentation():
    file_path = os.getcwd() + '\\files\\sample.mp4'
    def load_file():
        with open(file_path, mode="rb") as video_file:
            yield from video_file
    return StreamingResponse(load_file(), media_type="video/mp4")
```

在上述示例中，Error500Model 是一个 BaseModel 类，一旦应用程序遇到 HTTP 状态代码 500 错误，它将为你提供清晰的响应，并且仅在 OpenAPI 文档中使用。它包含元数据，例如包含硬编码的错误消息。

图 9.4 显示了 video_presentation()为响应添加元数据后生成的 OpenAPI 文档。

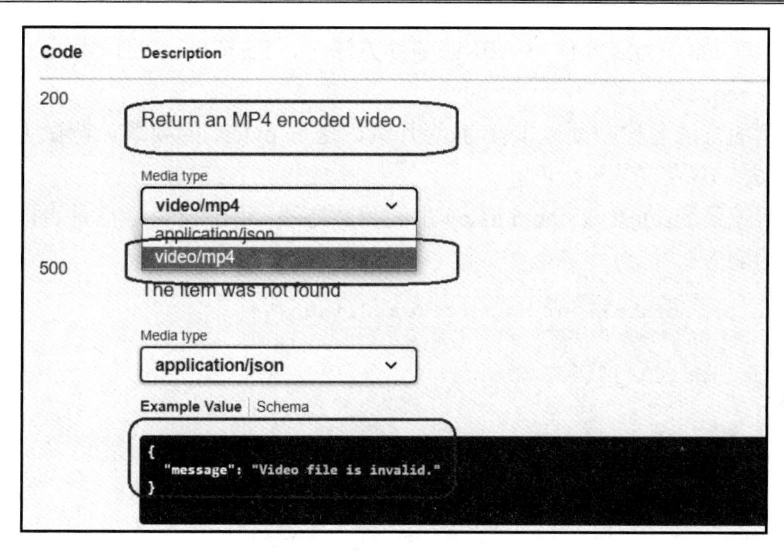

图 9.4 API 响应的文档

接下来，让我们看看如何在 FastAPI 中执行单元测试，这可能需要进行测试驱动的开发设置。

9.7 测试 API 端点

FastAPI 可以使用 pytest 框架来运行测试类。因此，在创建测试类之前，首先需要使用以下 pip 命令安装 pytest 框架：

```
pip install pytest
```

FastAPI 有一个名为 fastapi.testclient 的模块，其中所有组件都是基于 Request 的，包括 TestClient 类。要访问所有 API 端点，需要 TestClient 对象。但首先需要创建一个文件夹（如 test），其中将包含我们实现测试方法的测试模块。可以将测试方法放在 main.py 或路由器模块之外，以保持代码的干净整洁和组织有序。

9.7.1 编写单元测试用例

要测试 API 端点，最佳实践是为每个路由器组件编写一个测试模块，除非这些路由器之间存在紧密连接。可以将这些测试模块放在测试目录中。

为了进行自动化测试，开发人员需要在测试模块中导入 APIRouter 实例或 FastAPI 实例来设置 TestClient。当涉及使用 API 的辅助方法时，TestClient 的作用几乎就像 Python 的客户端模块 requests 一样。

测试用例的方法名称必须以 test_前缀开头，这是 pytest 的要求。测试方法都是标准的 Python 方法，不应该是异步的。

以下示例就是 test/test_restaurants.py 中的测试方法，用于检查端点是否能够返回正确的基于文本的响应：

```
from fastapi.testclient import TestClient

from api import restaurant

client = TestClient(restaurant.router)

def test_restaurant_index():
    response = client.get("/restaurant/index")
    assert response.status_code == 200
    assert response.text == "The Restaurants"
```

TestClient 可以通过断言（assert）语句来检查其辅助方法（如 get()、post()、put()和 delete()的响应），从而测试 API 的状态代码和响应正文。在上述示例中可以看到，test_restaurant_index()就使用了 TestClient API 的 get()方法来运行/restaurant/index GET 服务并提取其响应。如果返回的 status_code 和 response.text 正确，则使用断言语句。该端点没有强加的依赖关系，因此测试模块是基于路由器的。

9.7.2　模拟依赖项

使用依赖项测试 API 端点并不像上述示例那么简单。端点通过 JWT 和 APIKeyCookie 类获得基于会话的安全性，因此不能只运行 pytest 来测试它们。

首先，我们需要通过将它们添加到 FastAPI 实例的 dependency_overrides 来对这些依赖项应用模拟。由于 APIRouter 不能模拟依赖项，因此我们还需要使用 FastAPI 实例来设置 TestClient。如果路由器是通过 include_router()进行的 FastAPI 配置的一部分，则所有端点都可以进行单元测试：

```
from fastapi.testclient import TestClient
from models.data.orrs import Login
from main import app

from util.auth_session import get_current_user
```

```
client = TestClient(app)

async def get_user():
    return Login(**{"username": "sjctrags",
        "login_id": 101,
        "password":"sjctrags", "passphrase": None,
        "profile": None})

app.dependency_overrides[get_current_user] = get_user

def test_rating_top_three():
    response = client.post("/ch09/rating/top/three",
        json={
                "rate1": 10.0,
                "rate2": 20.0 ,
                "rate3": 30.0
        })
        assert response.status_code == 200
        assert response.json() == { "stats": {
            "sum": 60.0,
            "average": 20.0
        }
}
```

可以看到，来自/api/route_extract.py 路由器的/rating/top/three API 需要评级的 dict 来派生出包含 average 和 sum 值的 JSON 结果。TestClient 的路径运算符有 JSON 和数据参数，在其中可以将测试数据传递给 API。同样，TestClient 的响应具有可以派生预期响应正文的方法，例如本示例中的 json()函数。

由于依赖基于会话的安全性，运行该测试方法会导致一些 APIKeyCookie 异常。为了绕开这个问题，我们还需要创建一个虚假的 get_current_user()可依赖函数来继续测试。

在本示例中，可以将 get_current_user()可依赖函数添加到覆盖列表中，并将其映射到假函数，例如 get_user()函数，以替换其执行。这个过程就是我们在 FastAPI 上下文中所说的模拟（mocking）。

除了为解决安全性问题而进行的模拟，还可以通过创建模拟数据库对象或数据库引擎来模拟数据库连接，具体取决于使用的是关系数据库还是 NoSQL 数据库。

在下面的测试用例中，我们将在/ch09/login/list/all 中执行单元测试，它需要 MongoDB 连接才能访问登录配置文件的列表。为了使测试正常工作，需要使用名为 orrs_test 的虚拟测试数据库创建一个模拟 AsyncIOMotorClient 对象。以下是 test_list_login()

测试，它实现了这个数据库模拟：

```
def db_connect():
    client_od =
        AsyncIOMotorClient(f"mongodb://localhost:27017/")
    engine = AIOEngine(motor_client=client_od, database="orrs_test")
    return engine

async def get_user():
    return Login(**{"username": "sjctrags", "login_id": 101,
            "password":"sjctrags", "passphrase": None,
            "profile": None})

app.dependency_overrides[get_current_user] = get_user
app.dependency_overrides[create_db_engine] = db_connect

def test_list_login():
    response = client.get("/ch09/login/list/all")
    assert response.status_code == 201
```

9.7.3　运行测试方法

现在可以在命令行运行 pytest 命令以执行所有单元测试。pytest 引擎将编译并运行 test 文件夹中的所有 TestClient 应用程序，从而运行所有测试方法。

图 9.5 显示了测试结果的屏幕截图。

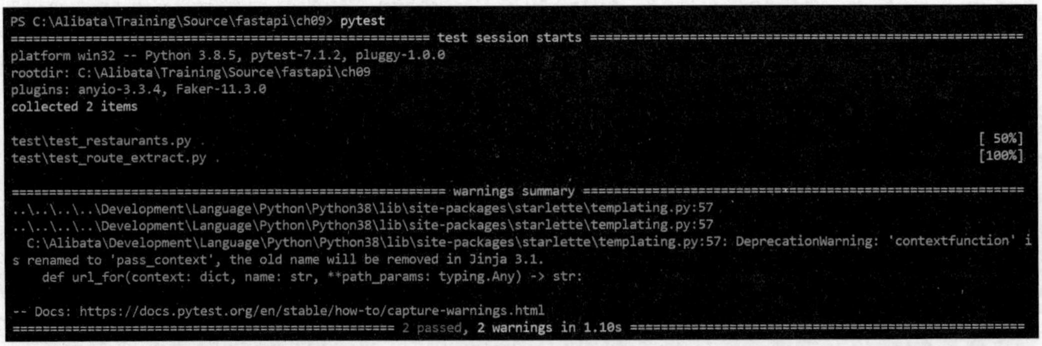

```
PS C:\Alibata\Training\Source\fastapi\ch09> pytest
========================= test session starts =========================
platform win32 -- Python 3.8.5, pytest-7.1.2, pluggy-1.0.0
rootdir: C:\Alibata\Training\Source\fastapi\ch09
plugins: anyio-3.3.4, Faker-11.3.0
collected 2 items

test\test_restaurants.py .                                      [ 50%]
test\test_route_extract.py .                                    [100%]

========================= warnings summary =========================
..\..\..\..\Development\Language\Python\Python38\lib\site-packages\starlette\templating.py:57
..\..\..\..\Development\Language\Python\Python38\lib\site-packages\starlette\templating.py:57
  C:\Alibata\Development\Language\Python\Python38\lib\site-packages\starlette\templating.py:57: DeprecationWarning: 'contextfunction' i
s renamed to 'pass_context', the old name will be removed in Jinja 3.1.
    def url_for(context: dict, name: str, **path_params: typing.Any) -> str:

-- Docs: https://docs.pytest.org/en/stable/how-to/capture-warnings.html
==================== 2 passed, 2 warnings in 1.10s ====================
```

图 9.5　测试结果

学习更多有关 pytest 框架的知识有助于了解 FastAPI 中测试用例的自动化。通过模块组织所有测试方法在应用程序的测试阶段是必不可少的，因为我们需要批量运行所有这些方法。

9.8 小　　结

本章演示了 FastAPI 框架的一些其他基本功能，这些功能在本书前几章未介绍过，但可以帮助填补微服务开发过程中的一些空白。其中之一涉及在将大量数据转换为 JSON 时选择更好、更合适的 JSON 序列化器和反序列化器。

高级自定义、会话处理、消息正文加密和解密以及测试 API 端点等功能可以让开发人员更清楚地了 FastAPI 创建技术领先的渐进式微服务解决方案的潜力。

此外，本章还介绍了 FastAPI 支持的不同 API 响应，包括 Jinja2 的 TemplateResponse。

第 10 章将展示 FastAPI 在数字和符号计算方面的优势。

第 10 章　解决数值、符号和图形问题

微服务架构不仅可用于在银行、保险、人力资源、生产和制造业中构建细粒度、优化和可扩展的应用程序，它还可用于为实验室信息管理系统（laboratory information management system，LIMS）、天气预报系统、地理信息系统（geographical information system，GIS）和医疗保健系统等应用开发与科学和计算相关的研究和科学软件原型。

FastAPI 是构建这些细粒度服务的最佳选择之一，因为这些服务通常涉及高度计算的任务、工作流和报告。本章将重点介绍本书前面的章节尚未涉及的一些事务，例如使用 sympy 进行符号计算，使用 numpy 求解线性系统，使用 matplotlib 绘制数学模型，以及使用 pandas 生成数据存档。

本章还将通过模拟一些业务流程建模标记法（business process modeling notation，BPMN）任务来展示 FastAPI 在解决与工作流相关的事务时的灵活性。

对于大数据应用程序开发，本章演示了 GraphQL 查询和 Neo4j 图数据库，它们都可以结合 FastAPI 使用。

本章的主要目的是介绍 FastAPI 框架作为一种工具为科学研究和计算科学所能提供的微服务解决方案。

本章包含以下主题：

- 设置项目
- 实现符号计算
- 创建数组和 DataFrame
- 执行统计分析
- 生成 CSV 和 XLSX 报告
- 绘制数据模型
- 模拟 BPMN 工作流
- 使用 GraphQL 查询和突变
- 利用 Neo4j 图数据库

10.1　技术要求

本章提供了定期普查和计算系统（periodic census and computational system，PCCS）

的基本框架，该系统增强了特定国家不同地区的快速数据收集程序。虽然尚未完成，但该原型提供了 FastAPI 实现，突出了本章的重要主题，例如创建和绘制数学模型、收集受访者的答案、提供问卷、创建工作流模板和使用图数据库等。本章代码可以在本书配套 GitHub 存储库的 ch10 项目中找到，其网址如下：

https://github.com/PacktPublishing/Building-Python-Microservices-with-FastAPI

10.2　设置项目

本章 PCCS 项目有以下两个版本：

- ch10-relational，使用 PostgreSQL 数据库和 Piccolo ORM 作为数据映射器。
- ch10-mongo，使用 Beanie ODM 将数据保存为 MongoDB 文档。

10.2.1　使用 Piccolo ORM

ch10-relational 使用快速的 Piccolo ORM，并且可以同时支持同步和异步 CRUD 事务。在第 5 章“连接到关系数据库”中并没有介绍这个 ORM，因为它更适合与计算和数据科学相关的应用程序以及大数据应用程序。Piccolo ORM 与其他 ORM 不同，因为它构建了一个包含初始项目结构和自定义模板的项目。当然，在创建项目之前，同样需要使用以下 pip 命令安装 piccolo 模块：

```
pip install piccolo
```

在此之后，还需要安装 piccolo-admin 模块，该模块为项目的图形用户界面管理员页面提供了辅助类：

```
pip install piccolo-admin
```

现在可以通过运行 piccolo asgi new 在新创建的根项目文件夹中创建一个项目，这是一个搭建 Piccolo 项目目录的命令行界面（CLI）命令。该过程将要求使用 API 框架和应用程序服务器，如图 10.1 所示。

该应用程序框架必须使用 FastAPI，uvicorn 是推荐的 ASGI 服务器。现在可以通过在项目文件夹中运行 piccolo app new 命令来添加 Piccolo 应用程序。

图 10.2 显示了主项目目录，我们在其中执行 CLI 命令来创建 Piccolo 应用程序。

```
C:\Alibata\Training\Source\fastapi\ch10>piccolo asgi new
Can't import the APP_REGISTRY from piccolo_conf - some commands may be missing. If this is a new proje
ct don't worry. To see a full traceback use `piccolo --diagnose`
Which routing framework?
starlette [0], fastapi [1], blacksheep [2], xpresso [3]
1
Which server?
uvicorn [0], Hypercorn [1]
0
Run `pip install -r requirements.txt` and `python main.py` to get started.
```

图 10.1　搭建 Piccolo ORM 项目

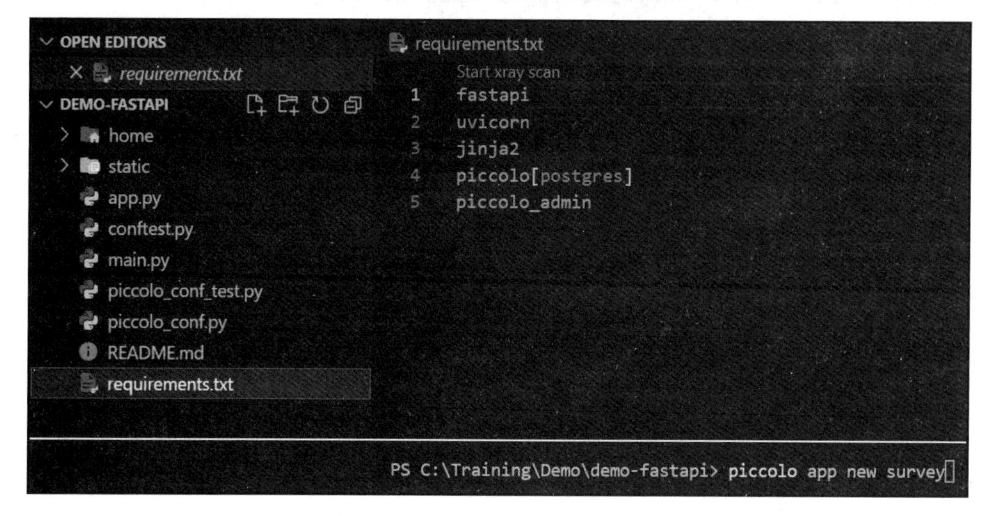

图 10.2　Piccolo 项目目录

已搭建的项目始终有一个名为 home 的默认应用程序，但它可以被修改甚至删除。删除之后，Piccolo 平台允许你通过在项目文件夹中运行 piccolo app new 命令向项目添加新应用程序来替换 home。

Piccolo 应用程序包含 ORM 模型、BaseModel、服务、存储库类和 API 方法。每个应用程序各有一个自动生成的 piccolo_app.py 模块，我们需要在其中配置一个 APP_CONFIG 变量来注册所有 ORM 详细信息。

以下是示例项目的 survey 应用程序的配置：

```
APP_CONFIG = AppConfig(
    app_name="survey",
    migrations_folder_path=os.path.join(
        CURRENT_DIRECTORY, "piccolo_migrations"
    ),
```

```
    table_classes=[Answers, Education, Question, Choices,
        Profile, Login, Location, Occupation, Respondent],
    migration_dependencies=[],
    commands=[],
)
```

为了使 ORM 平台能够识别新的 Piccolo 应用程序，必须将其 piccolo_app.py 添加到主项目的 piccolo_conf.py 模块的 APP_REGISTRY 中。

以下是 ch10-piccolo 项目的 piccolo_conf.py 文件的内容：

```
from piccolo.engine.postgres import PostgresEngine
from piccolo.conf.apps import AppRegistry

DB = PostgresEngine(
    config={
        "database": "pccs",
        "user": "postgres",
        "password": "admin2255",
        "host": "localhost",
        "port": 5433,
    }
)

APP_REGISTRY = AppRegistry(
    apps=["survey.piccolo_app", "piccolo_admin.piccolo_app"]
)
```

该 piccolo_conf.py 文件也是建立 PostgreSQL 数据库连接的模块。除了 PostgreSQL，Piccolo ORM 还支持 SQLite 数据库。

10.2.2 创建数据模型

与 Django ORM 一样，Piccolo ORM 具有迁移命令来基于模型类生成数据库表。但首先，开发人员需要利用它的 Table API 类来创建模型类。它还有一些辅助类来建立列映射和外键关系。以下是构成我们的数据库 pccs 的一些数据模型类：

```
from piccolo.columns import ForeignKey, Integer, Varchar,
        Text, Date, Boolean, Float
from piccolo.table import Table

class Login(Table):
    username = Varchar(unique=True)
```

```
    password = Varchar()

class Education(Table):
    name = Varchar()

class Profile(Table):
    fname = Varchar()
    lname = Varchar()
    age = Integer()
    position = Varchar()
    login_id = ForeignKey(Login, unique=True)
    official_id = Integer()
    date_employed = Date()
```

在创建模型类后，即可通过创建迁移文件来更新数据库。迁移是更新项目数据库的一种方式。在 Piccolo 平台中，可以运行 piccolo migrations new <app_name>命令在 piccolo_migrations 文件夹中生成文件。这些称为迁移文件，它们包含迁移脚本。

为了节省时间，我们将在命令中包含--auto 选项，让 ORM 检查最近执行的迁移文件，并自动生成包含新反映的模式更新的迁移脚本。

在运行 piccolo migrations forward <app_name>命令以执行迁移脚本之前，需要先检查新创建的迁移文件。最后一个命令将根据模型类自动创建数据库中的所有表。

10.2.3　实现存储层

在执行所有必要的迁移之后即可创建存储库层。Piccolo 的 CRUD 操作类似于 Peewee ORM 中的操作。它快速、简短且易于实现。

以下代码显示了 insert_respondent()事务的实现，它添加了一个新的受访者（respondent）的个人资料：

```
from survey.tables import Respondent
from typing import Dict, List, Any

class RespondentRepository:
    async def insert_respondent(self, details:Dict[str, Any]) -> bool:
        try:
            respondent = Respondent(**details)
            await respondent.save()
        except Exception as e:
            return False
        return True
```

与 Peewee 一样，Piccolo 的模型类可以持久化记录，如上述 insert_respondent()所示，它可以实现异步 INSERT 事务。

另外，get_all_respondent()将检索所有受访者资料，并与 Peewee 具有相同的方法，如下所示：

```
async def get_all_respondent(self):
    return await Respondent.select()
            .order_by(Respondent.id)
```

其余的与 Peewee 的事务类似的 DELETE 和 UPDATE 受访者事务也已创建，可以在项目的/survey/repository/respondent.py 模块中找到。

10.2.4 Beanie ODM

PCCS 项目的第二个版本 ch10-mongo 利用了 MongoDB 数据存储并使用 Beanie ODM 来实现其异步 CRUD 事务。在第 6 章“使用非关系数据库”中介绍了 Beanie。

接下来，让我们学习如何在符号计算中应用 FastAPI。我们将为此使用 ch10-piccolo 项目。

10.3 实现符号计算

符号计算（symbolic computation）是一种使用符号或数学变量求解问题的数学方法。它使用由符号变量制定的数学方程或表达式来求解线性和非线性系统、有理表达式、对数表达式和其他复杂的现实世界模型。

要在 Python 中执行符号计算，必须先使用以下 pip 命令安装 sympy 模块：

```
pip install sympy
```

现在让我们开始创建第一个符号表达式。

10.3.1 创建符号表达式

实现执行符号计算的 FastAPI 端点的方法之一是创建一个服务，该服务接受数学模型或方程作为字符串并将该字符串转换为 sympy 符号表达式。

以下 substitute_bivar_eqn()将处理 str 格式的方程，并将其转换为具有 x 和 y 变量的有效线性或非线性二元方程。它还接受 x 和 y 的值来导出表达式的解：

```
from sympy import symbols, sympify

@router.post("/sym/equation")
async def substitute_bivar_eqn(eqn: str, xval:int, yval:int):
    try:
        x, y = symbols('x, y')
        expr = sympify(eqn)
        return str(expr.subs({x: xval, y: yval}))
    except:
        return JSONResponse(content={"message":
            "invalid equations"}, status_code=500)
```

在将字符串方程转换为 sympy 表达式之前，需要使用 symbols()实用程序将 x 和 y 变量定义为 Symbols 对象。此方法接受逗号分隔的变量名称字符串，并返回与变量等效的符号元组。在创建所有需要的 Symbols()对象后，可以使用以下任何 sympy 方法将方程转换为 sympy 表达式：

- sympify()：使用 eval()将字符串方程转换为有效的 sympy 表达式，所有 Python 类型都转换为它们的 sympy 等价物。
- parse_expr()：一个成熟的表达式解析器，它将转换和修改表达式的标记，并将标记转换为 sympy 等价物。

由于 substitute_bivar_eqn()服务使用了 sympify()方法，因此在进行转换之前最好删除那些不需要的字符串表达式以避免出现任何问题。

另外，sympy 表达式对象有一个 subs()方法来替换值以推导出解。其结果对象必须转换为 str 格式，以便由 Response 呈现数据。否则，Response 将引发 ValueError，认为结果是不可迭代的。

10.3.2　求解线性表达式

sympy 模块允许你实现求解多元线性方程组的服务。

以下 API 服务突出显示了一个实现，该实现接受两个字符串格式的二元线性模型及其各自的解：

```
from sympy import Eq, symbols, Poly, solve, sympify

@router.get("/sym/linear")
async def solve_linear_bivar_eqns(eqn1:str,
          sol1: int, eqn2:str, sol2: int):
    x, y = symbols('x, y')
```

```
    expr1 = parse_expr(eqn1, locals())
    expr2 = parse_expr(eqn2, locals())

    if Poly(expr1, x).is_linear and
               Poly(expr1, x).is_linear:
        eq1 = Eq(expr1, sol1)
        eq2 = Eq(expr2, sol2)
        sol = solve([eq1, eq2], [x, y])
        return str(sol)
    else:
        return None
```

solve_linear_bivar_eqns()服务接受两个二元线性方程及其各自的输出（或截距），旨在建立一个线性方程组。

首先，它将 x 和 y 变量注册为 sympy 对象，然后使用 parse_expr()方法将字符串表达式转换为它们的 sympy 等价物。

之后，该服务需要使用 Eq()求解器建立这些方程的线性等式，该求解器将每个 sympy 表达式映射到其解。

然后，API 服务将所有这些线性方程传递给 solve()方法以推导出 x 和 y 值。solve()的结果也需要呈现为字符串，就像在替换中一样。

除了 solve()方法，该 API 还使用 Poly()实用程序从表达式创建多项式对象，以便能够访问方程的基本属性，例如 is_linear()。

10.3.3　求解非线性表达式

可以重复使用上一小节示例中的 solve_linear_bivar_eqns()来求解非线性系统。需要调整的地方是将验证从过滤线性方程转移到任何非线性方程。

以下脚本突出显示了此代码更改：

```
@router.get("/sym/nonlinear")
async def solve_nonlinear_bivar_eqns(eqn1:str, sol1: int,
          eqn2:str, sol2: int):
    … … … … …
    … … … … …
    if not Poly(expr1, x, y).is_linear or
           not Poly(expr1, x, y).is_linear:
    … … … … …
    … … … … …
```

```
        return str(sol)
    else:
        return None
```

10.3.4　求解线性和非线性不等式

sympy 模块支持求解线性和非线性不等式，但仅限于单变量方程。

以下是一个 API 服务示例，它接受带有输出或截距的单变量字符串表达式，并使用 solve()方法提取解：

```
@router.get("/sym/inequality")
async def solve_univar_inequality(eqn:str, sol:int):
    x= symbols('x')
    expr1 = Ge(parse_expr(eqn, locals()), sol)
    sol = solve([expr1], [x])
    return str(sol)
```

sympy 模块包含 Gt()或 StrictGreaterThan、Lt()或 StrictLessThan、Ge()或 GreaterThan，以及 Le()或 LessThan 求解器，开发人员可以使用它们来创建不等式。但是，首先需要使用 parse_expr()方法将 str 表达式转换为 Symbols()对象，然后再将它们传递给这些求解器。

上述服务示例使用 Ge()或 GreaterThan 求解器来将创建一个方程，其中表达式的左侧通常大于右侧。

大多数为数学建模、数据科学设计和开发的应用程序都使用 sympy 以符号方式创建复杂的数学模型，直接从 sympy 方程绘制数据，或者基于数据集或实时数据生成结果。

接下来，让我们继续下一组 API 服务，它将使用 numpy、scipy 和 pandas 模块处理数据分析和操作。

10.4　创建数组和 DataFrame

当数值算法需要一些数组来存储数据时，一个名为 NumPy（此名称是 Numerical Python 的缩写）的模块是用于创建、转换和操作数组的实用函数、对象和类的良好资源。

该模块以其 n 维数组或 ndarray 而闻名，它比典型的 Python 列表消耗更少的内存。在执行数据操作时，ndarray 产生的总开销比执行列表操作的总开销要少。此外，与 Python 的列表集合不同，ndarray 是严格异构的。

同样的道理，在开始创建 NumPy-FastAPI 服务实现之前，首先需要使用以下 pip 命令安装 numpy 模块：

```
pip install numpy
```

我们的第一个 API 服务将处理一些调查数据并以 ndarray 形式返回。

以下 get_respondent_answers() API 将通过 Piccolo 从 PostgreSQL 来检索调查数据列表，并将数据列表转换为 ndarray：

```
from survey.repository.answers import AnswerRepository
from survey.repository.location import LocationRepository
import ujson
import numpy as np

@router.get("/answer/respondent")
async def get_respondent_answers(qid:int):
    repo_loc = LocationRepository()
    repo_answers = AnswerRepository()
    locations = await repo_loc.get_all_location()
    data = []
    for loc in locations:
        loc_q = await repo_answers
            .get_answers_per_q(loc["id"], qid)
        if not len(loc_q) == 0:
            loc_data = [ weights[qid-1]
                [str(item["answer_choice"])]
                    for item in loc_q]
                data.append(loc_data)
    arr = np.array(data)
    return ujson.loads(ujson.dumps(arr.tolist()))
```

取决于检索到的数据的大小，如果应用 ujson 或 orjson 序列化器和反序列化器将 ndarray 转换为 JSON 数据速度可能会更快。即使 numpy 具有如 uint、single、double、short、byte 和 long 等数据类型，JSON 序列化器仍然可以设法将它们转换为标准的 Python 等价物。上述 API 示例就使用了 ujson 实用工具将数组转换为支持 JSON 的响应。

除了 NumPy，pandas 是另一个流行的模块，可用于数据分析、操作、转换和检索。要使用 pandas，需要先安装 NumPy，然后安装 pandas、matplotlib 和 openpxyl 模块：

```
pip install pandas matplotlib openpxyl
```

接下来，让我们看看 numpy 模块中的 ndarray。

10.4.1 应用 NumPy 的线性系统操作

与需要列表推导式和循环的列表集合不同，ndarray 中的数据操作更容易、更快。由

numpy 创建的向量和矩阵具有操作其项目的操作，例如标量乘法、矩阵乘法、转置、向量化和整形。

以下 API 服务显示了如何使用 numpy 模块推导出标量梯度和调查数据数组之间的乘积：

```
@router.get("/answer/increase/{gradient}")
async def answers_weight_multiply(gradient:int, qid:int):
    repo_loc = LocationRepository()
    repo_answers = AnswerRepository()
    locations = await repo_loc.get_all_location()
    data = []
    for loc in locations:
        loc_q = await repo_answers
            .get_answers_per_q(loc["id"], qid)
        if not len(loc_q) == 0:
            loc_data = [ weights[qid-1]
                [str(item["answer_choice"])]
                    for item in loc_q]
            data.append(loc_data)
    arr = np.array(list(itertools.chain(*data)))
    arr = arr * gradient
    return ujson.loads(ujson.dumps(arr.tolist()))
```

在上述脚本中可以看到，任何 numpy 操作产生的所有 ndarray 实例都可以使用各种 JSON 序列化器序列化为支持 JSON 的组件。

numpy 还可以在不牺牲微服务应用程序性能的情况下实现其他线性代数运算。接下来，让我们看看 pandas 的 DataFrame。

10.4.2　应用 pandas 模块

在 pandas 模块中，数据集被创建为 DataFrame 对象，这类似于 Julia 和 R。DataFrame 包含数据的行和列。FastAPI 可以使用任何 JSON 序列化器呈现这些 DataFrame。

以下 API 服务示例可以从所有调查位置检索所有调查结果，并从这些数据集创建一个 DataFrame：

```
import ujson
import numpy as np
import pandas as pd

@router.get("/answer/all")
async def get_all_answers():
```

```
    repo_loc = LocationRepository()
    repo_answers = AnswerRepository()
    locations = await repo_loc.get_all_location()
    temp = []
    data = []
    for loc in locations:
        for qid in range(1, 13):
            loc_q1 = await repo_answers
                .get_answers_per_q(loc["id"], qid)
            if not len(loc_q1) == 0:
                loc_data = [ weights[qid-1]
                    [str(item["answer_choice"])]
                        for item in loc_q1]
                temp.append(loc_data)
        temp = list(itertools.chain(*temp))
        if not len(temp) == 0:
            data.append(temp)
        temp = list()
    arr = np.array(data)
    return ujson.loads(pd.DataFrame(arr)
            .to_json(orient='split'))
```

DataFrame 对象有一个 to_json()实用方法，它将返回一个 JSON 对象，该对象带有一个选项，可以根据所需的类型来格式化生成的 JSON。

另外，pandas 还可以生成时间序列，这是一个描述 DataFrame 的一列的一维数组。DataFrame 和时间序列都有内置的方法，可以添加、删除、更新和保存数据集，并且支持 CSV 和 XLSX 等格式。

在讨论 pandas 的数据转换过程之前，不妨来看一下在许多统计计算、微分、集成和线性优化中与 numpy 一起使用的另一个模块：scipy 模块。

10.5 执行统计分析

scipy 模块使用 numpy 作为其基本模块，这就是在安装 scipy 之前需要先安装 numpy 的原因。可使用以下 pip 命令安装该模块：

```
pip install scipy
```

本章的示例应用程序将使用该模块来导出调查数据的声明性统计数据。

以下 get_respondent_answers_stats()API 服务将使用 scipy 中的 describe()方法计算数据

集的均值（mean）、方差（variance）、偏度（skewness）和峰度（kurtosis）：

```
from scipy import stats

def ConvertPythonInt(o):
    if isinstance(o, np.int32): return int(o)
    raise TypeError

@router.get("/answer/stats")
async def get_respondent_answers_stats(qid:int):
    repo_loc = LocationRepository()
    repo_answers = AnswerRepository()
    locations = await repo_loc.get_all_location()
    data = []
    for loc in locations:
        loc_q = await repo_answers
            .get_answers_per_q(loc["id"], qid)
                if not len(loc_q) == 0:
                    loc_data = [ weights[qid-1]
                        [str(item["answer_choice"])]
                            for item in loc_q]
                data.append(loc_data)
    result = stats.describe(list(itertools.chain(*data)))
    return json.dumps(result._asdict(), default=ConvertPythonInt)
```

describe()方法将返回一个 DescribeResult 对象，其中包含所有计算结果。要将所有统计信息呈现为 Response 的一部分，可以调用 DescribeResult 对象的 as_dict()方法并使用 JSON 序列化器对其进行序列化。

我们的 API 示例还使用了其他实用程序，例如，itertools 中的 chain()方法可以展平数据列表，自定义转换器 ConvertPythonInt 可以将 NumPy 的 int32 类型转换为 Python int 类型。

接下来，让我们看看如何使用 pandas 模块将数据保存到 CSV 和 XLSX 文件。

10.6　生成 CSV 和 XLSX 报告

DataFrame 对象具有内置的 to_csv()和 to_excel()方法，这两个方法分别可将其数据保存在 CSV 或 XLSX 格式的文件中。但开发人员的主要目标是创建一个 API 服务，然后将这些文件作为响应返回。

以下实现显示了 FastAPI 服务如何返回包含受访者配置文件列表的 CSV 文件：

```
from fastapi.responses import StreamingResponse
import pandas as pd

from io import StringIO
from survey.repository.respondent import RespondentRepository

@router.get("/respondents/csv", response_description='csv')
async def create_respondent_report_csv():
    repo = RespondentRepository()
    result = await repo.get_all_respondent()

    ids = [ item["id"] for item in result ]
    fnames = [ f'{item["fname"]}' for item in result ]
    lnames = [ f'{item["lname"]}' for item in result ]
    ages = [ item["age"] for item in result ]
    genders = [ f'{item["gender"]}' for item in result ]
    maritals = [ f'{item["marital"]}' for item in result ]

    dict = {'Id': ids, 'First Name': fnames,
            'Last Name': lnames, 'Age': ages,
            'Gender': genders, 'Married?': maritals}

    df = pd.DataFrame(dict)
    outFileAsStr = StringIO()
    df.to_csv(outFileAsStr, index = False)
    return StreamingResponse(
        iter([outFileAsStr.getvalue()]),
        media_type='text/csv',
        headers={
            'Content-Disposition':
              'attachment;filename=list_respondents.csv',
            'Access-Control-Expose-Headers':
              'Content-Disposition'
        }
    )
```

我们需要创建一个包含来自存储库的数据列的 dict()来创建一个 DataFrame 对象。在上述脚本中，我们将每个数据列存储在一个单独的 list()中，将所有列表添加到 dict()中，并将键作为列标题名称，然后将 dict()作为参数传递给 DataFrame 的构造函数。

在创建 DataFrame 对象后，可调用 to_csv()方法将其列式数据集转换为支持 Unicode 字符的文本流 io.StringIO。最后，必须通过 FastAPI 的 StreamResponse 渲染 StringIO 对象，并设置 Content-Disposition 标头以重命名 CSV 对象的默认文件名。

我们的在线调查应用程序没有使用 pandas ExcelWriter，而是选择了另一种方式，即通过 xlsxwriter 模块保存 DataFrame。这个模块有一个 Workbook 类，它将创建一个包含工作表的工作簿，可以在其中绘制每行的所有列数据。

以下 API 服务将使用 xlsxwriter 模块呈现 XLSX 内容：

```
import xlsxwriter
from io import BytesIO

@router.get("/respondents/xlsx", response_description='xlsx')
async def create_respondent_report_xlsx():
    repo = RespondentRepository()
    result = await repo.get_all_respondent()
    output = BytesIO()
    workbook = xlsxwriter.Workbook(output)
    worksheet = workbook.add_worksheet()
    worksheet.write(0, 0, 'ID')
    worksheet.write(0, 1, 'First Name')
    worksheet.write(0, 2, 'Last Name')
    worksheet.write(0, 3, 'Age')
    worksheet.write(0, 4, 'Gender')
    worksheet.write(0, 5, 'Married?')
    row = 1
    for respondent in result:
        worksheet.write(row, 0, respondent["id"])
        … … … … …
        worksheet.write(row, 5, respondent["marital"])
        row += 1
    workbook.close()
    output.seek(0)

    headers = {
        'Content-Disposition': 'attachment;
        filename="list_respondents.xlsx"'
    }
    return StreamingResponse(output, headers=headers)
```

上述 create_respondent_report_xlsx()服务将从数据库中检索所有受访者记录，并在新创建的 Workbook 的工作表中按行绘制每个配置文件记录。Workbook 不会将其内容写入文件，而是将其内容存储在字节流 io.ByteIO 中，后者将由 StreamResponse 呈现。

pandas 模块还可以帮助 FastAPI 服务读取 CSV 和 XLSX 文件以进行再现或数据分析。

它有一个 read_csv()，可以从 CSV 文件中读取数据并将其转换为 JSON 内容。io.StringIO 流对象将包含完整内容，包括其 Unicode 字符。

以下服务将检索有效 CSV 文件的内容并返回 JSON 数据：

```
@router.post("/upload/csv")
async def upload_csv(file: UploadFile = File(...)):
    df = pd.read_csv(StringIO(str(file.file.read(),
          'utf-8')), encoding='utf-16')
    return orjson.loads(df.to_json(orient='split'))
```

在 FastAPI 中有两种处理 multipart 文件上传的方法：

- 使用 bytes 来包含文件。
- 使用 UploadFile 包装文件对象。

在第 9 章“利用其他高级功能”中，介绍了使用 UploadFile 类来捕获上传的文件，因为它支持更多 Pydantic 功能，并且具有可以与协程一起使用的内置操作。它可以处理大文件上传，而不会在上传过程达到内存限制时引发异常，这与使用 bytes 类型进行文件内容存储是不同的。因此，上述 read_csv()服务使用 UploadFile 来捕获任何 CSV 文件，以使用 orjson 作为其 JSON 序列化器进行数据分析。

处理文件上传事务的另一种方法是通过Jinja2表单模板。我们可以使用TemplateResponse 进行文件上传，并使用 Jinja2 模板语言显示文件内容。

以下服务使用 read_csv()读取 CSV 文件并将其序列化为 HTML 表格格式的内容：

```
@router.get("/upload/survey/form", response_class = HTMLResponse)
def upload_survey_form(request:Request):
    return templates.TemplateResponse("upload_survey.html",
          {"request": request})

@router.post("/upload/survey/form")
async def submit_survey_form(request: Request,
          file: UploadFile = File(...)):
    df = pd.read_csv(StringIO(str(file.file.read(),
          'utf-8')), encoding='utf-8')
    return templates.TemplateResponse('render_survey.html',
          {'request': request, 'data': df.to_html()})
```

除了 to_json()和 to_html()，TextFileReader 对象还有其他转换器可以帮助 FastAPI 呈现各种内容类型，包括 to_latex()、to_excel()、to_hdf()、to_dict()、to_pickle()和 to_xarray()等。此外，pandas 模块有一个 read_excel()可以读取 XLSX 内容并将其转换为任何再现类型，就和它的 read_csv()对应物一样。

接下来，让我们看看 FastAPI 服务如何绘制图表和图形，并通过 Response 输出它们的图形结果。

10.7　绘制数据模型

在 numpy 和 pandas 模块的帮助下，FastAPI 服务可以使用 matplotlib 实用程序生成和渲染不同类型的图形和图表。与前面的讨论一样，我们将利用 io.ByteIO 流和 StreamResponse 为 API 端点生成图形结果。

以下 API 服务将从存储库中检索调查数据，计算每个数据层的平均值，并以 PNG 格式返回数据的折线图：

```
from io import BytesIO
import matplotlib.pyplot as plt
from survey.repository.answers import AnswerRepository
from survey.repository.location import LocationRepository

@router.get("/answers/line")
async def plot_answers_mean():
    x = [1, 2, 3, 4, 5, 6, 7]
    repo_loc = LocationRepository()
    repo_answers = AnswerRepository()
    locations = await repo_loc.get_all_location()
    temp = []
    data = []
    for loc in locations:
        for qid in range(1, 13):
            loc_q1 = await repo_answers
                .get_answers_per_q(loc["id"], qid)
            if not len(loc_q1) == 0:
                loc_data = [ weights[qid-1]
                    [str(item["answer_choice"])]
                        for item in loc_q1]
                temp.append(loc_data)
        temp = list(itertools.chain(*temp))
        if not len(temp) == 0:
            data.append(temp)
        temp = list()
    y = list(map(np.mean, data))
    filtered_image = BytesIO()
    plt.figure()
```

```
    plt.plot(x, y)

    plt.xlabel('Question Mean Score')
    plt.ylabel('State/Province')
    plt.title('Linear Plot of Poverty Status')

    plt.savefig(filtered_image, format='png')
    filtered_image.seek(0)

    return StreamingResponse(filtered_image, media_type="image/png")
```

上述 plot_answers_mean()服务利用 matplotlib 模块的 plot()方法在折线图上绘制应用程序的每个位置的平均调查结果。该服务不是将文件保存到文件系统，而是使用模块的 savefig()方法将图像存储在 io.ByteIO 流中。与前面的示例一样，使用 StreamResponse 呈现流。图 10.3 是通过 StreamResponse 显示的 PNG 格式的流图。

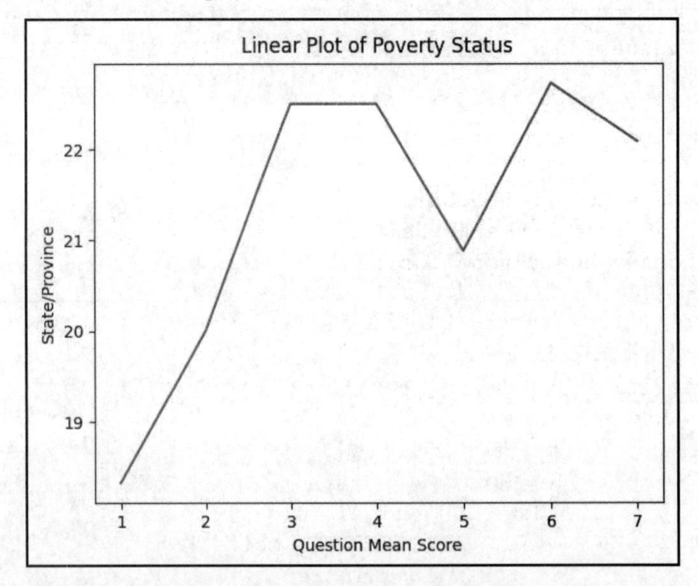

图 10.3　StreamResponse 的折线图

示例应用程序的其他 API 服务，例如 plot_sparse_data()，会创建一些模拟或派生数据的 JPEG 格式的条形图：

```
@router.get("/sparse/bar")
async def plot_sparse_data():
    df = pd.DataFrame(np.random.randint(10, size=(10, 4)),
```

```
        columns=["Area 1", "Area 2", "Area 3", "Area 4"])
    filtered_image = BytesIO()
    plt.figure()
    df.sum().plot(kind='barh', color=['red', 'green',
          'blue', 'indigo', 'violet'])
    plt.title("Respondents in Survey Areas")
    plt.xlabel("Sample Size")
    plt.ylabel("State")
    plt.savefig(filtered_image, format='png')

    filtered_image.seek(0)
    return StreamingResponse(filtered_image, media_type="image/jpeg")
```

可以看到，该方法与折线图具有相同的显示方式。

通过使用相同的策略，以下服务会创建一个饼图，以显示接受调查的男性和女性受访者的百分比：

```
@router.get("/respondents/gender")
async def plot_pie_gender():
    repo = RespondentRepository()
    count_male = await repo.list_gender('M')
    count_female = await repo.list_gender('F')
    gender = [len(count_male), len(count_female)]
    filtered_image = BytesIO()
    my_labels = 'Male','Female'
    plt.pie(gender,labels=my_labels,autopct='%1.1f%%')
    plt.title('Gender of Respondents')
    plt.axis('equal')
    plt.savefig(filtered_image, format='png')
    filtered_image.seek(0)

    return StreamingResponse(filtered_image, media_type="image/png")
```

上述 plot_sparse_data()和 plot_pie_gender()服务生成的响应如图 10.4 所示。

本节介绍了一种创建 API 端点的方法，该端点可以使用 matplotlib 生成图形结果。但是，你也可以使用 numpy、pandas、matplotlib 和 FastAPI 框架在更短的时间内创建其他描述性、复杂且令人惊叹的图形和图表。如果有合适的硬件资源，这些扩展甚至可以解决复杂的与数学和数据科学相关的问题。

接下来，让我们将注意力转移到另一个项目 ch10-mongo，以探讨与工作流、GraphQL 和 Neo4j 图数据库事务相关的问题，并看看 FastAPI 如何利用它们。

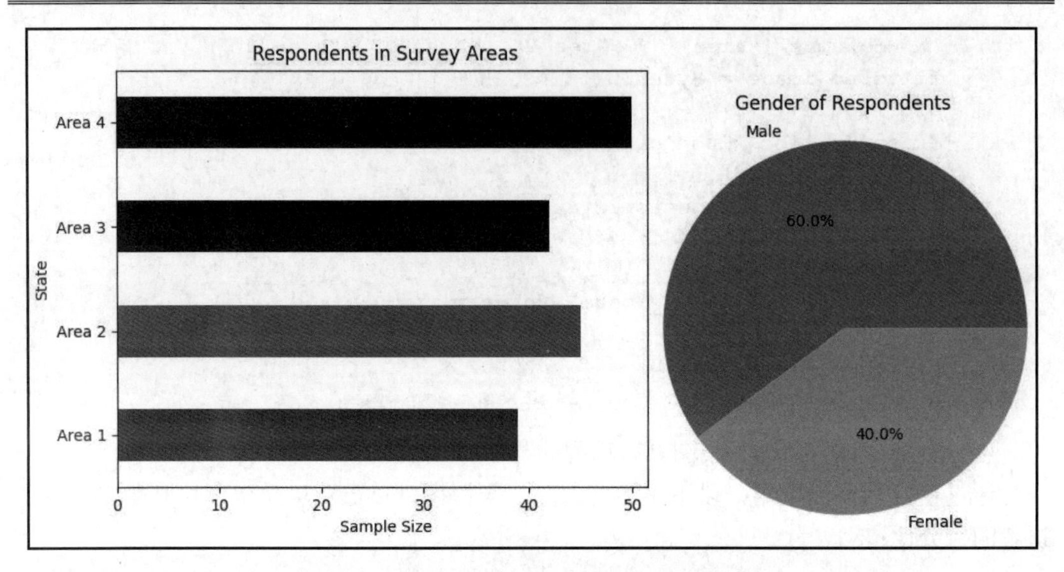

图 10.4　StreamResponse 生成的条形图和饼图

10.8　模拟 BPMN 工作流

尽管 FastAPI 框架没有内置的实用程序来支持其工作流，但它足够灵活和流畅，可以通过扩展模块、中间件和其他自定义组件集成到其他工作流工具（如 Camunda 和 Apache Airflow）中。当然，本节将只关注使用 Celery 模拟 BPMN 工作流的原始解决方案，它可以扩展到更灵活、实时和企业级的方法（如 Airflow 集成）。

10.8.1　设计 BPMN 工作流

ch10-mongo 项目使用 Celery 实现了以下 BPMN 工作流设计：

- 推导出调查数据结果百分比的一系列服务任务，如图 10.5 所示。

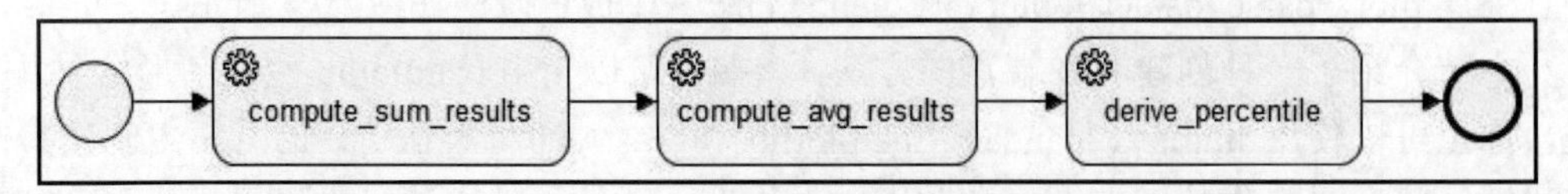

图 10.5　百分比计算的工作流设计

- 一组将数据保存到 CSV 和 XLSX 文件的批处理操作，如图 10.6 所示。

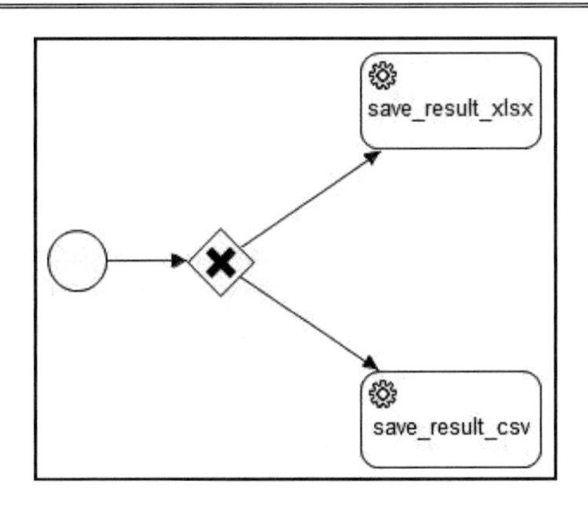

图 10.6　数据存档的工作流设计

- 一组链式任务，独立操作每个位置的数据，如图 10.7 所示。

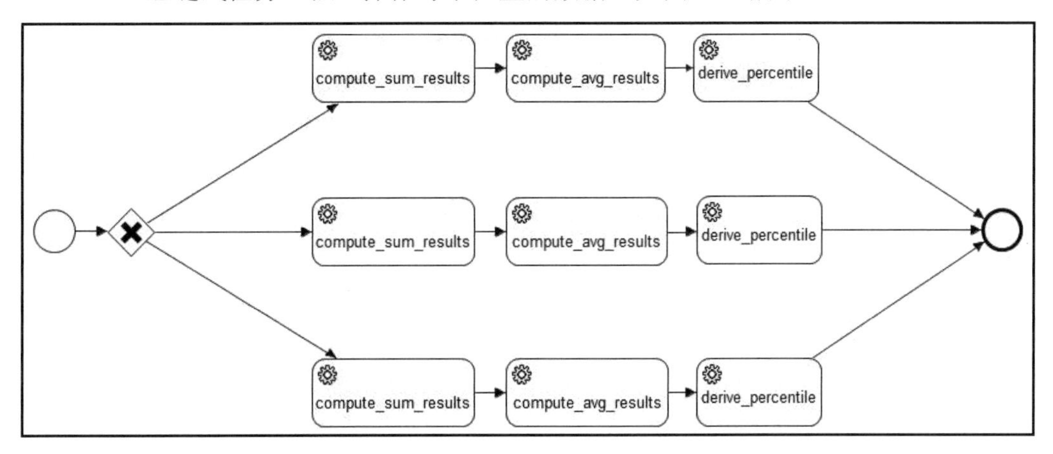

图 10.7　分层调查数据分析的工作流设计

有多种方法可以实现上述设计，但最直接的解决方案是利用我们在第 7 章“保护 REST API 的安全”中使用过的 Celery 设置。

10.8.2　实现工作流

Celery 的 chain()方法可以实现链接任务执行的工作流（见图 10.5），其中每个父任务将结果返回给下一个任务的第一个参数。如果每个任务都成功运行并且在运行时没有遇到任何异常，则链式工作流就可以正常工作。

以下是/api/survey_workflow.py 中实现链式工作流的 API 服务：

```
@router.post("/survey/compute/avg")
async def chained_workflow(surveydata: SurveyDataResult):
    survey_dict = surveydata.dict(exclude_unset=True)
    result = chain(compute_sum_results
        .s(survey_dict['results']).set(queue='default'),
            compute_avg_results.s(len(survey_dict))
            .set(queue='default'), derive_percentile.s()
            .set(queue='default')).apply_async()
    return {'message' : result.get(timeout = 10) }
```

在上述示例中，compute_sum_results()、compute_avg_results()和 derive_percentile()是绑定任务。在 Celery 中，绑定任务被实现为将第一个方法参数分配给任务实例本身，因此 self 关键字出现在其参数列表中。它们的任务实现总是有@celery.task(bind=True)装饰器。Celery 任务管理器在应用工作流原语签名来创建工作流时更喜欢绑定任务。

以下代码显示了在链式工作流设计中使用的绑定任务：

```
@celery.task(bind=True)
def compute_sum_results(self, results:Dict[str, int]):
    scores = []
    for key, val in results.items():
        scores.append(val)
    return sum(scores)
```

上述 compute_sum_results()计算每个州的总调查结果，而 compute_avg_results()则使用由 compute_sum_results()计算的总和推导出平均值：

```
@celery.task(bind=True)
def compute_avg_results(self, value, len):
    return (value/len)
```

另外，derive_percentile()使用由 compute_avg_results()产生的平均值来返回一个百分比值：

```
@celery.task(bind=True)
def derive_percentile(self, avg):
    percentage = f"{avg:.0%}"
    return percentage
```

相应地，上述 derive_percentile()将使用由 compute_avg_results()产生的平均值来返回一个百分比值。

为了实现该网关方法，Celery 有一个 group()原语签名，用于实现并行任务执行。

以下 API 显示了具有并行执行的工作流结构的实现：

```
@router.post("/survey/save")
async def grouped_workflow(surveydata: SurveyDataResult):
    survey_dict = surveydata.dict(exclude_unset=True)
    result = group([save_result_xlsx
        .s(survey_dict['results']).set(queue='default'),
            save_result_csv.s(len(survey_dict))
        .set(queue='default')]).apply_async()
    return {'message' : result.get(timeout = 10) }
```

图 10.7 中显示的工作流描述了分组和链式工作流的混合。许多现实世界的微服务应用程序通过混合不同的 Celery 签名（包括 chord()、map()和 starmap()）来解决与工作流相关的问题，这是很常见的。

以下脚本实现了具有混合签名的工作流：

```
@router.post("/process/surveys")
async def process_surveys(surveys: List[SurveyDataResult]):
    surveys_dict = [s.dict(exclude_unset=True)
        for s in surveys]
    result = group([chain(compute_sum_results
        .s(survey['results']).set(queue='default'),
            compute_avg_results.s(len(survey['results']))
        .set(queue='default'), derive_percentile.s()
        .set(queue='default')) for survey in
            surveys_dict]).apply_async()
    return {'message': result.get(timeout = 10) }
```

Celery 签名在构建工作流中起着至关重要的作用。出现在构造中的 signature()方法或 s()将管理任务的执行，其中包括接受初始任务参数值并利用 Celery 工作进程用来加载任务的队列。正如第 7 章“保护 REST API 的安全”中所介绍的那样，apply_async()将触发整个工作流执行并检索结果。

除了工作流，FastAPI 框架还可以使用 GraphQL 平台来构建 CRUD 事务，尤其是在处理微服务架构中的大量数据时，这非常有用。

10.9　使用 GraphQL 查询和突变

GraphQL 是同时实现 REST 和 CRUD 事务的 API 标准。它是一个高性能平台，只需几个步骤即可构建和设置 REST API 端点。它的目标是为数据操作和查询事务创建端点。

10.9.1　设置 GraphQL 平台

一些 Python 扩展，如 Strawberry、Ariadne、Tartiflette 和 Graphene 支持 GraphQL-FastAPI 集成。本节将介绍使用新的 Ariadne 3.x 为这个以 MongoDB 作为存储库的 ch10-mongo 项目构建 CRUD 事务。

首先，需要使用以下 pip 命令安装最新的 graphene 扩展：

```
pip install graphene
```

在 GraphQL 库中，Graphene 是最容易设置的，只有很少的装饰器和需要覆盖的方法。它可以轻松与 FastAPI 框架集成，不需要额外的中间件和过多的自动连接。

10.9.2　创建记录的插入、更新和删除

数据控制操作始终是 GraphQL 突变（mutation，也称为变异）机制的一部分。这是一个 GraphQL 功能，它将修改应用程序的服务器端状态并返回任意数据作为状态更改成功的标志。GraphQL 突变可用于插入、更新或删除数据。

以下是插入、删除和更新记录的 GraphQL 突变的实现：

```
from models.data.pccs_graphql import LoginData
from graphene import String, Int, Mutation, Field
from repository.login import LoginRepository

class CreateLoginData(Mutation):
    class Arguments:
        id = Int(required=True)
        username = String(required=True)
        password = String(required=True)

    ok = Boolean()
    loginData = Field(lambda: LoginData)

    async def mutate(root, info, id, username, password):
        login_dict = {  "id": id, "username": username,
                        "password": password}
        login_json = dumps(login_dict, default=json_serial)
        repo = LoginRepository()
        result = await repo.add_login(loads(login_json))
        if not result == None:
```

```
            ok = True
        else:
            ok = False
        return CreateLoginData(loginData=result, ok=ok)
```

在上述示例中，CreateLoginData 是一种向数据存储添加新登录记录的突变。内部类 Arguments 指示将构成新登录记录的字段以供插入。这些参数必须出现在重写的 mutate()方法中以捕获这些字段的值。此方法还将调用 ORM，后者将持久保存新创建的记录。

在插入事务成功后，mutate()必须返回在突变类中定义的类变量，例如 ok 和 loginData 对象。这些返回值必须是突变实例的一部分。

更新登录属性与 CreateLoginData 具有类似的实现，但需要公开参数。

以下是一个突变类，它将更新使用其 username 检索的登录记录的 password 字段：

```
class ChangeLoginPassword(Mutation):
    class Arguments:
        username = String(required=True)
        password = String(required=True)

    ok = Boolean()
    loginData = Field(lambda: LoginData)

    async def mutate(root, info, username, password):
        repo = LoginRepository()
        result = await repo.change_password(username, password)

        if not result == None:
            ok = True
        else:
            ok = False
        return CreateLoginData(loginData=result, ok=ok)
```

类似地，删除突变类可以通过 id 检索记录并将其从数据存储中删除：

```
class DeleteLoginData(Mutation):
    class Arguments:
        id = Int(required=True)

    ok = Boolean()
    loginData = Field(lambda: LoginData)

    async def mutate(root, info, id):
        repo = LoginRepository()
        result = await repo.delete_login(id)
```

```
        if not result == None:
            ok = True
        else:
            ok = False
        return DeleteLoginData(loginData=result, ok=ok)
```

现在可以将所有突变类存储在一个 ObjectType 类中，该类会将这些事务公开给客户端。开发人员可以为上述突变类的每个 Field 实例分配字段名称。这些字段名称将用作事务的查询名称。

以下代码显示了 ObjectType 类，它定义了 CreateLoginData、ChangeLoginPassword 和 DeleteLoginData 突变：

```
class LoginMutations(ObjectType):
    create_login = CreateLoginData.Field()
    edit_login = ChangeLoginPassword.Field()
    delete_login = DeleteLoginData.Field()
```

10.9.3　实现查询事务

GraphQL 查询事务是 ObjectType 基类的实现。以下 LoginQuery 类可以从数据存储中检索所有登录记录：

```
class LoginQuery(ObjectType):
    login_list = None
    get_login = Field(List(LoginData))

    async def resolve_get_login(self, info):
        repo = LoginRepository()
        login_list = await repo.get_all_login()
        return login_list
```

该类必须有一个查询字段名称（如 get_login），它将在查询执行期间用作其查询名称。字段名称必须是 resolve_*()方法名称的一部分，以便在 ObjectType 类下注册。此外，还必须声明一个类变量（如 login_list），以便它包含所有检索到的记录。

10.9.4　运行 CRUD 事务

在运行 GraphQL 事务之前，还需要一个 GraphQL 模式来集成 GraphQL 组件并为 FastAPI 框架注册突变和查询类。

以下脚本显示了使用 LoginQuery 和 LoginMutations 实例化 GraphQL 的 Schema 类：

```
from graphene import Schema
schema = Schema(query=LoginQuery, mutation=LoginMutations,
    auto_camelcase=False)
```

在上述示例中，将 Schema 实例的 auto_camelcase 属性设置为 False，以保持使用带有下画线的原始字段名称并避免使用驼峰式表示法。

在此之后，可以使用模式实例来创建 GraphQLApp()实例。GraphQLApp 相当于需要挂载到 FastAPI 框架的应用程序。可以使用 FastAPI 的 mount()实用工具将 GraphQLApp()实例与其 URL 模式和选择的 GraphQL 浏览器工具集成在一起以运行 API 事务。

以下代码展示了如何将 GraphQL 应用程序与 Playground 集成在一起作为浏览器工具，以运行 API：

```
from starlette_graphene3 import GraphQLApp, make_playground_handler

app = FastAPI()
app.mount("/ch10/graphql/login",
    GraphQLApp(survey_graphene_login.schema,
        on_get=make_playground_handler()) )
app.mount("/ch10/graphql/profile",
    GraphQLApp(survey_graphene_profile.schema,
        on_get=make_playground_handler()) )
```

可以使用左侧面板通过 JSON 脚本插入新记录，该脚本包含 CreateLoginData 突变的字段名称，即 create_login，并传递必要的记录数据，如图 10.8 所示。

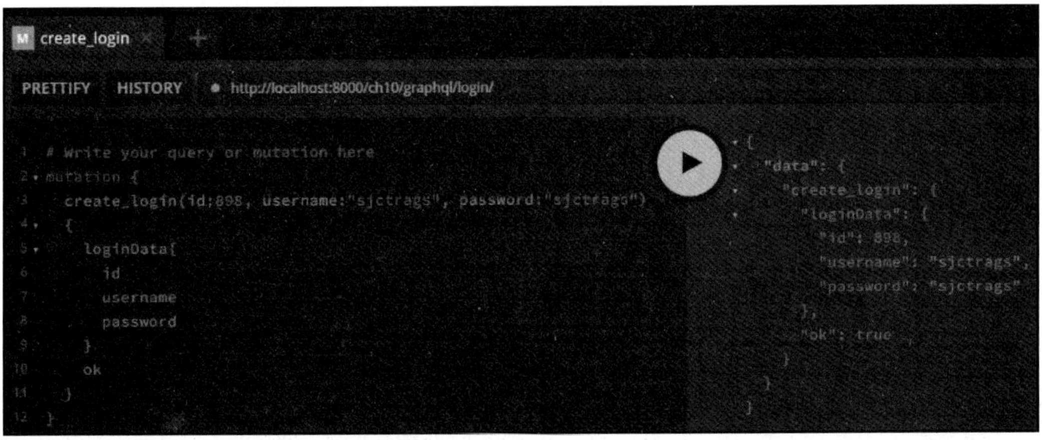

```
create_login
PRETTIFY   HISTORY   http://localhost:8000/ch10/graphql/login/

1  # Write your query or mutation here
2  mutation {
3    create_login(id:898, username:"sjctrags", password:"sjctrags")
4    {
5      loginData{
6        id
7        username
8        password
9      }
10     ok
11   }
12 }
```

```
{
  "data": {
    "create_login": {
      "loginData": {
        "id": 898,
        "username": "sjctrags",
        "password": "sjctrags"
      },
      "ok": true
    }
  }
}
```

图 10.8　运行 create_login 突变

要执行查询事务，必须创建一个 JSON 脚本，该脚本包含 LoginQuery 突变的字段名称，即 get_login，再加上需要检索的记录字段。图 10.9 显示了如何运行 LoginQuery 事务。

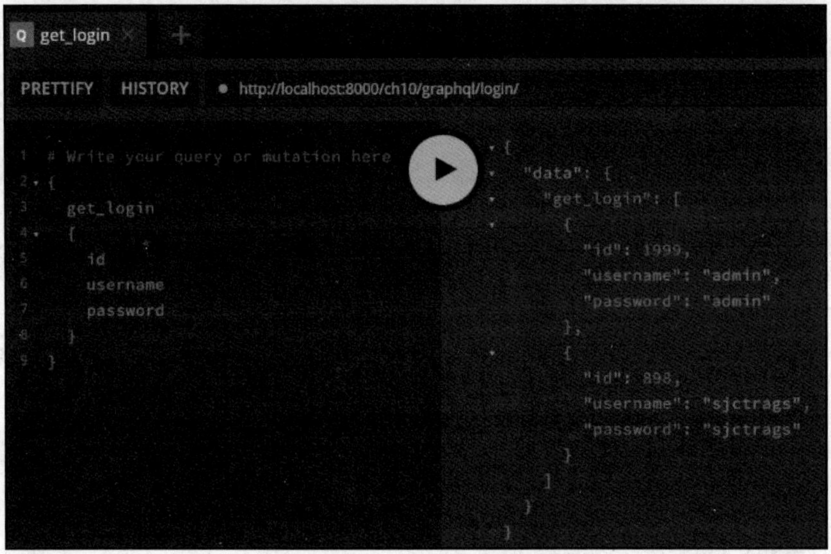

图 10.9　运行 get_login 查询事务

GraphQL 可以通过简单的设置和配置帮助整合来自不同微服务的所有 CRUD 事务。它可以用作 API 网关，挂载来自多个微服务的所有 GraphQLApp 以创建单个接口应用程序。

接下来，让我们将 FastAPI 集成到图数据库中。

10.10　利用 Neo4j 图数据库

对于需要强调存储的数据记录之间关系的应用程序来说，图数据库（graph database）是一种合适的存储方法。图数据结构由节点以及连接节点之间的关系组成。Neo4j 是使用图数据库的知名平台之一。FastAPI 可以轻松与 neo4j 集成，但需要使用以下 pip 命令安装 neo4j 模块：

```
pip install neo4j
```

Neo4j 是一个 NoSQL 数据库，具有灵活强大的数据模型，可以根据相关属性来管理和连接不同的企业相关数据。它采用半结构化数据库架构，具有简单的 ACID 属性和非 JOIN 策略，使其操作快速且易于执行。

提示：

ACID 是指数据库管理系统在写入或更新资料的过程中，为保证事务正确可靠所必须具备的 4 个特性，ACID 这 4 个字母分别代表原子性（atomicity）、一致性（consistency）、隔离性（isolation）和持久性（durability）。

10.10.1　设置 Neo4j 数据库

neo4j 模块包括 neo4j-driver，后者是与图数据库建立连接所必需的。它需要一个包含 bolt 协议、服务器地址和端口的 URI。使用的默认数据库端口是 7687。

以下脚本显示了如何创建 Neo4j 数据库连接：

```
from neo4j import GraphDatabase

uri = "bolt://127.0.0.1:7687"
driver = GraphDatabase.driver(uri, auth=("neo4j", "admin2255"))
```

10.10.2　创建 CRUD 事务

Neo4j 有一种称为 Cypher 的声明性图形查询语言，它允许执行图数据库的 CRUD 事务。这些 Cypher 脚本需要编码为 str SQL 命令，才能由其查询运行器执行。

以下 API 服务可以将新的数据库记录添加到图数据库：

```
@router.post("/neo4j/location/add")
def create_survey_loc(node_name: str,
        node_req_atts: LocationReq):
    node_attributes_dict =
        node_req_atts.dict(exclude_unset=True)
    node_attributes = '{' + ', '.join(f'{key}:\'{value}\''
        for (key, value) in node_attributes_dict.items())
              + '}'
    query = f"CREATE ({node_name}:Location
        {node_attributes})"
    try:
        with driver.session() as session:
            session.run(query=query)
        return JSONResponse(content={"message":
            "add node location successful"}, status_code=201)
    except Exception as e:
        print(e)
```

```
        return JSONResponse(content={"message": "add node
            location unsuccessful"}, status_code=500)
```

create_survey_loc()可以将新调查的位置详细信息添加到 Neo4j 数据库。记录被视为图数据库中的一个节点，其名称和属性与关系数据库中的记录字段相同。我们将使用连接对象来创建一个会话，该会话具有一个 run()方法来执行 Cypher 脚本。

添加新节点的命令是 CREATE，而更新、删除和检索节点的语法则可以使用 MATCH 命令添加。

以下 update_node_loc()服务可以根据节点名称搜索特定节点并执行 SET 命令以更新给定字段：

```
@router.patch("/neo4j/update/location/{id}")
async def update_node_loc(id:int,
            node_req_atts: LocationReq):
    node_attributes_dict =
            node_req_atts.dict(exclude_unset=True)
    node_attributes = '{' + ', '.join(f'{key}:\'{value}\''
        for (key, value) in
            node_attributes_dict.items()) + '}'
    query = f"""
        MATCH (location:Location)
        WHERE ID(location) = {id}
        SET location += {node_attributes}"""
    try:
        with driver.session() as session:
            session.run(query=query)
        return JSONResponse(content={"message":
            "update location successful"}, status_code=201)
    except Exception as e:
        print(e)
        return JSONResponse(content={"message": "update
            location unsuccessful"}, status_code=500)
```

类似地，删除事务使用 MATCH 命令搜索要删除的节点。以下服务实现了 Location 节点的删除：

```
@router.delete("/neo4j/delete/location/{node}")
def delete_location_node(node:str):
    node_attributes = '{' + f"name:'{node}'" + '}'
    query = f"""
        MATCH (n:Location {node_attributes})
```

```
        DETACH DELETE n
    """
    try:
        with driver.session() as session:
            session.run(query=query)
        return JSONResponse(content={"message":
            "delete location node successful"},
                status_code=201)
    except:
        return JSONResponse(content={"message":
            "delete location node unsuccessful"},
                status_code=500)
```

检索节点时，以下服务会从数据库中检索所有节点：

```
@router.get("/neo4j/nodes/all")
async def list_all_nodes():
    query = f"""
        MATCH (node)
        RETURN node"""
    try:
        with driver.session() as session:
            result = session.run(query=query)
            nodes = result.data()
        return nodes
    except Exception as e:
        return JSONResponse(content={"message": "listing
            all nodes unsuccessful"}, status_code=500)
```

以下服务仅根据节点的 id 检索单个节点：

```
@router.get("/neo4j/location/{id}")
async def get_location(id:int):
    query = f"""
        MATCH (node:Location)
        WHERE ID(node) = {id}
        RETURN node"""
    try:
        with driver.session() as session:
            result = session.run(query=query)
            nodes = result.data()
        return nodes
    except Exception as e:
```

```
        return JSONResponse(content={"message": "get
            location node unsuccessful"}, status_code=500)
```

如果没有基于属性链接节点的 API 端点，则我们的实现将不会完成。节点根据可更新和可移动的关系名称和属性相互链接。

以下 API 端点可在 Location 节点和 Respondent 节点之间创建节点关系：

```
@router.post("/neo4j/link/respondent/loc")
def link_respondent_loc(respondent_node: str,
    loc_node: str, node_req_atts:LinkRespondentLoc):
    node_attributes_dict = node_req_atts.dict(exclude_unset=True)

    node_attributes = '{' + ', '.join(f'{key}:\'{value}\''
        for (key, value) in
            node_attributes_dict.items()) + '}'

    query = f"""
        MATCH (respondent:Respondent), (loc:Location)
        WHERE respondent.name = '{respondent_node}' AND
            loc.name = '{loc_node}'
        CREATE (respondent) -[relationship:LIVES_IN
            {node_attributes}]->(loc)"""
    try:
        with driver.session() as session:
            session.run(query=query)
        return JSONResponse(content={"message": "add …
            relationship successful"}, status_code=201)
    except:
        return JSONResponse(content={"message": "add
            respondent-loc relationship unsuccessful"},
                status_code=500)
```

FastAPI 框架可以轻松集成到任何数据库平台中。本书前面的章节已经证明，FastAPI 可以使用 ORM 处理关系数据库事务，使用 ODM 处理基于文档的 NoSQL 事务，而本章则已经证明 Neo4j 图数据库同样易于配置。

10.11　小　　结

本章介绍了 FastAPI 在科学方面的应用，展示了 API 服务可以通过 numpy、pandas、sympy 和 matplotlib 模块提供数据的数值计算、符号公式和图形解释。

本章帮助开发人员了解了 FastAPI 可以与新的技术和设计策略集成到何种程度，从而为微服务架构提供新思路，例如使用 GraphQL 管理 CRUD 事务和使用 Neo4j 进行实时和基于节点的数据管理。本章还介绍了 FastAPI 可以应用于通过 Celery 任务解决各种 BPMN 工作流的基本方法。以此为基础，开发人员可以更深入地了解 FastAPI 框架在构建微服务应用程序中的强大功能和灵活性。

第 11 章将介绍一些部署策略、Django 和 Flask 集成，以及其他在前面的章节中没有讨论过的微服务设计模式。

第 11 章　添加其他微服务功能

我们探索 FastAPI 在构建微服务应用程序中的可扩展性的漫长旅程即将结束。本章基于设计模式讨论一些与微服务相关的工具的使用，包括项目设置、维护和部署，并给出了标准建议。

本章将讨论 OpenTracing 机制及其在分布式 FastAPI 架构设置中的使用（这涵盖了 Jaeger 和 StarletteTracingMiddleWare 等工具）。在有关如何管理对微服务 API 端点访问的部分，将详细讨论服务注册表和客户端发现设计模式。检查 API 端点健康状况的微服务组件也将成为该讨论的一部分。

此外，本章还将提出有关 FastAPI 应用程序部署的建议，帮助开发人员熟悉和了解其他设计策略和网络设置。

本章的主要目标是完成 FastAPI 应用程序开发的设计架构。

本章包含以下主题：

- 设置虚拟环境
- 检查 API 属性
- 实现 OpenTracing 机制
- 设置服务注册表和客户端服务发现
- 使用 Docker 部署和运行应用程序
- 使用 Docker Compose 进行部署
- 使用 NGINX 作为 API 网关
- 集成 Flask 和 Django 子应用程序

11.1　技 术 要 求

本章的软件原型是一个在线体育管理系统（online sports management system，OSMS），它将管理锦标赛或联赛的管理员、裁判、球员、时间表和比赛结果。该应用程序将使用 MongoDB 作为数据库存储系统。所有代码已上传到本书配套 GitHub 存储库下 ch11 和其他与第 11 章相关的项目中，其网址如下：

https://github.com/PacktPublishing/Building-Python-Microservices-with-FastAPI

11.2　设置虚拟环境

让我们从设置 FastAPI 应用程序开发环境的正确方法开始。在 Python 开发中，使用虚拟环境管理所需的库和扩展模块是很常见的。虚拟环境是一种创建多个不同且并行安装的 Python 解释器及其依赖项的方法，其中所有解释器都有要编译和运行的应用程序。所有实例都有自己的一组库，具体取决于其应用程序的要求。

首先需要安装 virtualenv 模块来执行这些实例的创建：

```
pip install virtualenv
```

拥有虚拟环境的好处如下：

- 避免库版本重叠。
- 避免因命名空间冲突而损坏已安装的模块文件。
- 本地化库以避免与某些应用程序非常依赖的全局安装模块发生冲突。
- 创建要在某些相关项目上复制的模块集的模板或基线副本。
- 维护操作系统性能和设置。

安装完成后，即可运行 python -m virtualenv 命令来创建实例。

图 11.1 显示了 ch01 项目的 ch01-env 虚拟环境是如何创建的。

```
C:\Alibata\Training\Source\fastapi>python -m virtualenv ch01-env
created virtual environment CPython3.8.5.final.0-64 in 1540ms
  creator CPython3Windows(dest=C:\Alibata\Training\Source\fastapi\ch01-env, clear=False, no_vcs_ignore
=False, global=False)
  seeder FromAppData(download=False, pip=bundle, setuptools=bundle, wheel=bundle, via=copy, app_data_d
ir=C:\Users\alibatasys\AppData\Local\pypa\virtualenv)
    added seed packages: pip==22.1.2, setuptools==62.3.4, wheel==0.37.1
  activators BashActivator,BatchActivator,FishActivator,NushellActivator,PowerShellActivator,PythonAct
ivator
```

图 11.1　创建 Python 虚拟环境

要使用该虚拟环境，需要配置 VS Code 编辑器以利用该虚拟环境的 Python 解释器而不是全局解释器来安装模块、编译和运行应用程序。

按 Shift+Ctrl+P 组合键将打开命令面板，显示 Python 命令以选择解释器。图 11.2 显示了为 ch01 项目选择 Python 解释器的过程。

图 11.2　选择 Python 解释器

Select Interpreter（选择解释器）命令会打开一个 Windows 文件资源管理器，以允许你找到所需的 Python 解释器，如图 11.3 所示。

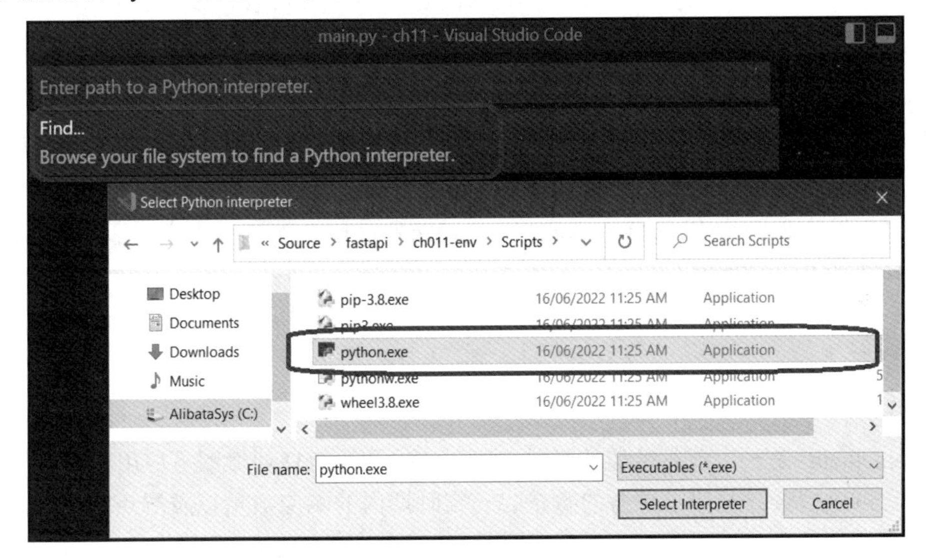

图 11.3　找到虚拟环境所需的 Python 解释器

打开项目的终端控制台将通过运行 Windows 操作系统的/Scripts/activate.bat 命令自动激活虚拟环境。此外，如果自动激活不成功，则可以手动运行此 activate.bat 脚本。

请注意，Powershell 终端无法激活，只能使用命令控制台，如图 11.4 所示。

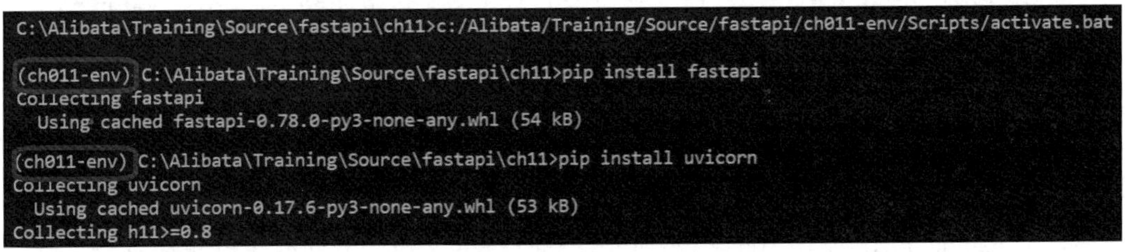

```
C:\Alibata\Training\Source\fastapi\ch11>c:/Alibata/Training/Source/fastapi/ch011-env/Scripts/activate.bat

(ch011-env) C:\Alibata\Training\Source\fastapi\ch11>pip install fastapi
Collecting fastapi
  Using cached fastapi-0.78.0-py3-none-any.whl (54 kB)

(ch011-env) C:\Alibata\Training\Source\fastapi\ch11>pip install uvicorn
Collecting uvicorn
  Using cached uvicorn-0.17.6-py3-none-any.whl (53 kB)
Collecting h11>=0.8
```

图 11.4　激活虚拟环境

激活后，可以根据命令行最左侧部分确定激活的虚拟环境的名称。图 11.4 显示了 ch011-env 的 Python 解释器是项目选择的解释器。由其 pip 命令安装的任何内容都将仅在该实例中可用。

我们的每个项目各有一个虚拟环境，因此有多个虚拟环境包含不同的安装模块依赖集，如图 11.5 所示。

ch011-env	16/06/2022 11:25 AM	File folder
ch010-env	16/06/2022 11:25 AM	File folder
ch09-env	16/06/2022 11:25 AM	File folder
ch08-env	16/06/2022 11:24 AM	File folder

图 11.5　已经创建的多个虚拟环境

设置虚拟环境只是启动 Python 微服务应用程序的最佳实践之一。除了本地化模块安装，它还有助于在准备应用程序的部署时确定需要在云服务器中安装哪些模块。

当然，在讨论 FastAPI 部署方法之前，不妨先来看看部署项目时最好包含哪些微服务实用程序（如 Prometheus）。

11.3　检查 API 属性

Prometheus 是一个流行的监控工具，可以监控和检查任何微服务应用程序中的 API 服务。它可以检查并发请求事务的数量、一定时期内的响应数量以及端点的传入请求总数。要将 Prometheus 应用于 FastAPI 应用程序，首先需要安装以下模块：

```
pip install starlette-exporter
```

然后，我们将 PrometheusMiddleware 添加到应用程序中，并使其端点能够在运行时观察 API 的属性。以下脚本显示了使用 Prometheus 监控模块的应用程序设置：

```
from starlette_exporter import PrometheusMiddleware, handle_metrics


app = FastAPI()
app.add_middleware(PrometheusMiddleware, app_name=”osms”)
app.add_route(“/metrics”, handle_metrics)
```

在上述示例中，使用了 FastAPI 的 add_middleware()方法添加 PrometheusMiddleware。然后，向 handle_metrics()实用程序添加任意 URI 模式，以公开所有 API 健康详细信息。访问 http://localhost:8000/metrics 将看到如图 11.6 所示的内容。

图 11.6 中的数据显示了每个 API 在处理请求、向客户端提供响应以及发出每个 API 事务的状态代码时使用的时间（以秒为单位）。此外，它还包括一些桶（bucket），这些桶是工具用来创建直方图的内置值。除了直方图，Prometheus 还允许自定义某个特定应用程序固有的一些指标。

监控 FastAPI 微服务应用程序的另一种方法是添加一个开放的跟踪工具。

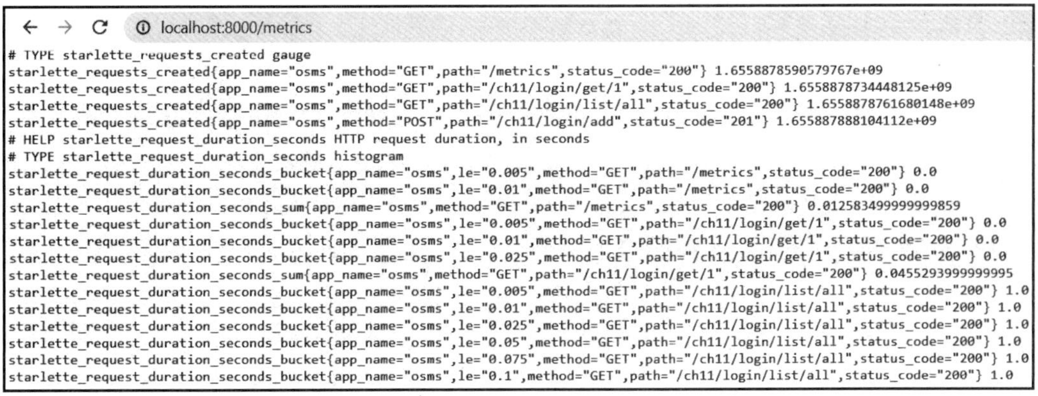

```
localhost:8000/metrics
# TYPE starlette_requests_created gauge
starlette_requests_created{app_name="osms",method="GET",path="/metrics",status_code="200"} 1.6558878590579767e+09
starlette_requests_created{app_name="osms",method="GET",path="/ch11/login/get/1",status_code="200"} 1.6558878734448125e+09
starlette_requests_created{app_name="osms",method="GET",path="/ch11/login/list/all",status_code="200"} 1.6558878761680148e+09
starlette_requests_created{app_name="osms",method="POST",path="/ch11/login/add",status_code="201"} 1.655887888104112e+09
# HELP starlette_request_duration_seconds HTTP request duration, in seconds
# TYPE starlette_request_duration_seconds histogram
starlette_request_duration_seconds_bucket{app_name="osms",le="0.005",method="GET",path="/metrics",status_code="200"} 0.0
starlette_request_duration_seconds_bucket{app_name="osms",le="0.01",method="GET",path="/metrics",status_code="200"} 0.0
starlette_request_duration_seconds_sum{app_name="osms",method="GET",path="/metrics",status_code="200"} 0.012583499999999859
starlette_request_duration_seconds_bucket{app_name="osms",le="0.005",method="GET",path="/ch11/login/get/1",status_code="200"} 0.0
starlette_request_duration_seconds_bucket{app_name="osms",le="0.01",method="GET",path="/ch11/login/get/1",status_code="200"} 0.0
starlette_request_duration_seconds_bucket{app_name="osms",le="0.025",method="GET",path="/ch11/login/get/1",status_code="200"} 0.0
starlette_request_duration_seconds_sum{app_name="osms",method="GET",path="/ch11/login/get/1",status_code="200"} 0.0455293999999995
starlette_request_duration_seconds_bucket{app_name="osms",le="0.005",method="GET",path="/ch11/login/list/all",status_code="200"} 1.0
starlette_request_duration_seconds_bucket{app_name="osms",le="0.01",method="GET",path="/ch11/login/list/all",status_code="200"} 1.0
starlette_request_duration_seconds_bucket{app_name="osms",le="0.025",method="GET",path="/ch11/login/list/all",status_code="200"} 1.0
starlette_request_duration_seconds_bucket{app_name="osms",le="0.05",method="GET",path="/ch11/login/list/all",status_code="200"} 1.0
starlette_request_duration_seconds_bucket{app_name="osms",le="0.075",method="GET",path="/ch11/login/list/all",status_code="200"} 1.0
starlette_request_duration_seconds_bucket{app_name="osms",le="0.1",method="GET",path="/ch11/login/list/all",status_code="200"} 1.0
```

图 11.6　监控端点

11.4　实现 OpenTracing 机制

在监控多个独立的分布式微服务过程中，管理 API 日志和跟踪时首选 OpenTracing 机制。Zipkin、Jaeger 和 Skywalking 之类的工具是流行的分布式跟踪系统，可以为跟踪和日志收集提供设置。在本章的示例原型程序中，我们将使用 Jaeger 工具来管理应用程序的 API 跟踪和日志。

当前将 OpenTracing 工具集成到 FastAPI 微服务的方法是通过 OpenTelemetry 模块，因为作为 Python 扩展的 Opentracing 是一个已经被弃用的模块。

要将 Jaeger 用作跟踪服务，OpenTelemetry 有一个 OpenTelemetry Jaeger Thrift Exporter 实用程序，后者允许你将跟踪导出到 Jaeger 客户端应用程序。此 Exporter 实用程序使用 Thrift 简明协议通过 UDP 将这些跟踪发送到已经配置的代理。当然，我们需要先安装以下扩展来使用这个 Exporter：

```
pip install opentelemetry-exporter-jaeger
```

在此之后，可将以下配置添加到 main.py 文件中：

```
from opentelemetry import trace
from opentelemetry.exporter.jaeger.thrift import JaegerExporter
from opentelemetry.sdk.resources import SERVICE_NAME, Resource
from opentelemetry.sdk.trace import TracerProvider
from opentelemetry.sdk.trace.export import BatchSpanProcessor
from opentelemetry.instrumentation.fastapi import FastAPIInstrumentor
from opentelemetry.instrumentation.logging import LoggingInstrumentor
```

```
app = FastAPI()

resource=Resource.create(
        {SERVICE_NAME: "online-sports-tracer"})
tracer = TracerProvider(resource=resource)
trace.set_tracer_provider(tracer)

jaeger_exporter = JaegerExporter(
    # configure client / agent
    agent_host_name='localhost',
    agent_port=6831,
    # optional: configure also collector
    # collector_endpoint=
    # 'http://localhost:14268/api/traces?
    # format=jaeger.thrift',
    # username=xxxx,            # optional
    # password=xxxx,            # optional
    # max_tag_value_length=None# optional
)
span_processor = BatchSpanProcessor(jaeger_exporter)
tracer.add_span_processor(span_processor)

FastAPIInstrumentor.instrument_app(app, tracer_provider=tracer)
LoggingInstrumentor().instrument(set_logging_format=True)
```

上述设置的第一步是使用 OpenTelemetry 的 Resource 类创建一个包含名称的跟踪服务。然后，我们从服务资源中实例化一个跟踪器（tracer）。要完成该设置，需要为跟踪器提供通过 JaegerExporter 详细信息实例化的 BatchSpanProcessor，以使用 Jaeger 客户端管理所有跟踪和日志。

跟踪（trace）包括有关跨分布式设置的所有 API 服务和其他组件之间交换请求和响应的完整详细信息。这与日志（log）不同，日志仅包含有关应用程序中事务的详细信息。

在完成 Jaeger 跟踪器设置后，即可通过 FastAPIInstrumentor 将跟踪器客户端与 FastAPI 集成在一起。要使用这个类，首先需要安装以下扩展：

```
pip install opentelemetry-instrumentation-fastapi
```

在运行应用程序之前，还需要先从以下网址下载一个 Jaeger 客户端：

https://www.jaegertracing.io/download/

解压缩 jaeger-xxxx-windows-amd64.tar.gz 文件，然后运行 jaeger-all-in-one.exe 可执行程序。上述网址也提供了 Linux 和 macOS 的安装程序下载。

现在可以打开浏览器并通过默认的 http://localhost:16686 访问 Jaeger 客户端。

图 11.7 显示了跟踪器客户端的界面。

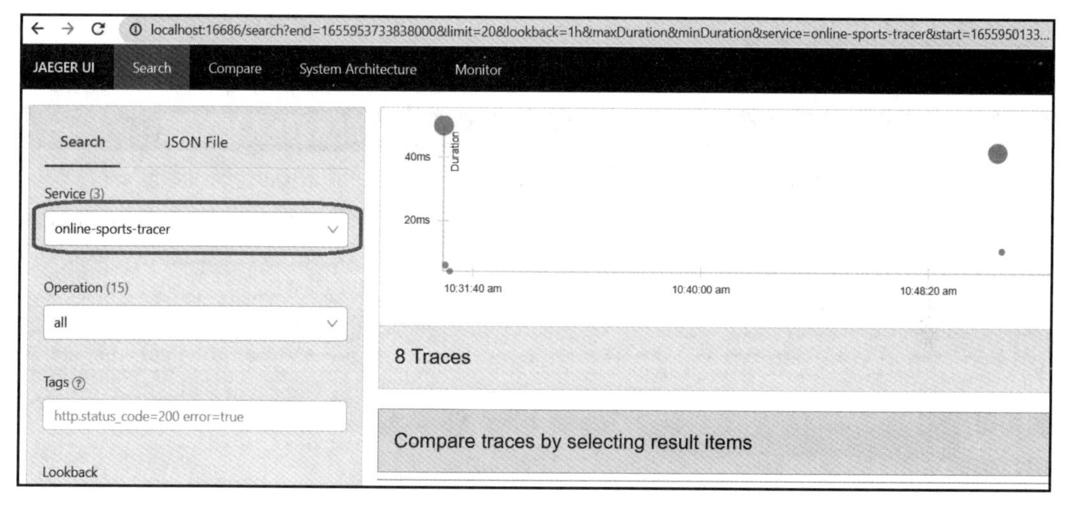

图 11.7　通过 Jaeger 客户端监控微服务

在某些浏览器重新加载后，Jaeger 应用程序将在运行微服务应用程序后通过跟踪器的服务名称 online-sports-tracer 来检测跟踪器。所有已访问的 API 端点都将被检测和监控，从而创建有关这些端点产生的所有请求和响应事务的跟踪和可视化分析。

图 11.8 显示了 Jaeger 生成的跟踪和图形。

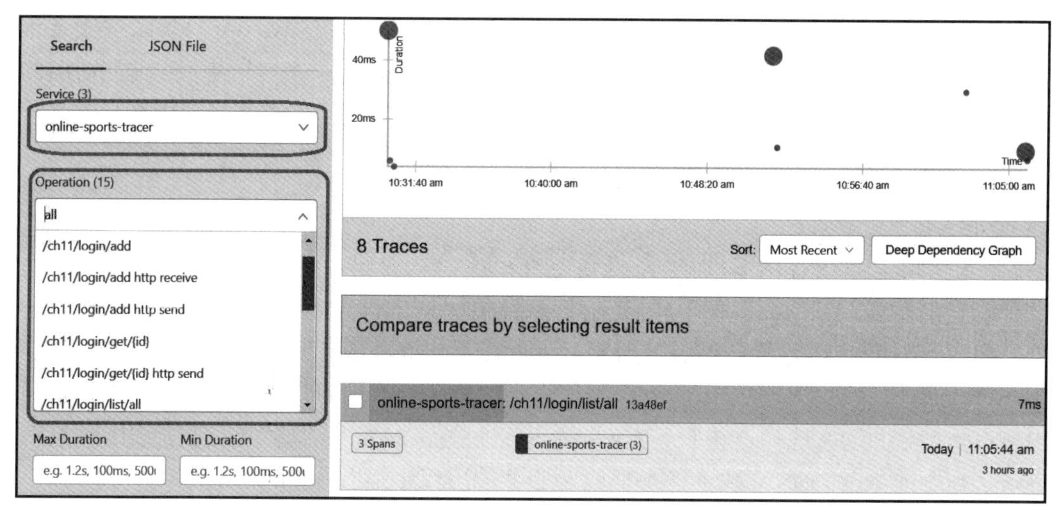

图 11.8　搜索每个 API 事务的跟踪

OpenTelemetry 中的跨度（span）相当于具有唯一 ID 的跟踪，可以通过单击每个端点的搜索跟踪来仔细检查每个跨度以查看所有详细信息。

单击搜索到的/ch11/login/list/all 端点的跟踪（见图 11.8），即可看到相应的跟踪详细信息，如图 11.9 所示。

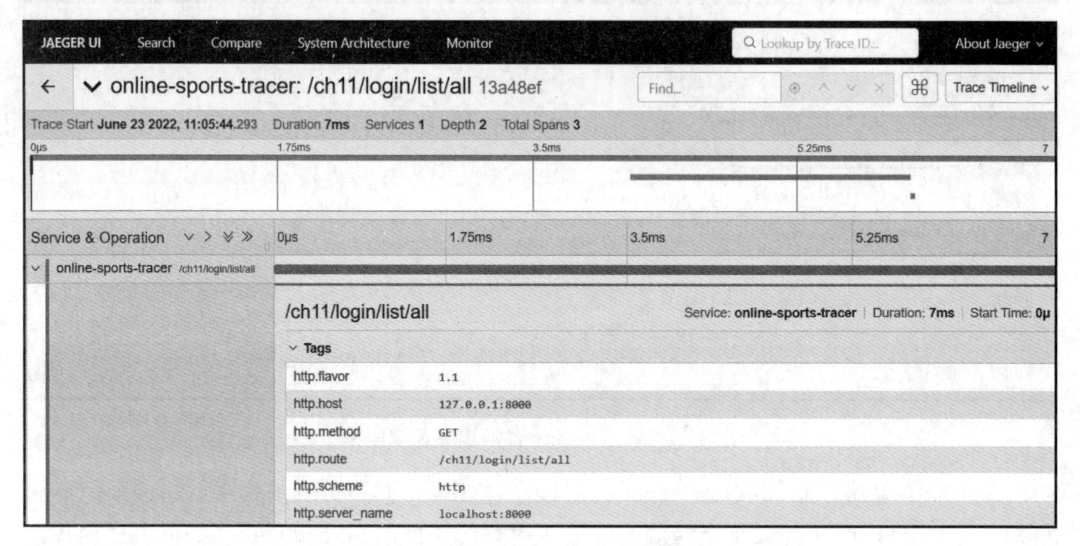

图 11.9　检查端点的跟踪详细信息

值得一提的是，除了如图 11.9 所示的跟踪，Jaeger 客户端还可以通过一个名为 opentelemetry-instrumentation-logging 的 OpenTelemetry 模块收集 uvicorn 日志。在安装该模块后，即可通过在 main.py 文件中实例化 LoggingInstrumentor 来启用集成，这在前面的代码片段中已经演示过了。

接下来，让我们将服务注册表和客户端服务发现机制添加到应用程序中。

11.5　设置服务注册表和客户端服务发现

像 Netflix Eureka 这样的服务注册工具可以在不知道微服务应用程序的服务器的确切 DNS 位置的情况下注册这些微服务应用程序。它使用负载均衡算法管理对这些注册服务的所有访问，并动态地为这些服务实例分配网络位置。此服务注册对于部署到由于故障、升级和增强而更改 DNS 名称的服务器的微服务应用程序很有帮助。

为了使服务注册中心正常工作，服务实例应该有一种机制在服务器注册之前发现注册中心服务器。对于 FastAPI，则需要利用 py_eureka_client 模块来实现服务发现（service discovery）设计模式。

11.5.1　实现客户端服务发现

创建一个 FastAPI 微服务应用程序以发现并注册到服务注册服务器（如 Netflix Eureka）非常简单。首先，需要通过 pip 安装 py_eureka_client：

```
pip install py_eureka_client
```

然后，使用正确的 eureka_server、app_name、instance_port 和 instance_host 参数详细信息实例化 py_eureka_client 的 EurekaClient 组件类。eureka_server 参数必须是 Eureka 服务器的确切机器地址，而不是 localhost。此外，客户端实例必须具有适用于 FastAPI 微服务应用程序（或客户端应用程序）的 app_name 参数，instance_port 参数设置为 8000，instance_host 设置为 192.XXX.XXX.XXX（不是 localhost 或 127.0.0.1）。

以下代码片段显示了 main.py 中实例化 EurekaClient 组件类的方式：

```
from py_eureka_client.eureka_client import EurekaClient

app = FastAPI()

@app.on_event("startup")
async def init():
    create_async_db()
    global client
    client = EurekaClient(
        eureka_server="http://DESKTOP-56HNGC9:8761/eureka",
        app_name="sports_service", instance_port=8000,
        instance_host="192.XXX.XXX.XXX")
    await client.start()

@app.on_event("shutdown")
async def destroy():
    close_async_db()
    await client.stop()
```

客户端发现发生在应用程序的 startup 事件中。它从 EurekaClient 组件类的实例化开始，并以异步或同步的方式调用其 start()方法。EurekaClient 组件类可以处理异步或同步的 FastAPI 启动事件。

要关闭服务器发现过程，可以在 shutdown 事件中调用 Eurek 客户端的 stop()方法。

接下来，让我们看看如何在运行和执行客户端服务发现之前构建 Netflix Eureka 服务器注册表。

11.5.2　设置 Netflix Eureka 服务注册表

现在让我们利用 Spring Boot 平台来创建 Eureka 服务器。可以使用 Maven 或 Gradle 驱动的应用程序通过 https://start.spring.io/或 Spring STS IDE 创建应用程序。

本章示例是一个带有 pom.xml 的 Maven 应用程序，它在 Eureka Server 设置方面具有以下依赖项：

```
<dependency>
    <groupId>org.springframework.cloud</groupId>
    <artifactId>
    spring-cloud-starter-netflix-eureka-server
    </artifactId>
</dependency>
```

在这种情况下，application.properties 必须将 server.port 设置为 8761，server.shutdown 启用了 graceful 服务器关闭，而 spring.cloud.inetutils.timeout-seconds 属性则被设置为 10，以用于主机名计算。

现在可以在运行 FastAPI 客户端应用程序之前运行 Eureka Server 应用程序。Eureka 服务器的日志会显示 FastAPI 的 EurekaClient 的自动检测和注册，如图 11.10 所示。

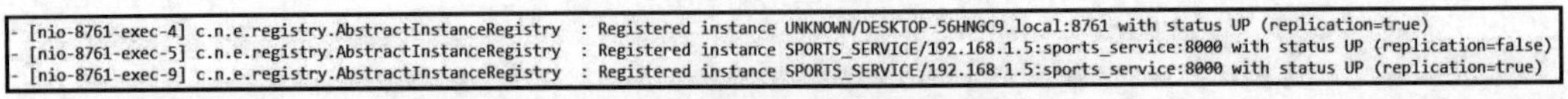

```
- [nio-8761-exec-4] c.n.e.registry.AbstractInstanceRegistry  : Registered instance UNKNOWN/DESKTOP-56HNGC9.local:8761 with status UP (replication=true)
- [nio-8761-exec-5] c.n.e.registry.AbstractInstanceRegistry  : Registered instance SPORTS_SERVICE/192.168.1.5:sports_service:8000 with status UP (replication=false)
- [nio-8761-exec-9] c.n.e.registry.AbstractInstanceRegistry  : Registered instance SPORTS_SERVICE/192.168.1.5:sports_service:8000 with status UP (replication=true)
```

图 11.10　发现 FastAPI 微服务应用程序

客户端服务发现的结果在 Eureka 服务器的仪表板 http://localhost:8761 上也很明显。该页面将显示由注册表组成的所有服务，可以通过它们访问和测试每个服务。

图 11.11 显示了该仪表板的示例截图。

如图 11.11 所示，我们的 SPORTS_SERVICE 是 Eureka 服务器注册表的一部分，这意味着我们成功实现了客户端服务发现设计模式。

接下来，让我们看看如何将应用程序部署到 Docker 容器。

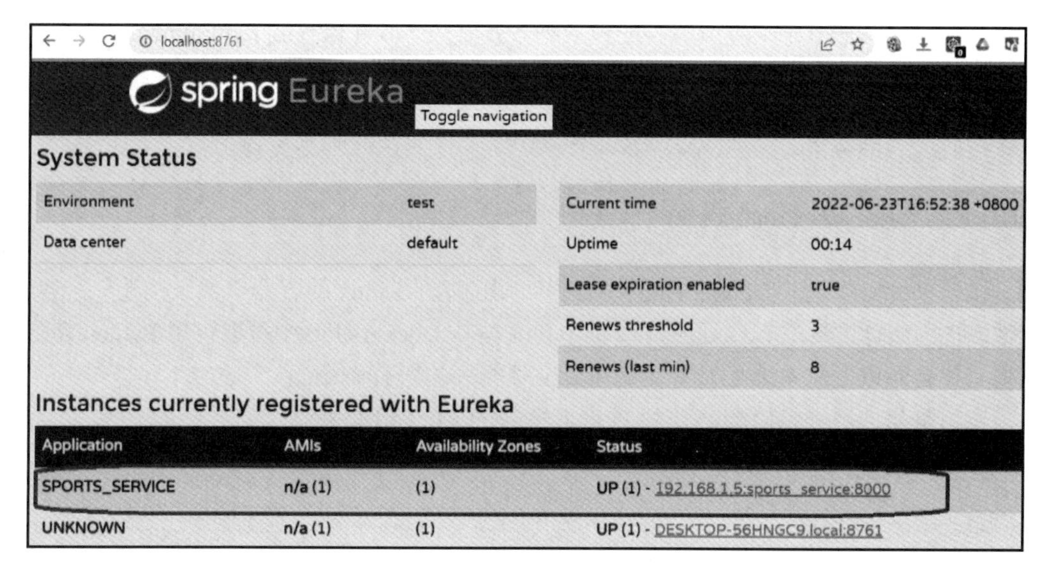

图 11.11　创建服务注册表

11.6　使用 Docker 部署和运行应用程序

所谓 Docker 化（Dockerization）就是使用 Docker 容器打包、部署和运行应用程序的过程。容器化 FastAPI 微服务可节省安装和设置时间、空间和资源。与通常的部署打包相比，容器化应用程序是可替换的、可复制的、高效的和可扩展的。

要执行 Docker 化操作，需要为 CLI 命令安装 Docker Hub 和/或 Docker Engine。但在此之前请仔细阅读关于其新订阅模式的新 Docker 桌面许可协议（Docker Desktop License Agreement），其网址如下：

https://www.docker.com/legal/docker-software-end-user-license-agreement/

本节主要关注如何运行 CLI 命令而不是 Docker Hub 图形用户界面工具。

现在，让我们生成要安装在 Docker 镜像中的模块列表。

11.6.1　生成 requirements.txt 文件

由于我们在本章示例中使用了虚拟环境实例进行模块管理，因此很容易确定要在 Docker 镜像中安装哪些扩展模块。

可以运行以下命令来生成完整的模块列表及其版本，并保存到 requirements.txt 文件：

```
pip freeze > requirements.txt
```

然后，可以创建一个命令，通过 Dockerfile 将该文件复制到镜像中。

11.6.2 创建 Docker 镜像

接下来的操作是从 Docker Hub 中任何可用的基于 Linux 的容器镜像来构建一个容器镜像。但是我们需要一个 Dockerfile，其中包含与从 Docker Hub 中拉取可用 Python 镜像、创建工作目录以及从本地目录中复制项目文件相关的所有命令。

以下是我们用来将原型部署到 Python 镜像的 Dockerfile 指令集：

```
FROM python:3.9

WORKDIR /code

COPY ./requirements.txt /code/requirements.txt
RUN pip install --no-cache-dir --upgrade -r
            /code/requirements.txt
COPY ./ch11 /code
EXPOSE 8000
CMD [   "uvicorn", "main:app", "--host=0.0.0.0" , "--reload" ,
        "--port", "8000"]
```

在上述示例中，第一行是一个指令，它将派生一个 Python 镜像，通常基于 Linux，并且安装一个 Python 3.9 解释器。之后的命令会创建一个任意文件夹（如/code），该文件夹将成为应用程序的主文件夹。COPY 命令会将 requirements.txt 文件复制到/code 文件夹，然后 RUN 指令将使用以下命令从 requirements.txt 列表中安装更新的模块：

```
pip install -r requirements.txt
```

之后，第二个 COPY 命令会将我们的 ch11 应用程序复制到工作目录。EXPOSE 命令将 8000 端口绑定到本机的 8000 端口以运行 CMD 命令，后者是 Dockerfile 的最后一条指令。CMD 指令通过 uvicorn 使用主机 0.0.0.0 在端口 8000 上运行应用程序，而不是使用 localhost 来自动映射和利用分配给镜像的 IP 地址。

该 Dockerfile 必须与 requirements.txt 文件和 ch11 应用程序位于同一文件夹中。图 11.12 显示了需要 Docker 化为 Python 容器镜像的文件和文件夹的组织方式。

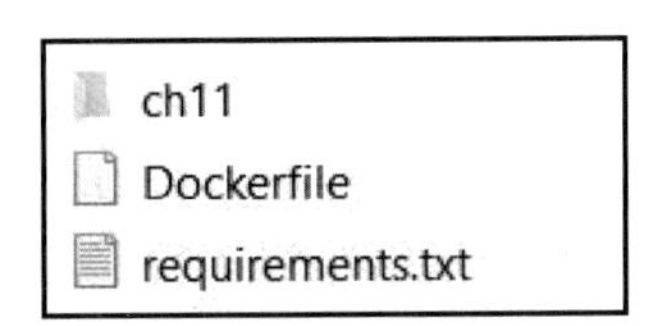

图 11.12　设置 Docker 文件夹结构

完成所有文件和文件夹后，即可使用终端控制台在文件夹中运行以下 CLI 命令：

```
docker build -t ch11-app .
```

要检查镜像，可运行以下 CLI 命令：

```
docker image ls
```

11.6.3　使用 Mongo Docker 镜像

我们的应用程序的后端是 MongoDB，因此需要使用以下 CLI 命令从 Docker Hub 中提取最新的 mongo 镜像：

```
docker pull mongo:latest
```

在运行 ch11-app 应用程序和 mongo:latest 镜像之前，首先，需要通过运行以下命令创建一个 ch11-network：

```
docker network create ch11-network
```

一旦将它们部署为容器，该网络就会成为 mongo 和 ch11-app 之间的桥梁。它将建立两个容器之间的连接以执行 Motor-ODM 事务。

11.6.4　创建容器

容器是容器镜像的运行实例。我们使用 docker run 命令来启动和运行拉取或创建的镜像。因此，使用 ch11-network 路由运行 mongo 镜像需要执行以下 CLI 命令：

```
docker run --name=mongo --rm -p 27017:27017
-d                    --network=ch11-network mongo
```

使用 docker inspect 命令可以检查 mongo:latest 容器，以派生并使用该容器的 IP 地址进行 Motor-ODM 的连接。现在可以将 ch11-app 的 config/db.py 模块的 AsyncIOMotorClient 中使用的 localhost 替换为你通过 docker inspect 命令获得的 IP 地址。请务必在更新后重新构建 ch11-app Docker 镜像。

现在使用以下命令运行带有 ch11-network 的 ch11-app 镜像：

```
docker run --name=ch11-app --rm -p 8000:8000-
d             --network=ch11-network ch11-app
```

要检查来自 OpenAPI 文档的所有 API 端点，可通过以下地址访问应用程序：

http://localhost:8000/docs

接下来，让我们看看另一种简化容器化的方法：使用 Docker Compose 工具。

11.7　使用 Docker Compose 进行部署

为了使用 Docker Compose 进行部署，你需要先在操作系统中安装 Docker Compose 实用程序，这需要预安装 Docker Engine。

在安装完成后，接下来还需要创建 docker-decompose.yaml 文件，该文件包含构建镜像、处理 Dockerfile、构建 Docker 网络以及创建和运行容器所需的所有服务。

以下代码片段显示了设置 mongo 和 ch11-app 容器的配置文件的内容：

```
version: "3"
services:
   ch11-mongo:
      image: "mongo"
      ports:
         - 27017:27017
      expose:
         - 27017
      networks:
         - ch11-network

   ch11-app:
      build: . # requires the Dockerfile
      depends_on:
         - ch11-mongo
      ports:
         - 8000:8000
      networks:
         - ch11-network
networks:
```

```
    ch11-network:
        driver: bridge
```

Docker Compose 不是运行单独的 Docker CLI 命令，而是创建服务（如 ch11-mongo 和 ch11-app）来管理容器化，并且只使用一个 CLI 命令 docker-compose up 来执行这些服务。该命令不仅创建镜像网络，还运行所有容器。

使用 Docker Compose 的优点之一是易于配置 ORM 和 ODM。我们可以使用数据库设置的服务名称作为主机名来建立数据库连接，而不必执行容器检查以了解要使用的 IP 地址。这很方便，因为 mongo 容器的 IP 地址因创建的每个实例而异。

以下是以 ch11-mongo 服务作为主机名的新 AsyncIOMotorClient：

```
def create_async_db():
    global client
    client = AsyncIOMotorClient(str("ch11-mongo:27017"))
```

接下来，让我们使用 NGINX 实用程序来为容器化应用程序实现 API 网关设计模式。

11.8　使用 NGINX 作为 API 网关

在第 4 章“构建微服务应用程序”中，仅使用一些 FastAPI 组件即实现了 API 网关设计模式。本章将通过 NGINX 构建一个反向代理服务器（reverse proxy server），该服务器将为每个容器化微服务应用程序分配一个代理 IP 地址。这些代理 IP 会将客户端请求重定向到在各自容器上运行的实际微服务。

我们不会构建实际的 NGINX 环境，而是从 Docker Hub 中提取可用的 NGINX 镜像来实现反向代理服务器。此镜像创建需要一个新的 Docker 应用程序文件夹，其中有一个不同的 Dockerfile，其中包含以下指令：

```
FROM nginx:latest
COPY ./nginx_config.conf /etc/nginx/conf.d/default.conf
```

Dockerfile 指示创建最新的 NGINX 镜像和 nginx_config.conf 文件的副本，将它们添加到镜像。顾名思义，nginx_config.conf 是一个 NGINX 配置文件，其中包含代理 IP 地址到每个微服务应用程序的实际容器地址的映射。它还公开了 8080 作为其官方端口。

以下是我们的 nginx_config.conf 文件的内容：

```
server {
    listen 8080;
```

```
    location / {
        proxy_pass http://192.168.1.7:8000;
    }
}
```

现在可以通过以下网址访问应用程序的 OpenAPI 文档：

http://localhost:8080/docs

NGINX 的 Docker 化必须在将应用程序部署到容器之后进行，但还有另一种方法是在应用程序的 Dockerfile 中包含 NGINX 的 Dockerfile 指令，以节省时间和精力。或者也可以在 docker-decompose.yaml 文件中创建另一个服务来构建和运行 NGINX 镜像。

接下来，让我们探索一下 FastAPI 在与其他流行的 Python 框架（如 Flask 和 Django）集成时的强大功能。

11.9　集成 Flask 和 Django 子应用程序

Flask 是一个轻量级框架，因其 Jinja2 模板和 WSGI 服务器而广受欢迎。而 Django 是一个 Python 框架，它可以使用 CLI 命令促进快速开发，并应用文件和文件夹架构来构建项目和应用程序。Django 应用程序可以在基于 WSGI 或 ASGI 的服务器上运行。

我们可以在 FastAPI 微服务应用程序中创建、部署和运行 Flask 和 Django 项目。该框架具有 WSGIMiddleware 来包装 Flask 和 Django 应用程序并将它们集成到 FastAPI 平台中。通过 uvicorn 运行 FastAPI 应用程序也会同时运行这两个应用程序。

在这两者中，将 Flask 应用程序与 FastAPI 项目集成比与 Django 集成更容易。只需要将 Flask app 对象导入 main.py 文件中，用 WSGIMiddleware 进行包装，然后再挂载到 FastAPI app 对象中即可。

以下脚本显示了 main.py 中集成了 ch11_flask 项目的部分：

```
from ch11_flask.app import app as flask_app
from fastapi.middleware.wsgi import WSGIMiddleware
app.mount("/ch11/flask", WSGIMiddleware(flask_app))
```

在上述 mount()方法中可以看到，ch11_flask 中实现的所有 API 端点都将使用 URL 前缀/ch11/flask 进行访问。

图 11.13 显示了 ch11_flask 在 ch11 项目中的位置。

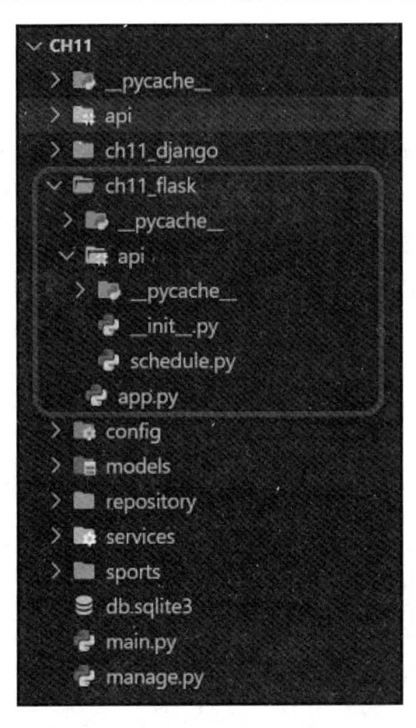

图 11.13　在 FastAPI 项目中创建一个 Flask 应用程序

另外，以下 main.py 脚本可以将 ch11_django 应用程序集成到 ch11 项目中：

```
import os
from django.core.wsgi import get_wsgi_application
from importlib.util import find_spec
from fastapi.staticfiles import StaticFiles

os.environ.setdefault('DJANGO_SETTINGS_MODULE',
            'ch11_django.settings')
django_app = get_wsgi_application()

app = FastAPI()
app.mount('/static',
    StaticFiles(
        directory=os.path.normpath(
            os.path.join(
                find_spec('django.contrib.admin').origin,
                    '..', 'static')
        )
    ),
    name='static',
```

```
)
app.mount('/ch11/django', WSGIMiddleware(django_app))
```

可以看到，该 Django 框架有一个 get_wsgi_application()方法，可用于检索 app 实例。此实例需要由 WSGIMiddleware 包装并挂载到 FastAPI app 对象中。

我们需要将 ch11_django 项目的 settings.py 模块加载到 FastAPI 平台中，以实现全局访问。此外，还需要挂载 django.contrib.main 模块的所有静态文件，其中包括 Django 安全模块的一些 HTML 模板。

类似地，ch11_django 项目的 sports 应用程序创建的所有视图和端点都必须使用 /ch11/django URL 前缀进行访问。

图 11.14 显示了 ch11_django 项目在 ch11 应用程序中的位置。

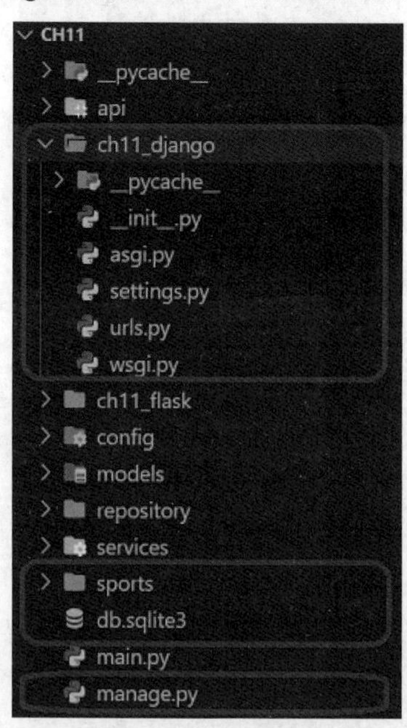

图 11.14　在 FastAPI 对象中创建 Django 项目和应用程序

11.10　小　　结

本章详细介绍了如何启动、部署和运行遵循标准做法和最佳实践的 FastAPI 微服务应用程序，包括使用虚拟环境实例来控制和管理模块的安装，这涵盖了从开发开始到将应用程序部署到 Docker 容器的全过程。

本章演示了打包、部署和运行容器化应用程序的方法。最后，还为应用程序实现了 NGINX 反向代理服务器，为示例程序构建了 API 网关。

本书见证了 FastAPI 框架的简单、强大、适应性和可扩展性，演示了从创建后台进程到使用 HTML 模板呈现数据等诸多操作。通过协程快速执行 API 端点使该框架很可能成为未来最流行的 Python 框架之一。随着 FastAPI 社区的不断发展，其未来的更新有望提供更多有前途的功能，例如支持反应式编程、断路器和签名安全模块等。

衷心希望本书能为你熟练使用 FastAPI 框架提供最大帮助。